Ambidextre Organisationsarchitekturen im industriellen Werkzeugbau

Ambidextrous Organisational Architectures in Industrial Tool Making

Von der Fakultät für Maschinenwesen
der Rheinisch-Westfälischen Technischen Hochschule Aachen
zur Erlangung des akademischen Grades eines
Doktors der Ingenieurwissenschaften
genehmigte Dissertation

vorgelegt von

Felix Rittstieg

Berichter:

Univ.-Prof. Dr.-Ing. Dipl.-Wirt. Ing. Günther Schuh
Außerplanmäßiger Professor Dr.-Ing. Wolfgang Boos

Tag der mündlichen Prüfung: 14. Januar 2020

ERGEBNISSE AUS DER PRODUKTIONSTECHNIK

Felix Rittstieg

Ambidextre Organisationsarchitekturen im industriellen Werkzeugbau

Herausgeber:
Prof. Dr.-Ing. T. Bergs
Prof. Dr.-Ing. Dipl.-Wirt. Ing. G. Schuh
Prof. Dr.-Ing. C. Brecher
Prof. Dr.-Ing. R. H. Schmitt

Band 10/2020

Bibliografische Information der Deutschen Nationalbibliothek
Die Deutsche Nationalbibliothek verzeichnet diese Publikation in der Deutschen Nationalbibliografie; detaillierte bibliografische Daten sind im Internet über https://portal.dnb.de abrufbar.

Felix Rittstieg:

Ambidextre Organisationsarchitekturen im industriellen Werkzeugbau

1. Auflage, 2020

Gedruckt auf holz- und säurefreiem Papier, 100% chlorfrei gebleicht.

Apprimus Verlag, Aachen, 2020
Wissenschaftsverlag des Instituts für Industriekommunikation und Fachmedien
an der RWTH Aachen
Steinbachstr. 25, 52074 Aachen
Internet: www.apprimus-verlag.de, E-Mail: info@apprimus-verlag.de

Druck: KN Digital Printforce GmbH, Stuttgart

ISBN 978-3-86359-855-6

D 82 (Diss. RWTH Aachen University, 2020)

Vorwort

Die vorliegende Dissertation entstand während meiner Tätigkeit als wissenschaftlicher Mitarbeiter am Lehrstuhl für Produktionssystematik des Werkzeugmaschinenlabors WZL der RWTH Aachen.

Mein besonderer Dank gilt dem Inhaber des Lehrstuhls für Produktionssystematik, Herrn Professor Günther Schuh, für das in mich und meine Arbeit gesetzte Vertrauen und die Möglichkeit zur Promotion. Das von ihm geschaffene herausfordernde und praxisnahe Umfeld war die wesentliche Grundlage zum Gelingen dieser Arbeit.

Mein weiterer Dank gilt Herrn Professor Wolfgang Boos für die Übernahme des Koreferats. Ebenso bedanke ich mich bei Frau Professor Kirsten Bobzin als Vorsitzende der Prüfungskommission und Frau Professor Katharina Schmitz für die Übernahme des Beisitzes.

Die Zusammenarbeit, die das WZL und das Fraunhofer-Institut für Produktionstechnik IPT über die WBA Aachener Werkzeugbau Akademie GmbH mit der Branche Werkzeugbau pflegen, war eine wesentliche Voraussetzung für den erfolgreichen Abschluss meiner Dissertation. Entscheidend war dabei die Möglichkeit zur Diskussion und Weiterentwicklung meiner Überlegungen in zahlreichen Industrieforschungsprojekten mit verschiedenen Werkzeugbaubetrieben. Mein Dank gilt dabei allen Beteiligten für ihre wertvolle Unterstützung.

Für die ereignisreiche und prägende Zeit am Institut danke ich meinen ehemaligen Kolleginnen, Kollegen und studentischen Hilfskräften am WZL und an der WBA. Der fachliche und persönliche Austausch sowie die gute Zusammenarbeit in einem derart inspirierenden Umfeld bleiben mir in allerbester Erinnerung.

Schließlich bedanke ich mich herzlich bei meiner Familie für ihre liebevolle und uneingeschränkte Unterstützung. Besonderer Dank gilt meinem Bruder Moritz, der mir in allen Phasen des Studiums und der Promotion in jeder Weise zur Seite stand. Meiner lieben Frau Margarete danke ich für ihre fortwährende Fürsorge, Rücksichtsnahme und Unterstützung durch fachliche Diskussionen. Ich danke meiner Tochter Marie für ihre ständige Ermunterung und das Weglachen so mancher kleineren Sorge bei der Erstellung meiner Dissertation.

Düsseldorf im Dezember 2019 Felix Rittstieg

Kurzzusammenfassung

Der Wandel von einem handwerklich geprägten zu einem industriellen Werkzeugbau ist in deutschen Werkzeugbaubetrieben stark vorangeschritten. Die Industrialisierung stellte lange Zeit einen erfolgreichen Ansatz dar, um dem aggressiven globalen Wettbewerb zu begegnen, dem deutsche Werkzeugbaubetriebe seit Jahren ausgesetzt sind. Heute ist der Wettbewerb zunehmend durch schwierig zu vereinbarende Anforderungen gekennzeichnet. Als Folge benötigt der industrielle Werkzeugbau an Hochlohnstandorten neue Ansätze, die eine nachhaltige Wettbewerbsfähigkeit ermöglichen.

Um auch zukünftig weltweit wettbewerbsfähig zu bleiben, müssen deutsche Werkzeugbaubetriebe organisationale Ambidextrie beherrschen: Einerseits müssen sie in der Lage sein, kundenindividuelle Bedürfnisse in kurzer Zeit mit leistungsfähigen Erzeugnissen zu marktfähigen Preisen befriedigen zu können. Andererseits wird ihnen die Fähigkeit abverlangt, reaktionsschnell auf kurzfristige Kundenanforderungen sowie auf Veränderungen in ihrem Marktumfeld angemessen reagieren zu können.

Die Erreichung von organisationaler Ambidextrie im Werkzeugbau erfordert die aktive und systematische Gestaltung einer ambidextren Organisationsarchitektur. Die wesentlichen Herausforderungen bestehen darin, die Organisationsarchitektur unternehmensoptimal und im Einklang mit der Industrialisierung als handlungsleitendes Paradigma des Werkzeugbaus zu gestalten.

Eine systematische Unterstützung zur aktiven Gestaltung einer ambidextren Organisationsarchitektur im industriellen Werkzeugbau wird durch die erarbeitete Methodik geboten. In der Analysephase werden zunächst die relevanten Rahmenbedingungen des anwendenden Werkzeugbaubetriebs analysiert. Daraus wird der aufbauorganisatorische Anpassungsbedarf abgeleitet und der spezifische Ambidextrietyp bestimmt. In der anschließenden Gestaltungsphase erfolgt die Gestaltung einer unternehmensoptimalen Organisationsarchitektur im Rahmen eines vierschrittigen Vorgehens.

Mit der entwickelten Methodik wird dem industriellen Werkzeugbau ein Lösungsansatz zur Verfügung gestellt, um die Potenziale der organisationalen Ambidextrie zu nutzen und sich so vom globalen Wettbewerb zu differenzieren.

Summary

The transformation from a handcrafted to an industrial tool making industry has made considerable progress in German tool making companies. For a long time, industrialization has been a successful approach to counter the aggressive global competition to which German tool making companies have been exposed since many years. Today, competition is increasingly characterized by requirements that are difficult to reconcile. As a result, industrial tool making in high-wage regions requires new approaches that make sustainable competitiveness possible.

In order to remain competitive worldwide in future, German tool making companies have to become organisationally ambidextrous: On the one hand, they must be able to satisfy individual customer needs within a short time with high-performance products at marketable prices. On the other hand, they must be able to react quickly to short-term customer requirements and to changes in their market environment.

In order to become organizational ambidextrous, tool making companies have to actively and systematically implement an ambidextrous organizational architecture. The essential challenges are to design the organizational architecture in an optimal way and in accordance with industrialization as a paradigm for action in tool making.

Systematic support for the active design of an ambiguous organisational architecture in industrial tool making is provided by the methodology developed. In the analysis phase the relevant framework conditions of the applying tool making company are first analyzed. From this, the need for organizational adjustments is derived and the specific type of ambidextrous organisational architecture ist identified. In the subsequent design phase, the design of a company-optimal organizational architecture takes place in the context of a four-step procedure.

With the developed methodology a problem-solving approach is provided to the industrial tool making in order to use the potentials of the organizational ambidexterity and to differentiate itself from the global competition.

Inhaltsverzeichnis

Abbildungsverzeichnis

Tabellenverzeichnis

Abkürzungen

AM	Auftragsmanagement
AP	Ambidextriepotenzial
Aufl.	Auflage
AWFM	Aachener Werkzeug- und Formenbau Management
AWZB	Agiler Werkzeugbau
BDE	Betriebsdatenerfassung
BIP	Bruttoinlandsprodukt
BPR	Business Process Reengineering
bspw.	beispielsweise
bzgl.	bezüglich
bzw.	beziehungsweise
ca.	circa
CAD	Computer-Aided Design
CAM	Computer-Aided Manufacturing
CAM-Pr.	Computer-Aided Manufacturing Programmierung
CAx	Computer-Aided x
CEO	Chief Executive Officer
CNC	Computerized Numerical Control
CPS	Cyber-physisches System
DIN	Deutsches Institut für Normung
Dt. Univ.-Verl.	Deutscher Universitäts-Verlag
EDV	Elektronische Datenverarbeitung
EFQM	European Foundation for Quality Management
ERP	Enterprise Resource Planning
et al.	et alii (lateinisch: und weitere)
etc.	et cetera (lateinisch: und die übrigen Dinge)
EU	Europäische Union
f.	folgende Seite
ff.	fortfolgende Seiten
ggf.	gegebenenfalls

Hrsg.	Herausgeber
i. A. a.	in Anlehnung an
i. d. R.	in der Regel
IKT	Informations- und Kommunikationstechnologie
insb.	insbesondere
IPT	Fraunhofer-Institut für Produktionstechnologie
IT	Informationstechnik
IWZB	Industrieller Werkzeugbau
Jg.	Jahrgang
KMU	Kleine und mittelständische Unternehmen
KON	Konstruktion
KS	Kompetenzstufe
MA	Merkmalausprägung
MF	Mechanische Fertigung
Mrd.	Milliarden
NC	Numerical Control
Nr.	Nummer
OA	Organisationsarchitektur
o. Ä.	oder Ähnliches
o. V.	ohne Verfasser
PG	Produktgruppe
PPS	Produktionsplanung und -steuerung
RWTH	Rheinisch-Westfälische Technische Hochschule
S.	Seite
s.	siehe
SEP	Strategische Erfolgsposition
u. a.	unter anderem
usw.	und so weiter
VDI	Verein Deutscher Ingenieure
VDMA	Verband Deutscher Maschinen- und Anlagenbau
vgl.	vergleiche
vs.	versus
WBA	WBA Aachener Werkzeugbau Akademie GmbH
WZB	Werkzeugbau
WZL	Werkzeugmaschinenlabor WZL der RWTH Aachen

1 Einleitung

Die deutsche Industrie steht weltweit für die Herstellung hochwertiger Güter. Dies trifft insbesondere auf den Maschinen- und Anlagenbau zu. Als führender Industriezweig und einer der größten industriellen Arbeitgeber der Bundesrepublik Deutschland weist dieser ein jährliches Umsatzvolumen von 212 Mrd. € bei einem Exportanteil von 79% auf.[1] Im internationalen Vergleich ist der deutsche Maschinenbau durch eine vergleichsweise hohe Kostenstruktur gekennzeichnet.[2] Diese hat in den vergangenen Jahren aufgrund eines sich **intensivierenden Wettbewerbs** an Bedeutung gewonnen.[3] Dies geht insbesondere auf neue, in Niedriglohnländern ansässige Marktteilnehmer zurück. Diese können durch intensive Forschungs- und Entwicklungsaktivitäten ein zunehmend ähnliches Leistungsspektrum zu niedrigeren Preisen anbieten und gleichzeitig von niedrigeren Faktorkosten profitieren. Als Folge fällt etablierten deutschen Unternehmen des Maschinen- und Anlagenbaus die Differenzierung gegenüber diesen neuen Anbietern zunehmend schwer.[4] Gleichzeitig werden sie mit wachsenden Unsicherheiten eines **volatilen Marktumfelds** konfrontiert. Die Unsicherheiten resultieren aus zunehmend dynamischen und dabei diskontinuierlichen Veränderungen ihrer wirtschaftlichen, sozialen und technologischen Unternehmensumwelt.[5]

Um in der beschriebenen Situation neue Wettbewerbsvorteile aufbauen bzw. bestehende Wettbewerbsvorteile nutzen zu können, müssen deutsche Unternehmen des Maschinen- und Anlagenbaus vielfältige, sich teilweise widersprechende Anforderungen erfüllen. Die Intensivierung des Wettbewerbs geht mit einer **zunehmenden Kundenorientierung** bei **gleichzeitigem Kostendruck** einher. Produzierende Unternehmen des Maschinen- und Anlagenbaus in Deutschland verfügen über Ablauf- und Aufbauorganisationen, die nicht geeignet sind, um resultierende Anforderungen in geeigneter Weise zu adressieren. Organisatorisch müssen Unternehmen des Maschinen- und Anlagenbaus die

---

[1] Vgl. VDMA (2018), Wirtschaftspolitische Position, S. 2; Stand der Kennzahlen: Jahr 2017
[2] Vgl. VDMA (2018), Wirtschaftspolitische Position, S. 4
[3] Vgl. Stephan/Kerber (2010), Ambidextrie, S. 5; vgl. Salmen (2016), Digital vernetzter Shopfloor, S. 1
[4] Vgl. Boos et al. (2016), Tooling in Germany, S. 22
[5] Vgl. Brühl (2015), Wirtschaft des 21. Jahrhunderts, S. 2f.

Verhaltensstabilität adressieren, um die Zielgrößen Effizienz, Schnelligkeit und Prozesssicherheit zu unterstützen. Gleichzeitig ist eine Ausrichtung auf die **Verhaltensvariabilität** notwendig, um die Anpassungsfähigkeit, die Innovationsfähigkeit und die Flexibilität zu erhöhen.[6] Die Fähigkeit, Verhaltensstabilität und Verhaltensvariabilität simultan umsetzen zu können, ist entscheidend, um langfristig wettbewerbsfähig zu sein.[7]

Deutsche Unternehmen des Maschinen- und Anlagenbaus lassen sich durch eine **einseitige Ausrichtung** auf Verhaltensstabilität oder Verhaltensvariabilität charakterisieren. Typischerweise spezialisieren sich Unternehmen, die in einem in der Vergangenheit wenig veränderlichen Marktumfeld agieren, auf die organisatorische Optimierung der Verhaltensstabilität in „starren, mechanischen Strukturen" (engl.: „mechanistic management systems"), während die Adressierung der Verhaltensvariabilität weitgehend vernachlässigt wird. Das Gegenteil ist bei Unternehmen zu beobachten, die einem wenig stabilen, turbulenten Marktumfeld ausgesetzt waren bzw. sind. Diese Unternehmen fokussieren in ihrer Organisationsgestaltung einseitig die Verhaltensvariabilität und bilden „organische Strukturen" aus (engl.: „organic systems").[8]

Als herausfordernd stellt sich die **diametrale, sich wechselseitig bedingende Beziehung der Zieldimensionen** Verhaltensstabilität und Verhaltensvariabilität heraus.[9] Organisatorische Gestaltungsmaßnahmen zur Erhöhung der Verhaltensstabilität stehen häufig im Widerspruch zu entsprechenden Maßnahmen zur Adressierung der Verhaltensvariabilität. Die aus der beschriebenen Beziehung resultierende Herausforderung für die Organisationsgestaltung besteht darin, ein ausgewogenes, für das betrachtete System geeignetes Verhältnis von Verhaltensstabilität und Verhaltensvariabilität zu identifizieren und erfolgreich umzusetzen.[10]

Die Fähigkeit eines Systems, diametrale Zieldimensionen zu vereinen, wird in der wissenschaftlichen Literatur als **organisationale Ambidextrie** bezeichnet.[11] Ansätze zur Erzielung von organisationaler Ambidextrie streben demnach an, Widersprüche und wechselseitige Abhängigkeiten zwischen den Ambidextriedimensionen innerhalb eines Unternehmens zu minimieren.[12]

---

[6] Vgl. Vahs (2007), Organisation, S. 540f.; Baltes/Freyth (2017), Veränderungsintelligenz, S. 117

[7] Vgl. Thompson (2007), Organizations in action, S. 150

[8] Vgl. Burns/Stalker (1961), Management of innovation, S. 403f.; vgl. O'Reilly/Tushman (2013), Organizational Ambidexterity, S. 3

[9] Vgl. Fojcik (2015), Ambidextrie und Unternehmenserfolg, S. 19

[10] Vgl. Wittlage (1996), Organisationsgestaltung mittelständischer Unternehmen, S. 12; vgl. Krieg (1971), Kybernetik, S. 23ff.

[11] Vgl. O'Reilly/Tushman (2007), Ambidexterity as dynamic capabilities, S. 185f.

[12] Vgl. Fojcik (2015), Ambidextrie und Unternehmenserfolg, S. 70

Der Werkzeugbau stellt einen repräsentativen Vertreter des Maschinen- und Anlagenbaus dar. Bedingt durch seine Schlüsselposition innerhalb der industriellen Wertschöpfung als Bindeglied zwischen der Produktentwicklung und der Serienfertigung wirkt der Werkzeugbau zugleich als **Innovationstreiber und Produktionsbefähiger**.[13] Daraus resultiert ein **anspruchsvolles Anforderungsprofil** an die Organisationsgestaltung, das die simultane Adressierung von Verhaltensstabilität und Verhaltensvariabilität erfordert bzw. gleichzeitig einschränkt. Die beschriebenen Herausforderungen, die mit der organisationalen Kombination von Verhaltensstabilität und Verhaltensvariabilität einhergehen, gelten somit in besonderem Maße für deutsche Werkzeugbaubetriebe.[14] Die Einführung von ambidextren Organisationsstrukturen bietet die Chance, die Ambidextriedimensionen Verhaltensstabilität und Verhaltensvariabilität simultan in einem Werkzeugbaubetrieb vereinen zu können und somit dem komplexen Anforderungsprofil gerecht zu werden.

1.1 Problemstellung

Leistungserstellung

Charakteristisches Merkmal des Werkzeugbaus ist eine komplexe Leistungserstellung: Als Innovationstreiber und Produktionsbefähiger bietet der Werkzeugbau ein vergleichsweise weites Leistungsspektrum an. Als Folge ist die Leistungserstellung durch eine Vielzahl unterschiedlicher Auftragsarten gekennzeichnet.[15] Die Aufträge zeichnen sich durch eine hohe Unprognostizierbarkeit im Auftragseingang sowie in der Auftragsbearbeitung aus.[16] Ihre Bearbeitung erfolgt innerhalb unterschiedlicher, stark spezialisierter Fachabteilungen in sequenziell orientierter Abfolge.

Die Komplexität der Leistungserstellung im Werkzeugbau determiniert die Organisationsgestaltung in hohem Maße, indem bspw. konventionelle Gestaltungsmethoden in ihrer Umsetzbarkeit bzw. Wirksamkeit eingeschränkt sind.

Kundenseitiges Anforderungsprofil

Aus der Vielfalt der von einem Werkzeugbau zu bearbeitenden Aufträge sowie einem vergleichsweise hohen Anteil an unvorhersehbaren, dringenden Reparatur- oder Änderungsaufträgen resultiert ein anspruchsvolles kundenseitiges Anforderungsprofil. Dieses erfordert zunehmend die Adressierung der komple-

---

[13] Vgl. Eversheim/Klocke (1998), Strategie und Technologie, S. 1

[14] Vgl. Fahrenschon et al. (2016), Deutscher Mittelstand; vgl. WZL/IPT (2019), Datenbank zum Werkzeugbau

[15] Vgl. Spennemann (2001), Organisationsstrukturen im Werkzeugbau, S. 14

[16] Vgl. Zwanzig (2010), Taktung der Unikatfertigung, S.32f.

mentären Dimensionen Stabilität und Variabilität. Während eine anwendungsgerechte Qualität als Grundvoraussetzung betrachtet wird, gewinnen niedrige Durchlaufzeiten und Lebenszykluskosten zunehmend an Bedeutung, um sich gegen Wettbewerber zu differenzieren. Diese Zieldimensionen werden durch eine stabile organisatorische Ausrichtung begünstigt. Diese reduziert jedoch im Allgemeinen die Möglichkeiten zur Differenzierung durch innovative Produkte, kundenindividuelle Dienstleistungen und eine kurze Reaktionszeit.[17] Diese Zieldimensionen werden durch eine variable organisatorische Ausrichtung adressiert.

Die Berücksichtigung des kundenseitigen Anforderungsprofils des Werkzeugbaus ist die Voraussetzung einer sinnvollen Organisationsgestaltung im Werkzeugbau. Im Fokus steht die Vereinbarkeit der kundenseitigen Zieldimensionen, die der Stabilität einerseits und der Variabilität andererseits zugeordnet werden können.

Organisationsgestaltung

Gegenwärtige Initiativen der Organisationsgestaltung in deutschen Werkzeugbaubetrieben führen zu Einschränkungen der Verhaltensvariabilität:[18] Handlungsleitendes Paradigma der Organisationsgestaltung von Werkzeugbaubetrieben am Hochlohnstandort Deutschland ist ein seit einigen Jahren andauernder Industrialisierungsprozess.[19] Ausgehend von der Fokussierung des Leistungsspektrums führen insbesondere produkt- und prozessseitige Standardisierungsbestrebungen zu einer effizienteren Leistungserstellung. Damit geht eine Überbewertung der Zieldimension Verhaltensstabilität einher, welche durch eine einseitige, stabilitätsorientierte organisatorische Ausrichtung charakterisiert ist. Den steigenden Anforderungen an die Verhaltensvariabilität der deutschen Werkzeugbaubetriebe können diese bedingt durch die fortschreitenden Industrialisierungsbestrebungen immer weniger genügen. Gleichzeitig führen Anforderungen an die Verhaltensvariabilität zu Einschränkungen zukünftiger Industrialisierungsbestrebungen in den Unternehmen.

Die gegenwärtige Organisationsgestaltung im deutschen Werkzeugbau muss angepasst werden. Im Fokus steht die Erweiterbarkeit bisheriger bzw. zukünftiger Industrialisierungsbestrebungen, um die Vereinbarkeit von Stabilität und Variabilität zu gewährleisten. Gegenwärtig sind die meisten deutschen Werkzeugbaubetriebe nicht in der Lage, Verhaltensstabilität und Verhaltensvariabili-

[17] Vgl. Auguste et al. (2006), Right Service Strategies, S. 41f.
[18] Vgl. Boos et al. (2018), Flexible Tooling Organization, S. 5
[19] Vgl. Boos et al. (2018), Flexible Tooling Organization, S. 5

tät durch die Anpassung ihrer Organisation simultan sicherzustellen, wodurch das Erfolgspotenzial der Unternehmen erheblich eingeschränkt wird.[20]

Entscheidungsträger und Mitarbeiter im deutschen Werkzeugbau sind hinsichtlich der beschriebenen Veränderungen und geforderten organisationalen Anpassungen verunsichert. Deutsche Werkzeugbaubetriebe müssen die **Anpassung ihrer Ablauf- und Aufbauorganisation jedoch aktiv gestalten**, um Verhaltensstabilität und Verhaltensvariabilität gleichzeitig unternehmensoptimal sicherzustellen und damit die eigene Wettbewerbsfähigkeit nachhaltig steigern zu können.

1.2 Zielsetzung

Die **übergeordnete Zielsetzung** der vorliegenden Dissertation ist die Entwicklung eines Lösungsansatzes zur anforderungsgerechten Nutzung der Potenziale, die eine organisationale Ambidextrie eröffnet. Der Lösungsansatz soll die Wettbewerbsfähigkeit von deutschen Werkzeugbaubetrieben nachhaltig steigern. Zum gegenwärtigen Zeitpunkt existiert kein Lösungsansatz, der die **Umsetzung organisationaler Ambidextrie im Werkzeugbau** adressiert und die speziellen **Gegebenheiten der Branche Werkzeugbau** in geeigneter Weise berücksichtigt. Bestehende Lösungsansätze weisen einen starken Fokus zum einen auf die Kombination der Ambidextriedimensionen Effizienz und Innovation und zum anderen auf Unternehmen der Serienfertigung auf.[21] Wesentliche Charakteristika des in Unikat- und Kleinserie fertigenden Werkzeugbaus werden nicht hinreichend berücksichtigt. Dies gilt insbesondere für kurzfristige, unplanbare Reparatur- und Änderungsaufträge, die in Werkzeugbaubetrieben in Deutschland einen Anteil von 57% aller Aufträge ausmachen.[22]

Die **konkrete Zielsetzung** dieser Arbeit ist die Entwicklung einer Methodik zur Gestaltung einer ambidextren Aufbauorganisation im industriellen Werkzeugbau. Die Methodik soll die branchenspezifischen Anforderungen sowie die aktuellen Herausforderungen hinreichend berücksichtigen und offen adressieren. Um eine zielgerichtete Durchführung des Forschungsprozesses zu gewährleisten, sieht KUBICEK die Definition grundlegender Forschungsfragen vor.[23] Die **handlungsleitende Forschungsfrage** dieser Dissertation lautet:

---

[20] Vgl. Stephan/Kerber (2010), Ambidextrie, S. 18; vgl. Boos et al. (2018), Flexible Tooling Organization, S. 5

[21] Vgl. Mahringer et al. (2017), Agilität in wissensintensiven Organisationen, S. 38f.; vgl. Fojcik (2015), Ambidextrie und Unternehmenserfolg, S. 19ff.

[22] Vgl. Boos et al. (2019), Fokussieren und Segmentieren, S. 5

[23] Vgl. Kubicek (1977), Heuristischer Bezugsrahmen, S. 24ff.

Wie lässt sich eine Organisationsarchitektur im Werkzeugbau so gestalten, dass Stabilität und Variabilität unternehmensoptimal verbunden werden?

Eine Konkretisierung der übergeordneten Forschungsfrage durch weitere grundlegende Forschungsfragen erfolgt in Kapitel 3.5.

1.3 Forschungsansatz

Der in der vorliegenden Arbeit angewendete Forschungsansatz beruht auf wissenschaftlichen Paradigmen und Methoden, die am **Lehrstuhl für Produktionssystematik des Werkzeugmaschinenlabors WZL der RWTH Aachen** bereits vielfach erfolgreich angewendet wurden, darunter in den Arbeiten von PITSCH[24], KOMOREK[25], KÜHN[26] und SALMEN[27].

BINDER UND KANTOWSKY beschreiben wissenschaftliche Forschung als einen Erkenntnisprozess, der im Ergebnis „eine neue Wirklichkeit" nicht nur für den Forschenden selbst, sondern auch für die gesamte Wissenschaftsgemeinschaft erschließt.[28] Die Basis für diesen **Erkenntnisprozess** bietet die grundlegende Erkenntnisperspektive. Diese erläutert die jedem Ansatz inhärenten Vorurteile. Diese Vorurteile beschränken zwangsläufig die möglichen Erkenntnisse des wissenschaftlichen Erkenntnisprozesses und sind als dessen Ausgangspunkt offenzulegen.[29] Sie können nach GUBA & LINCOLN als „Satz erster Prinzipien" oder als „Belief System" bezeichnet werden, deren ultimative Wahrheit nicht nachgewiesen werden kann und als grundlegende Überzeugung anerkannt werden muss.[30]

Zur Erläuterung der grundlegenden Erkenntnisperspektive erfolgt nachfolgend eine Einordnung der vorliegenden wissenschaftlichen Arbeit in das Spektrum der Wissenschaften. Für diese Einordnung wird der Ansatz von ULRICH & HILL genutzt, der die Wissenschaften in Formal- und Realwissenschaften unterteilt (s. Abbildung 1-1).[31]

Formalwissenschaften beschäftigen sich mit der Konstruktion von Zeichensystemen und Regeln zur Verwendung dieser Zeichen (z. B. Mathematik, Logik, Philosophie).[32] Forschungsgegenstand sind abstrakte, nichtreal existierende

---

[24] Vgl. Pitsch (2014), Kompetenzfeldbasierte Vernetzung
[25] Vgl. Komorek (2014), Kollaborative Wertschöpfung
[26] Vgl. Kühn (2016), Lebenszyklusorientierte Leistungssysteme
[27] Vgl. Salmen (2016), Digital vernetzter Shopfloor
[28] Vgl. Binder/Kantowsky (1996), Technologiepotenziale, S. 3f.
[29] Vgl. Ulrich (1981), Betriebswirtschaftslehre, S. 43
[30] Vgl. Guba/Lincoln (1994), Qualitative Research, S. 18
[31] Vgl. Ulrich/Hill (1976), Wissenschaftstheoretische Grundlagen, S. 305
[32] Vgl. Ulrich/Hill (1976), Wissenschaftstheoretische Grundlagen, S. 305

Objekte sowie deren Beziehungen. Die Aussagen der Formalwissenschaften sind analytischer, rein theoretischer Natur und können in der Praxis weder beobachtet noch widerlegt werden. Somit beschränkt sich der Beweis der Richtigkeit der Forschungsergebnisse auf die Prüfung logischer Widersprüche.[33]

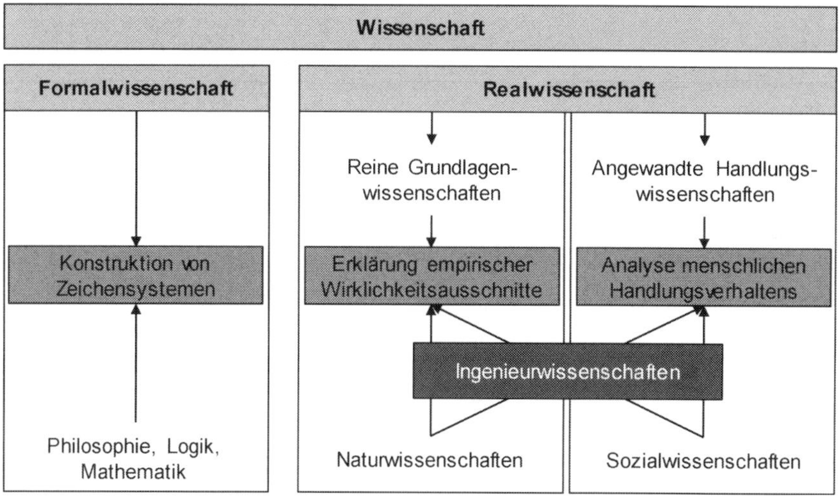

Abbildung 1-1: Wirtschaftssystematik[34]

Realwissenschaften verfolgen hingegen das Ziel, beobachtbare Phänomene und empirisch nachweisbare Wirklichkeitsausschnitte zu beschreiben, zu erklären und zu gestalten.[35] Die Forschungsergebnisse sind als synthetische Aussagen zu betrachten. Ihre Überprüfung erfordert neben der Suche nach logischen Widersprüchen zusätzlich eine Faktenanalyse.[36] Die Realwissenschaften lassen sich in die Grundlagenwissenschaften, zu denen die naturwissenschaftlichen Disziplinen zählen, sowie die angewandten Handlungswissenschaften unterteilen.[37]

In den **Grundlagenwissenschaften** entsteht eine Problemstellung bei dem Versuch, die Diskrepanz zwischen Theorie und Beobachtung zu erklären. Vertreter dieser Disziplin sind die Naturwissenschaften wie die Physik, Chemie und Biologie. Hingegen ist der Untersuchungsgegenstand der angewandten

[33] Vgl. Schanz et al. (1987), Grundfragen der Führungsforschung, S. 2039
[34] Vgl. Ulrich/Hill (1976), Wissenschaftstheoretische Grundlagen, S. 305
[35] Vgl. Schanz et al. (1987), Grundfragen der Führungsforschung, S. 2039
[36] Vgl. Schanz et al. (1987), Grundfragen der Führungsforschung, S. 2039f.
[37] Vgl. Ulrich/Hill (1976), Wissenschaftstheoretische Grundlagen, S. 305

Handlungswissenschaften das Verhalten und Handeln einzelner Menschen, Gruppen und ganzer Gesellschaften.[38] Dieser Disziplin lassen sich die Sozialwissenschaften wie Soziologie und Ökonomie und somit auch die Betriebswirtschaftslehre zuordnen.[39] Die erlebbare Realität stellt dabei den Ausgangspunkt für die Analyse menschlicher Handlungsalternativen dar, mit dem Ziel, zukünftige Realitäten zu gestalten[40] und Probleme des praktisch handelnden Menschen durch Entscheidungsmodelle zu lösen. In den angewandten Handlungswissenschaften ist der wissenschaftliche Erkenntnisgewinn statt auf den Zuwachs der Erkenntnissicherung primär auf den Verständniszuwachs durch die Entwicklung von Modellen und Methoden für eine zu gestaltende Realität ausgerichtet.[41]

Die Ingenieurwissenschaften zählen zu den Realwissenschaften, obwohl sie sich weder eindeutig den reinen Grundlagenwissenschaften noch den angewandten Handlungswissenschaften zuordnen lassen.[42] Der Großteil der grundlagenorientierten Forschungsarbeiten ist den reinen Grundlagenwissenschaften zuzuordnen, während sich der organisationstheoretische Teil der Ingenieurwissenschaften bei den angewandten Handlungswissenschaften wiederfindet. Die Entwicklung der Betriebswirtschaftslehre hin zu einer interdisziplinären Führungslehre mit zunehmender Aufweitung des Objektbereichs führt zu einer großen Nähe zwischen beiden Wissenschaften.[43] Dabei ist an der Schnittstelle zwischen Betriebswirtschaftslehre und organisationstheoretischen Ingenieurwissenschaften eine Führungs- und Managementlehre entstanden, die sich mit Problemen der Gestaltung, Lenkung und Entwicklung zweckgerichteter soziotechnischer Systeme befasst.[44]

Die vorliegende Arbeit kann aufgrund des ausgeprägten Praxisbezugs und der methodischen Bearbeitung innerhalb der Ingenieurwissenschaften den **angewandten Handlungswissenschaften** zugeordnet werden. Im Fokus der Arbeit steht die Methodik gestützte Lösung einer beobachtbaren Problematik des praktischen menschlichen Handelns der Gestaltung ambidextrer Organisationsarchitekturen im industriellen Werkzeugbau, für die eine **Entscheidungs-** und **Gestaltungssystematik** geschaffen werden soll.

Auf Basis der Zuordnung zu den angewandten Handlungswissenschaften erfolgt die Definition der vorwissenschaftlichen und wertgebundenen Annahmen

---

[38] Vgl. Schanz et al. (1987), Grundfragen der Führungsforschung, S. 37f.
[39] Vgl. Ulrich/Hill (1976), Wissenschaftstheoretische Grundlagen, S. 305
[40] Vgl. Ulrich (1984), Management
[41] Vgl. Kubicek (1977), Heuristischer Bezugsrahmen, S. 7
[42] Vgl. Ulrich (1971), Systemorientierter Ansatz, S. 47
[43] Vgl. Ulrich/Hill (1976), Wissenschaftstheoretische Grundlagen, S. 305
[44] Vgl. Bleicher (2017), Management, S. 288

des Forschers, welche nicht zu beweisen sind und sich einer empirischen Überprüfung entziehen. Durch die Offenlegung dieser Wertprämissen wird dem **Subjektivitätskriterium** der wissenschaftlichen Arbeit nachgekommen.[45] Dieses zugrunde liegende allgemeine Verständnis wird in der Wissenschaftstheorie auch als Paradigma bezeichnet.[46] Relevante Paradigmen in der Betriebswirtschaftslehre sind der faktortheoretische Ansatz nach GUTENBERG, der Systemansatz nach ULRICH sowie der entscheidungstheoretische Ansatz nach HEINEN.[47]

Die vorliegende Arbeit folgt dem **systemtheoretischen Ansatz** nach ULRICH, da dieser durch seine Praxisnähe, seine Offenheit und seine integrative Gestaltung einen besonderen Bezug zu den Ingenieurwissenschaften aufweist.[48] Neben der grundlegenden Erkenntnisperspektive ist die Forschungsmethodologie ein weiterer wichtiger Bestandteil des Forschungsprozesses. Die Forschungsmethodologie spiegelt die Vorgehensweise zur Gewinnung von Erkenntnissen wider. Nach POPPER beginnt die Erkenntnis „nicht mit der Wahrnehmung, Beobachtung oder Sammlung von Daten und Tatsachen, sondern mit Problemen".[49] Die Auswahl der Probleme unterscheidet sich dabei grundlegend bei den Grundlagen- und den Handlungswissenschaften.

Ziel der **Grundlagenwissenschaften** ist es, die Diskrepanz zwischen Theorie und Beobachtung zu erklären und das Streben nach Erkenntnissen um des Erkennens willen in den Vordergrund zu rücken.[50] Die angewandten **Handlungswissenschaften** verfolgen hingegen eine pragmatische Zielsetzung, die sich auf Probleme des praktisch handelnden Menschen beziehen, für die keine Lösungen bzw. kein ausreichendes Wissen existiert.[51] Somit wird ein **pragmatisches Wissenschaftsziel** verfolgt.[52]

Das Erreichen des formulierten pragmatischen Wissenschaftsziels erfordert die Auswahl einer geeigneten Forschungsstrategie. Nach ULRICH wird eine Übertragung der Prüfstrategie empirischer Forschung mit ihren deduktiv-numologischen Erklärungsansätzen unter zugrunde liegender formal verfahrenstechnischer Orientierung im Hinblick auf ein pragmatisches Wissenschaftsziel als hinderlich betrachtet.[53] Vor diesem Hintergrund hat sich in den Hand-

---

[45] Vgl. Ulrich/Hill (1976), Wissenschaftstheoretische Grundlagen, S. 306
[46] Vgl. Kuhn (2014), Revolutionen, S. 25
[47] Vgl. Ulrich/Hill (1976), Wissenschaftstheoretische Grundlagen, S. 305
[48] Vgl. Pitsch (2014), Kompetenzfeldbasierte Vernetzung, S. 6; vgl. Ulrich/Hill (1976), Wissenschaftstheoretische Grundlagen, S. 308f.
[49] Vgl. Popper (1972), Logik der Sozialwissenschaften, S. 104
[50] Vgl. Schanz (1987), Grundfragen der Führungsforschung, S. 2041
[51] Vgl. Ulrich (1984), Management, S. 172
[52] Vgl. Kubicek (1977), Heuristischer Bezugsrahmen, S. 5
[53] Vgl. Ulrich (1984), Management, S. 174f.

lungswissenschaften die explorative Forschung als eigene Forschungsmethodologie entwickelt. Die **explorative Forschung** erlaubt neben der Überprüfung von theoriegeleiteten Hypothesen durch Empirie ebenfalls die Entwicklung von theoretischen Aussagen auf der Grundlage von systematischem Erfahrungswissen.[54]

Die vorliegende Arbeit basiert demnach auf der Zuordnung zu den **angewandten Handlungswissenschaften**, der Wahl des **Systemansatzes nach ULRICH** als grundlegende Wissenschaftstheorie sowie dem forschungsmethodologischen Ansatz der **explorativen Forschung**. Das forschungsmethodologische Vorgehen folgt dem **Forschungszyklus nach TOMCZAK**[55] (vgl. Abbildung 1-2).

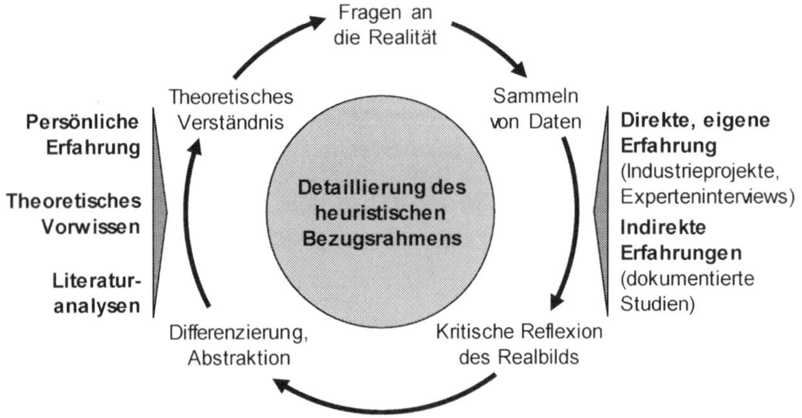

Abbildung 1-2: Forschungsmethodisches Vorgehen[56]

Die Entwicklung wissenschaftlicher Aussagen erfolgt bei der explorativen Forschung durch einen „geleiteten und auf systematischem Erfahrungswissen basierenden Lernprozess, der sowohl die Gewinnung von Erfahrungswissen als auch seine kreative Umsetzung in theoretische Aussagen problematisiert".[57] Im Fokus steht dabei, durch das Stellen von Fragen an die Realität und das Verarbeiten gewonnener Erkenntnisse in der Theorie zu neuen Fragen und schließlich zu **neuen Erkenntnissen der Realität** vorzustoßen.[58] Im Zentrum des gewählten explorativen Forschungsprozesses steht ein heuristischer

[54] Vgl. Kubicek (1977), Heuristischer Bezugsrahmen, S. 13
[55] Vgl. Tomczak (1992), Forschungsmethoden in der Marketingwissenschaft, S. 84
[56] Vgl. Tomczak (1992), Forschungsmethoden in der Marketingwissenschaft, S. 84
[57] Vgl. Kubicek (1977), Heuristischer Bezugsrahmen, S. 13; vgl. Pitsch (2014), Kompetenzfeldbasierte Vernetzung, S. 7
[58] Vgl. Pitsch (2014), Kompetenzfeldbasierte Vernetzung, S. 6f.

Bezugsrahmen. Dieser zeigt das Vorverständnis des Forschers, lenkt den Forschungsprozess und gibt eine Richtung für die Lösung praxisrelevanter Probleme vor.[59] Nach TOMCZAK ist „ein **theoretisches Problem** bzw. ein **generelles Phänomen**, das nicht genügend verstanden bzw. unzureichend beherrscht wird", eine Voraussetzung für die Entwicklung eines heuristischen Bezugsrahmens.[60] In dieser Arbeit ist dies die in Kapitel 1.1. beschriebene Problemstellung.

Der **heuristische Bezugsrahmen** der vorliegenden Arbeit besteht aus sechs Teilen (vgl. Abbildung 1-3). Wesentliche Bestandteile sind die Objekte „Werkzeugbau" und „Organisation", die im Kontext der „Ambidextrie" unter Berücksichtigung bestehender Ansätze der Organisationsgestaltung die Grundlage für die Entwicklung einer Methodik zur Gestaltung einer ambidextren Organisationsarchitektur im industriellen Werkzeugbau bilden.

Abbildung 1-3: Heuristischer Bezugsrahmen

Als Basis für die vorliegende Arbeit dient das **praktische Erfahrungswissen** des Autors. Dieses wurde im Rahmen der Tätigkeit als wissenschaftlicher Mitarbeiter am Werkzeugmaschinenlabor WZL der RWTH Aachen seit 2014 entwickelt. Diese Tätigkeit umfasste zahlreiche Forschungs- und Industrieprojekte sowie Lehr- und Weiterbildungsveranstaltungen. Zudem wurde ein intensives Studium der forschungsrelevanten Literatur durchgeführt. Bestehende Ansätze zur Erreichung organisatorischer Ambidextrie wurden kritisch reflektiert und weiterentwickelt. Ein intensiver Austausch mit Experten aus der Praxis sowie der Theorie ermöglichte die Verifizierung der in der vorliegenden Arbeit

[59] Vgl. Tomczak (1992), Forschungsmethoden in der Marketingwissenschaft, S. 84
[60] Vgl. Tomczak (1992), Forschungsmethoden in der Marketingwissenschaft, S. 84

beschriebenen Methodik für die Gestaltung einer ambidextren Organisationsarchitektur im industriellen Werkzeugbau.

1.4 Aufbau der Arbeit

Der Aufbau der Arbeit orientiert sich der Forschungsmethodologie der explorativen Forschung folgend am Forschungsprozess für angewandte Forschung nach ULRICH.[61] ULRICH stellt den Praxisbezug in den Vordergrund und leitet daraus analytisch induktiv entsprechende Regeln und Modelle ab, die in der Praxis zu validieren sind.[62] Der Aufbau der Arbeit sowie der Bezug der vorliegenden Dissertation zu dem Forschungsprozess der angewandten Forschung nach ULRICH ist Abbildung 1-4 zu entnehmen.

Abbildung 1-4: Aufbau der Arbeit

Die vorliegende Arbeit ist in sieben Hauptkapitel gegliedert. Im **ersten Kapitel** werden die Problemstellung aus der Beschreibung der Ausgangssituation abgeleitet, die Zielsetzung der Arbeit definiert und die Forschungskonzeption dargestellt. Darauf aufbauend wird die handlungsleitende Forschungsfrage

[61] Vgl. Ulrich/Hill (1976), Wissenschaftstheoretische Grundlagen, S. 305ff.
[62] Vgl. Ulrich/Hill (1976), Wissenschaftstheoretische Grundlagen, S. 305

abgeleitet. Es folgen die wissenschaftstheoretische Einordnung sowie der Aufbau der Arbeit.

Das **zweite Kapitel** führt in die relevanten Grundlagen der Themenstellung der vorliegenden Dissertation ein. Dazu werden für die Themenfelder Organisation bzw. Organisationsgestaltung, Organisationale Ambidextrie, Werkzeugbau und Industrialisierung die zugrunde gelegten Begrifflichkeiten definiert. Zusätzlich wird eine Einordnung in den Kontext der Aufgabenstellung dieser Arbeit vorgenommen. Auf dieser Grundlage wird der Handlungsbedarf aus der Praxis für die methodische Unterstützung der Gestaltung einer ambidextren Organisationsarchitektur im industriellen Werkzeugbau spezifiziert.

Innerhalb des **dritten Kapitels** werden problemrelevante Theorien des Gestaltungsbereichs diskutiert. Auf Grundlage des abgeleiteten Handlungsbedarfs aus der Praxis werden Anforderungen an eine Methodik zur Gestaltung einer ambidextren Organisationsarchitektur im industriellen Werkzeugbau formuliert. Diese werden bestehenden Ansätzen der Organisationsgestaltung gegenübergestellt. Abschließend wird der Forschungsbedarf aus der Theorie abgeleitet und die Forschungsfrage konkretisiert.

Die Handlungsbedarfe aus Theorie und Praxis führen zur Konzeption einer Methodik zur Gestaltung einer ambidextren Organisationsarchitektur im industriellen Werkzeugbau im **vierten Kapitel**. Hierzu werden zunächst die Systemtechnik und die Modelltheorie als Grundlage für die Methodikentwicklung vorgestellt. Aufbauend auf einem Ordnungsrahmen wird anschließend das Grobkonzept der Methodik in Form von Methodikbausteinen abgeleitet. Abschließend erfolgt ein Abgleich der im dritten Kapitel definierten Anforderungen mit dem Grobkonzept der Methodik.

Im **fünften Kapitel** wird die Methodik durch die Ausarbeitung der Methodikbausteine detailliert. Dazu werden zunächst die Methodikschritte zur Analyse und Typisierung des betroffenen Werkzeugbaubetriebs erläutert. Anschließend werden die Methodikschritte zur Gestaltung einer unternehmensoptimalen, ambidextren Organisationsarchitektur dargestellt. Die Integration der Methodikschritte führt zu einer im Sinne der Forschungsfrage zielführenden Methodik.

Im **sechsten Kapitel** erfolgt die Prüfung der praktischen Relevanz der entwickelten Methodik im Anwendungszusammenhang. Anhand von einem Fallbeispiel wird das Vorgehen zur Gestaltung einer ambidextren Organisationsarchitektur im industriellen Werkzeugbau verifiziert und anschließend kritisch reflektiert.

Das abschließende **siebte Kapitel** fasst die zentralen Erkenntnisse der Dissertation zusammen und enthält einen Ausblick auf mögliche weitere Forschungsansätze.

2 Grundlagen des Betrachtungs- und Gestaltungsbereichs

Im zweiten Kapitel werden relevante Grundlagen des Betrachtungs- und Gestaltungsbereichs eingeführt. Dem forschungsmethodischen Vorgehen nach ULRICH entsprechend werden Probleme aus der Praxis erfasst und typisiert sowie problemrelevante Theorien aus der Wissenschaft interpretiert (vgl. Kapitel 1.4).

Den Ausgangspunkt bildet die Gestaltung von Organisationsarchitekturen in Kapitel 2.1 sowie das Konzept der organisationalen Ambidextrie in Kapitel 2.2 als Gestaltungsbereich dieser Arbeit. Anschließend folgt in Kapitel 2.3 eine detaillierte Vorstellung des Betrachtungsbereichs Werkzeugbau in Bezug auf die im Kontext dieser Arbeit problemrelevanten Aspekte. Abschließend wird der Handlungsbedarf aus der Praxis abgeleitet.

2.1 Gestaltung von Organisationsarchitekturen

Die nachfolgende Beschreibung der theoretischen Grundlagen der Organisationsgestaltung erfolgt in **vier Abschnitten**. Zunächst wird der Organisationsbegriff vorgestellt und eingeordnet, bevor die Begrifflichkeiten der Organisationsarchitektur, der Ablauf- und Aufbauorganisation sowie abschließend der Organisationsgestaltung eingeführt werden. Anschließend werden in Kapitel 2.1.2 die Kontextfaktoren der Organisation dargestellt, wobei insbesondere die Organisation als System beschrieben und von ihrer Umwelt abgegrenzt wird. Darauf aufbauend wird die Systemgestaltung in Kapitel 2.1.3 detailliert, wobei die kontextuell relevanten Zieldimensionen hervorgehoben werden. In Kapitel 2.1.4 wird das Konzept des organisatorischen Fits vorgestellt, das die Systemgestaltung determiniert. Das Kapitel schließt mit der Darstellung der organisatorischen Herausforderungen ab.

2.1.1 Begriffsverständnis und Einordnung

Im Folgenden wird zunächst der Organisationsbegriff allgemein eingeführt. Anschließend erfolgt die Unterscheidung des institutionellen, instrumentellen und funktionalen Organisationsbegriffs. Bei der Einordnung des Organisationsbegriffs wird zwischen der Ablauf- und der Aufbauorganisation unterschieden und das Konzept der Organisationsarchitektur vorgestellt.

Organisationsbegriff

Der Begriff **Organisation** wird im alltäglichen Gebrauch mehrdeutig verwendet.[63] Eine präzise Erfassung des Organisationsbegriffs ist nach SCHREYÖGG UND GEIGER Voraussetzung für einen methodischen Zugang zu den im Rahmen der Organisationstheorie zu betrachtenden Problemen und soll daher im Folgenden vorgenommen werden.[64] Zu diesem Zweck soll zum einen das **Begriffsverständnis** für den instrumentellen, institutionellen und funktionellen Organisationsbegriff, die Aufbau- und die Ablauforganisation und die Organisationsarchitektur vermittelt werden. Zum anderen werden nachfolgend notwendige **Einordnungen** der vorliegenden Arbeit begründend dargestellt.

Ausgangspunkt der folgenden Betrachtung des Organisationsbegriffs ist die **betriebswirtschaftliche Organisationslehre**, die als relevanter Teilbereich der Organisationstheorie für die vorliegende Arbeit vorrangig von Bedeutung ist.[65] Diese umfasst theoretische Konzepte und deren konkrete Ausgestaltung in der betrieblichen Praxis.[66] Im betriebswirtschaftlichen Verständnis beschreibt die Organisation die „Verknüpfung der Produktionsfaktoren zu einem **zielgerichteten System** [...], das in der Lage ist, Produktionsprogramme zu realisieren.“[67] Trotz stark unterschiedlicher Definitionen existiert innerhalb der verschiedenen Strömungen der Organisationsforschung eine weitgehende Übereinstimmung insbesondere bei der Unterscheidung zwischen dem institutionellen und dem instrumentellen Organisationsbegriff. Diese Begriffe werden im Folgenden eingeordnet und um den funktionalen Organisationsbegriff erweitert.

Institutioneller Organisationsbegriff

Der institutionelle Organisationsbegriff fasst die Organisation als „Institution“ auf und charakterisiert sie als zielgerichtetes und offenes soziales System mit einer formalen Struktur (s. Abbildung 2-1).[68] Die Zentralelemente jedes institutionel-

---

[63] Vgl. Hoffmann (2017), Organisationale Resilienz, S. 8; FRESE führt in diesem Zusammenhang den Verzicht auf die Definition des Organisationsbegriffs in verschiedenen wissenschaftlichen Schriften an und begründet diesen mit dessen Komplexität, die lediglich eine selektive, eingeschränkte Problemperspektive zulässt: vgl. Frese/Graumann et al. (2012), Organisation, S. 20f.

[64] Vgl. Schreyögg/Geiger (2016), Organisation, S. 6f.

[65] Diese wird durch Ansätze bspw. aus der Verhaltens- und Entscheidungstheorie erweitert; für eine ausführliche Auseinandersetzung vgl. Kieser (2006), Organisationstheorien

[66] Als Hauptvertreter der betriebswirtschaftlichen Organisationslehre gelten in Deutschland gemeinhin FRITZ NORDSIECK („Grundlagen der Betriebsorganisation“, 1934), ERICH KOSIOL („Organisation und Betriebswirtschaft“, 1934), HANS ULRICH („Betriebswirtschaftliche Organisationslehre“, 1949) und ERWIN GROCHLA („Grundlagen der organisatorischen Gestaltung“, 1982)

[67] Vgl. Hansmann (2006), Industrielles Management, S. 191

[68] Vgl. Schulte-Zurhausen (2014), Organisation, S. 1; vgl. Hill et al. (1994), Organisationslehre, S. 17

len Organisationsbegriffs sind nach SCHREYÖGG die spezifische Ziel- bzw. Zweckorientierung, geregelte Arbeitsteilung und beständige Grenzen.[69] Die spezifische Zweckorientierung beinhaltet die Ausrichtung der Organisation auf spezifische Organisationszwecke, die durch die Organisationsmitglieder verfolgt werden. Der geregelten Arbeitsteilung obliegt die Ausrichtung des Handelns der Organisationsmitglieder auf die Unternehmensziele. Bei den beständigen Grenzen handelt es sich um eine absichtlich herbeigeführte Abgrenzung der Organisation von der Umwelt.[70]

Instrumenteller Organisationsbegriff

Der instrumentelle Organisationsbegriff bezieht sich auf die Organisation als Instrument zur Zielerreichung.[71] Die Zielerreichung erfordert die Arbeitsteilung und die Koordination, die sich in den organisatorischen Strukturen eines Unternehmens wiederfinden.[72] Die Gesamtheit aller generellen und expliziten Regelungen zur Gestaltung der organisatorischen Strukturen stellen nach BLEICHER die Organisation im instrumentellen Sinne dar.[73]

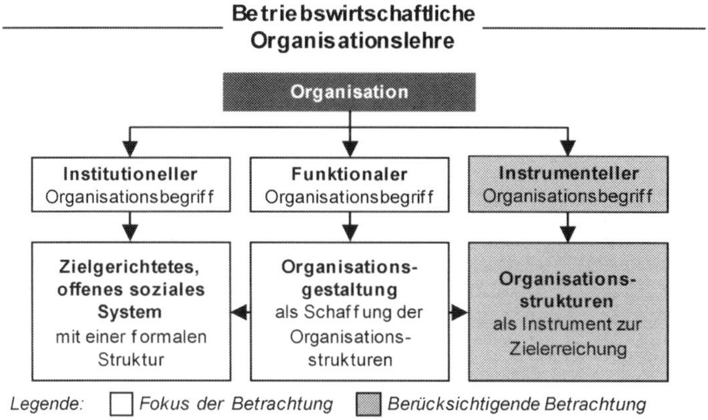

Abbildung 2-1: Kategorisierung von Organisationsbegriffen[74]

Die vorausgehenden Definitionen zeigen, dass der instrumentelle Organisationsbegriff das mit der Tätigkeit des Organisierens verbundene **Vorgehen**

[69] Vgl. Schreyögg/Geiger (2016), Organisation, S. 9f.; vgl. March/Simon (1958), Organizations, S. 1ff.; vgl. Arnoscht (2011), Komplexität von Baukastensystemen, S. 41
[70] Vgl. Schreyögg/Geiger (2016), Organisation, S. 9f.
[71] Vgl. Schulte-Zurhausen (2014), Organisation, S. 3f.; vgl. Schreyögg/Geiger (2016), Organisation, S. 5f.
[72] Vgl. Ehrenhöfer (2015), Corporate Software, S. 29
[73] Vgl. Bleicher (1991), Organisation, S. 35
[74] Vgl. Schulte-Zurhausen (2014), Organisation, S. 1

beschreibt, während der institutionelle Organisationsbegriff das im Ergebnis dieser Tätigkeit entstandene **System** darstellt.[75] Während die institutionelle Perspektive die Interaktion sozialer Wesen in den Vordergrund rückt, stellt die instrumentelle Perspektive eher einen rationalen Entwurf dar. So wird bspw. weitgehend unterstellt, dass die Vorgaben durch die Organisationsmitglieder in der geplanten Form befolgt werden. Abweichungen von der geplanten Form können nicht erklärt werden. Zusätzlich wird die Strukturbildung als isolierte Expertenentscheidung modelliert, wodurch insbesondere die Einflüsse durch Reaktionen und Modifikationsversuche anderer Organisationsmitglieder nicht betrachtet werden. Als Konsequenz werden viele Phänomene der Funktionsbedingungen organisierter Systeme im instrumentellen Ansatz nicht erkannt und damit nicht berücksichtigt. Nach SCHREYÖGG umfasst die institutionelle Perspektive hingegen neben der organisatorischen Strukturierung „[...] das ganze soziale Gebilde, die geplante Ordnung und die ungeplanten Prozesse, die Funktionen aber auch die Dysfunktionen organisierter Arbeitsabläufe, die Entstehung und die Veränderung von Strukturen, die Ziele und ihre Widersprüche“.[76] Im Vergleich zum instrumentellen Organisationsverständnis weitet die Perspektive des institutionellen Organisationsbegriffs den Gegenstandsbereich der Organisationstheorie somit aus.[77]

Funktionaler Organisationsbegriff

Im funktionalen Verständnis des Organisationsbegriffs wird die Organisation als **Tätigkeit** des organisatorischen Gestaltens aufgefasst.[78] Diese Tätigkeit wird ebenfalls als Organisationsgestaltung oder organisatorische Gestaltung bezeichnet und stellt das Mittel zur Schaffung der Organisationsstrukturen dar.[79] Die organisatorische Gestaltung variiert zwischen Unternehmen sowie unterschiedlichen Industrien in Abhängigkeit von den spezifischen Kontextfaktoren und Eigenschaften der betrachteten Unternehmen. FOJCIK identifiziert in diesem Zusammenhang empirische Befunde, die eine ähnliche organisatorische Ausgestaltung von Unternehmen in einer spezifischen Industrie konstatieren.[80] Jedes Unternehmen muss jedoch eine individuelle Struktur gestalten, die im Einklang mit den internen Eigenschaften und der Beziehung zu seinem Umfeld steht.[81]

---

[75] Vgl. Bleicher (1991), Organisation, S 35; Bullinger et al. (2009), Handbuch Unternehmensorganisation S. 3; vgl. Hansmann (2006), Industrielles Management, S. 191; vgl. Westkämper (2006), Organisation, S. 45
[76] Vgl. Schreyögg/Geiger (2016), Organisation, S. 9f.
[77] Vgl. Schreyögg/Geiger (2016), Organisation, S. 9f.; vgl. Vahs (2007), Organisation, S. 18
[78] Vgl. Ehrenhöfer (2015), Corporate Software, S. 29
[79] Vgl. Schulte-Zurhausen (2014), Organisation, S. 2f.
[80] Vgl. Fojcik (2015), Ambidextrie und Unternehmenserfolg, S. 29
[81] Vgl. Hax/Majluf (1981), Organizational Design, S. 418

Einordnung in die Begriffsperspektive

Im Fokus der vorliegenden Arbeit steht die Organisationsgestaltung und damit der funktionale Organisationsbegriff. Das dieser Arbeit zugrunde liegende Verständnis des Betrachtungsraums orientiert sich an dem institutionellen Organisationsbegriff. Bei dieser Einordnung ist die begriffliche Unschärfe als kritisch zu betrachten, die sich vor allem durch die thematischen Überschneidungen des institutionellen und instrumentellen Organisationsverständnisses ergibt.[82] Zusätzlich argumentiert PICOT, dass sich das instrumentelle und institutionelle Verständnis des Organisationsbegriffs gegenseitig bedingen. So führt er aus, dass ein Unternehmen eine Organisation (im Sinne des institutionellen Verständnisses) ist, da es eine Organisation (im Sinne des instrumentellen Verständnisses) hat.[83] Die Unschärfe der Begriffe sowie deren Beziehung werden in der vorliegenden Arbeit aufgegriffen, indem Ansätze des instrumentellen Organisationsbegriffs berücksichtigt werden, sofern sie dem der Arbeit zugrunde liegenden Verständnis der Organisationsgestaltung entsprechen.

Ablauforganisation und Aufbauorganisation

Die Unterscheidung zwischen Ablauf- und Aufbauorganisation hat in der betriebswirtschaftlichen Organisationslehre einen analytischen Hintergrund und dient der gesamtheitlicheren Analyse von organisatorischen Problemstellungen.[84] Die **Ablauforganisation** bezeichnet die Gesamtheit aller in einem Unternehmen abzuwickelnden Aufgabenerfüllungsprozesse.[85] Sie stellt ein dynamisches Ordnungs- und Beziehungsmuster dar, in dem sie die Gestaltung bzw. Ausführung der Arbeitsprozesse umfasst, die situationsspezifische Anpassungen erfordern.[86] Zusätzlich obliegt der Ablauforganisation die Verknüpfung einzelner Arbeitsschritte (Synthese) zu komplexen Prozessen. Diese Prozesse werden durch die Ablauforganisation prozessbezogen sowie prozessübergreifend in zeitlicher und räumlicher Hinsicht harmonisiert.[87] Nach SCHREYÖGG ist eine **Aufbauorganisation** ein „dauerhaft geregeltes Ordnungs- und Beziehungsmuster, das die einzelnen Elemente definiert und sie zu einem Gesamtzusammenhang verknüpft."[88] Die Aufbauorganisation legt das jeweilige Tätig-

---

[82] Vgl. Arnoscht (2011), Komplexität von Baukastensystemen, S. 42; Mag (1978), Unternehmung als System, S. 259.
[83] Vgl. Picot et al. (1999), Organisation, S. 26f.
[84] Vgl. Hoffmann (1992), Aufbauorganisation, S. 208; vgl. Schuh (2011), Strategie und Management, S. 135; vgl. Wittlage (1996), Organisationsgestaltung mittelständischer Unternehmen, S. 11
[85] Vgl. Frese et al. (2012), Organisation, S. 68; vgl. Schuh (2011), Strategie und Management, S. 135
[86] I. A. a. Schulte-Zurhausen (2014), Organisation, S. 1
[87] Vgl. Frese (2002), Organisation, S. 251 f.; s. auch Schuh (2011), Strategie und Management, S. 135
[88] Vgl. Schreyögg/Geiger (2016), Organisation, S. 17

keitsspektrum der Organisationsmitglieder[89] und ihre zugehörigen Entscheidungskompetenzen fest, bestimmt die Interaktion zwischen den Organisationsmitgliedern und definiert damit die Organisationsprozesse. Dies umfasst Verfahrensrichtlinien für die Ausführung operativer Tätigkeiten ebenso wie Vorgaben für Innovations- oder Kommunikationsprozesse.[90] Damit weist der Strukturbegriff einerseits eine räumlich statische Perspektive auf, die die relativ dauerhaften Anordnungsmuster der Teile zu einem Ganzen betrifft. Zum anderen besitzt der Strukturbegriff ebenfalls eine zeitlich-dynamische Perspektive, indem er die Verlaufsmuster von Ereignissen in der Zeit umfasst. Nach KRIEG ist die Kombination der räumlichen und zeitlichen Ordnung die Grundvoraussetzung für das zielgerichtete Verhalten dynamischer, sozialer Systeme.[91]

Im Rahmen dieser Arbeit steht die Gestaltung der Aufbauorganisation im Vordergrund. Die Gestaltung der Aufbauorganisation erfordert jedoch zwingend auch die Berücksichtigung der durchzuführenden Abläufe und vice versa. Damit wird der Forderung u.a. von SCHUH entsprochen, nach dem eine ausschließliche Betrachtung der Aufbauorganisation nicht möglich ist.[92]

Organisationsarchitektur

JOST konstatiert, dass aufgrund von Individualzielen der Organisationsmitglieder nicht a priori davon auszugehen ist, dass diese ihre zugeteilten Teilaufgaben zielkonform ausführen.[93] In diesem Zusammenhang schreibt FRESE, dass organisatorische Regelungen niemals unmittelbar, sondern immer über die **Beeinflussung des Verhaltens** der handelnden Individuen auf die Erreichung der jeweiligen Gestaltungsziele einwirken können.[94] So sind die individuellen Ziele der Organisationsmitglieder insbesondere auf Diskrepanzen zu den organisatorischen Zielen des Unternehmens zu untersuchen bzw. gezielt zu adressieren.[95] Um ein zielkonformes Verhalten induzieren zu können, ist die Anreizsetzung erforderlich.[96] Entsprechend der Systematisierung der Aufbauorganisation wird in diesem Kontext ebenfalls von einer Anreizstruktur gesprochen.[97] Die Anreizstruktur umfasst insbesondere die materiellen und immateri-

---

[89] FRESE nutzt in diesem Zusammenhang die Bezeichnung „Organisationseinheit“ (vgl. Frese et al. (2012), Organisation); im Mittelpunkt steht die Verallgemeinerung von der Person als Aufgabenträger

[90] Vgl. Jost (2000), Organisation und Koordination, S. 24f.

[91] Vgl. Krieg (1971), Kybernetik, S. 20

[92] Vgl. Schuh (2011), Strategie und Management, S. 135; vgl. auch Vahs (2007), Organisation, S. 44f.

[93] Vgl. Jost (2000), Organisation und Koordination, S. 18f. Nach JOST erwartet das Organisationsmitglied, dass es seine individuellen Ziele besser in der Organisation erreichen kann als eigenständig. Daher misst es eine Organisation daran, in welchem Maße sie seine Erwartungen erfüllt.

[94] Vgl. Frese et al. (2012), Organisation, S. 5ff.

[95] Vgl. Jost (2000), Organisation und Koordination, S. 18f.; vgl. Maier (2015), Ambidextrous Organization, S. 18

[96] Vgl. Frese et al. (2012), Organisation, S. 256f.

[97] Vgl. Jost (2000), Organisation und Koordination, S. 25

ellen Motivationsinstrumente, Kontroll- und Evaluationssysteme (Messung und Bewertung der Aufgabenerfüllung) sowie Führungssysteme (Einfluss auf die direkten Beziehungen).[98] Das Ergebnis, bestehend aus Aufbauorganisation und Anreizstruktur, bezeichnet JOST als **Organisationsarchitektur** (Abbildung 2-2).[99]

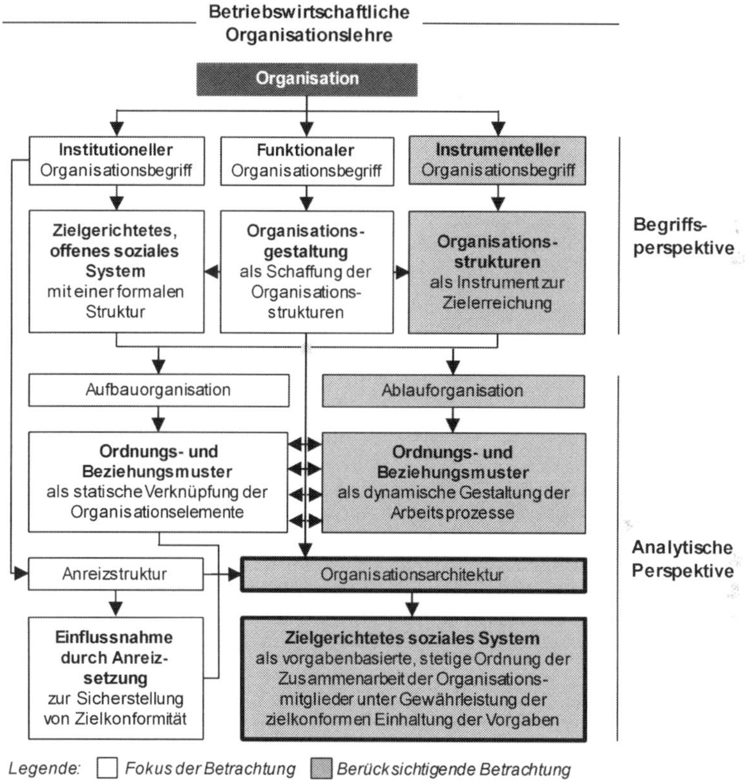

Abbildung 2-2: Einordnung der Organisationsarchitektur[100]

Während wissenschaftliche Arbeiten im Bereich der Organisationstheorie im deutschsprachigen Raum lange Zeit die Aufbauorganisation in den Mittelpunkt

[98] Vgl. Jost (2000), Organisation und Koordination, S. 25

[99] Vgl. Jost (2000), Organisationstheorie, S. 32. Die Bedeutung der Organisations- und Anreizstruktur als Grundpfeiler der Organisationsarchitektur geht auf BARNARD zurück, der die Koordination und Motivation als grundlegende Probleme der Organisationsgestaltung identifiziert (vgl. Jost (2000), Organisationstheorie, S. 33; vgl. Barnard (1938), The functions of the executive, S. 139ff.)

[100] Vgl. Schulte-Zurhausen (2014), Organisation, S. 1

der Überlegungen gerückt haben,[101] soll in der vorliegenden Arbeit der weiter gefasste Begriff der Organisationsarchitektur Verwendung finden. Die für diese Arbeit gültige Definition wird in Anlehnung an ARNOSCHT wie folgt formuliert:

„Die Organisationsarchitektur ist die vorgabenbasierte, stetige Ordnung der Zusammenarbeit der Organisationsmitglieder sowie die Sicherstellung ihrer Einhaltung in einem zielgerichteten sozialen System."[102]

Die Organisationsarchitektur beschreibt somit die festgelegten **Innenbeziehungen** eines Unternehmens. Diese bringen die produktiven Elemente sowie zu erfüllenden Aufgaben in einen sinnvollen Zusammenhang und verbinden die Prozesse mit den relevanten Kontextfaktoren zu zielgerichteten Prozessen. Diese Innenbeziehung wird in Form von Strukturen, die im Wesentlichen Erwartungsmuster umfassen, determiniert. Dadurch wird das Verhalten des Einzelnen bedingt vorhersehbar und kann von anderen Organisationsmitgliedern berücksichtigt werden.[103]

Ausgehend vom funktionalen Organisationsbegriff soll die organisatorische Gestaltung im Kontext dieser Arbeit den Prozess der Ausgestaltung einer Organisationsarchitektur bezeichnen.[104]

2.1.2 Kontextfaktoren der Organisation

Im folgenden Kapitel erfolgt zunächst die Abgrenzung der Organisation, bevor anschließend die Umwelt der Organisation dargestellt wird.

Abgrenzung der Organisation

Um dauerhaft in geeigneter Weise mit der Umwelt interagieren zu können, müssen **Organisationen sich stetig anpassen**.[105] Dabei gilt es, die Komplexität und damit Unsicherheit der für die Organisation relevanten Umwelt zu begrenzen bzw. zu reduzieren. Die Anpassung der Organisation an Umweltveränderungen ist dadurch beschränkt, dass Veränderungen der Organisation nur in geringem Maße rational und planvoll geschehen und dass innerhalb der Organisationen unterschiedliche Interessen verfolgt werden.[106] Die **Zielorientierung** lässt sich als wesentliche definitionsübergreifende Eigenschaft einer Organisation nutzen, um die innere Umwelt von der äußeren Umwelt der Organisation abzugrenzen (vgl. Kapitel 2.1.1). Die Umwelt eines Unternehmens unterliegt einer stetigen Veränderung.

---

[101] Vgl. Löber (2012), Strategie und Organisationsarchitektur, S. 12
[102] Vgl. Arnoscht (2011), Komplexität von Baukastensystemen, S. 43
[103] Vgl. Schreyögg/Geiger (2016), Organisation, S. 9f.; vgl. Krieg (1971), Kybernetik, S. 19
[104] Vgl. Fojcik (2015), Ambidextrie und Unternehmenserfolg, S. 9
[105] Vgl. Hoffmann (2017), Organisationale Resilienz, S. 14f.
[106] Vgl. Hoffmann (2017), Organisationale Resilienz, S. 14f.

Umwelt der Organisation

So konstituiert sich die **innere Umwelt** durch geordnete Handlungen, die aufeinander abgestimmt sind und einen Sinnzusammenhang ergeben. Das sich entwickelnde System ist somit auf sich selbst bezogen[107] und grenzt sich von seiner äußeren Umwelt ab, die außerhalb des Sinnzusammenhangs steht (vgl. Kapitel 2.1.3). Die innere Umwelt steht mit der Organisation im direkten Austausch (s. Abbildung 2-3).[108] Innerhalb der inneren Umwelt einer Organisation liegen die **internen Organisationsmitglieder**, die unmittelbar Einfluss auf die Gestaltung der Organisation ausüben können. Im Allgemeinen bestimmt die oberste Führungsebene die gestalterischen Aspekte der Organisationsarchitektur eines Unternehmens. Die nachgeordneten Führungsebenen sind in der Regel für die Konkretisierung und Durchführung der Tätigkeiten für den ihnen unterstellten Bereich verantwortlich.

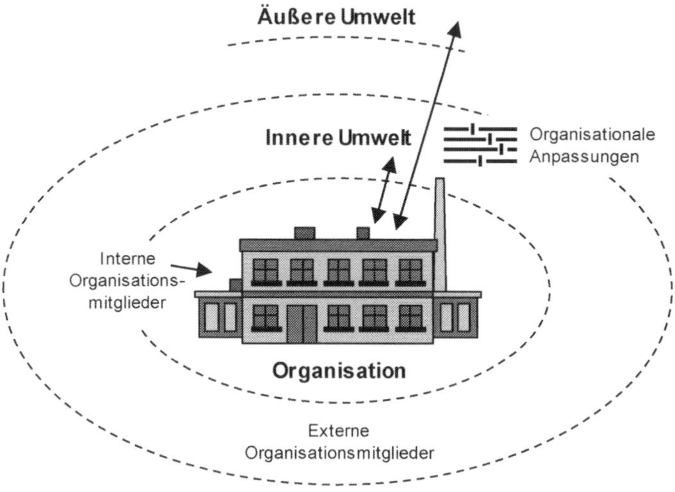

Abbildung 2-3: Unterscheidung der inneren und äußeren Umwelt

Externe Organisationsmitglieder der inneren Umwelt befinden sich hingegen außerhalb der Grenzen der Organisation. Hierzu zählen bspw. Lieferanten, Wettbewerber oder Kunden. Zwar können sie die Organisation beeinflussen bzw. von dieser beeinflusst werden, ihr unmittelbarer Einfluss auf die konkrete Ausgestaltung der Organisationsarchitektur fällt jedoch sehr gering aus.[109]

[107] LUHMANN bezeichnet diese Eigenschaften als *selbstreferenziell* und *operativ geschlossen*; vgl. Luhmann (2011), Organisation und Entscheidung, S. 44f.
[108] Vgl. Hoffmann (2017), Organisationale Resilienz, S. 13
[109] Vgl. Jost (2000), Organisation und Koordination, S. 21f.

Die **äußere Umwelt** lässt sich nach HOFFMANN als „die Gesellschaft“ verstehen und wird über unterschiedliche gesellschaftliche Teilbereiche wirksam.[110] Die Beeinflussung der Organisationen durch Entwicklungen dieser Umwelt erfolgt permanent, jedoch in unterschiedlicher Intensität.[111]

2.1.3 Organisatorische Systemgestaltung

Im Folgenden erfolgt zunächst die allgemeine Einteilung der organisatorischen Gestaltung, bevor auf die Ziele der Organisation eingegangen wird. Anschließend wird die organisatorische Ausrichtung beschrieben, wobei die Verhaltensstabilität und Verhaltensvariabilität sowie ihre Ausgewogenheit innerhalb der Organisation hervorgehoben werden.

Allgemeine Einteilung der organisatorischen Gestaltung

Die organisatorische Gestaltung kann nach BULLINGER ET AL. und in Abhängigkeit von der initialen Absicht in Neu- und Reorganisationen unterteilt werden. Eine **Neuorganisation** beschreibt die Gestaltung einer gänzlich neuen Organisation. Anlässe für eine Neuorganisation können bspw. Veränderungen von Marktbedingungen, Technologien oder gesetzlichen Vorgaben sein, die eine grundlegendere Anpassung der Organisation erfordern.[112] Die **Reorganisation** stellt hingegen eine Veränderung bereits existierender Organisationen dar und wird in der wissenschaftlichen Literatur ebenfalls häufig als „Business Reengineering“ bezeichnet.[113] Im Fokus der vorliegenden Arbeit steht die Reorganisation durch die Anpassung der Organisationsarchitektur (vgl. Kapitel 2.1.1). Dabei wird in dieser Arbeit bei der Erfassung und Gestaltung der Organisationsarchitektur auf die **Systemvorstellungen** zurückgegriffen. Der Systemansatz zeichnet sich durch einen problemorientierten Charakter aus und bietet einen Rahmen für die Entwicklung von Modellen beliebigen Umfangs- und Abstraktionsgrads.[114] Im Fokus dieser Arbeit steht die Gestaltung von Organisationsarchitekturen. Die Organisationsstrategie und damit die Zielsetzung einer Organisation werden als gegeben betrachtet. Damit wird dem situativen Verständnis der Organisationsgestaltung entsprochen.[115]

---

[110] Vgl. Hoffmann (2017), Organisationale Resilienz, S. 11f.; vgl. Schreyögg/Geiger (2016), Organisation, S. 50; SCHREYÖGG ET. AL. erweitern die Grenzbildung um die Kommunikation.
[111] Vgl. Hoffmann (2017), Organisationale Resilienz, S. 13
[112] Vgl. Brickley et al. (2016), Managerial economics and organizational architecture, S. 364
[113] Vgl. Bullinger et al. (2009), Handbuch Unternehmensorganisation, S. 4
[114] Vgl. Krieg (1971), Kybernetik, S. 11f.
[115] Vgl. Spennemann (2001), Gestaltung von Organisationsstrukturen, S. 21

Ziele der Organisation

Voraussetzung für eine sinnvolle Gestaltung der Organisationsarchitektur ist die genaue Kenntnis der organisatorischen Ziele eines Unternehmens. Bei den Zielen einer Organisation kann nach VAHS generisch zwischen Vorgehenszielen und Organisationszielen unterschieden werden:

Die **Vorgehensziele** legen fest, wie der Lösungsweg von einem definierten Zeitpunkt vor der organisatorischen Neu- bzw. Umgestaltung bis zur Implementierung der angepassten Strukturen und Prozesse aussehen soll.[116] Die **Organisationsziele** beschreiben Aussagen über angestrebte Zustände, die durch Entscheidungen und entsprechende Handlungen erreicht werden sollen. Mit der Organisationsgestaltung werden Organisationsziele verfolgt, die durch die Auswahl und die Umsetzung von geeigneten Organisationsalternativen zu realisieren sind. Nach KRIEG spiegelt die Sicherstellung der Systemkontinuität das oberste Organisationsziel wider.[117] In der Regel werden von diesem Ziel weitere Teilziele abgeleitet, die in einer zumindest teilweise komplementären Beziehung zueinander stehen.[118]

Die Zielbildung, das heißt die Festlegung der Vorgehens- sowie der Organisationsziele, erfordert eine konkrete Beschreibung des Zielinhalts, des Zielausmaßes, des Zeitbezugs und ihres sachlichen Geltungsbereichs. Zusätzlich müssen sie untereinander priorisiert werden und mit dem übergeordneten Zielsystem des Unternehmens kompatibel sein.[119]

Organisatorische Ausrichtung

Die Gestaltung der Organisationsarchitektur zur Schaffung eines zielorientiert handlungsfähigen Ganzen[120] soll im Folgenden als **organisatorische Ausrichtung** bezeichnet werden. Die organisatorische Ausrichtung wird insbesondere in Form von Erwartungen in Bezug auf das Verhalten der Organisationsmitglieder adressiert.[121] Während bestimmte Handlungen erwartet werden, werden andere für unerwünscht erklärt, wodurch das Handlungsrepertoire der Organisationsmitglieder absichtsvoll begrenzt wird. Diese Begrenzung wird durch Ausnahmefälle ergänzt, in denen organisatorische Regeln ebenfalls genutzt werden können, um bestimmten Stellen mehr Entscheidungsautonomie bzw. mehr Handlungsspielraum bereitzustellen. Die Schaffung und Umsetzung von Regeln führt in diesem Kontext zu einer gezielten Abnahme der Individualisie-

---

[116] Vgl. Vahs (2007), Organisation, S. 485
[117] Vgl. Krieg (1971), Kybernetik, S. 43
[118] Vgl. Vahs (2007), Organisation, S. 485
[119] Vgl. Vahs (2007), Organisation, S. 485
[120] Vgl. Krieg (1971), Kybernetik, S. 15
[121] Vgl. Schreyögg/Geiger (2016), Organisation, S. 12

rung des Leistungsprozesses und unterstützt prinzipiell die Verhaltensstabilität einer Unternehmung, die in vielerlei Hinsicht im Widerspruch zur Verhaltensvariabilität steht.[122]

Verhaltensstabilität ist als dauerhafte Strukturierung von Beziehungen und Vorgängen zu betrachten, die sich in der Systemfähigkeit ausdrückt, Vorzugszustände gegenüber wechselnden Umwelteinflüssen invariant zu halten.[123] Vorzugszustände beschreiben Gleichgewichtszustände des Systems. Charakteristisches Merkmal einer ausgeprägten organisatorischen Verhaltensstabilität sind Vorteile insbesondere in Bezug auf die Steigerung der Prozesseffizienz bzw. die Reduzierung der Fehlerhäufigkeit bspw. durch die Reduzierung von Einarbeitungszeiten sowie sich entwickelnder Routinen. Im Folgenden sollen die Begriffe Verhaltensstabilität sowie (organisatorische) Stabilität simultan verwendet werden.

Verhaltensvariabilität ist ein bewusst vorgesehener Lösungsraum, der einem System ein Änderungsvermögen ermöglicht. Durch das Änderungsvermögen können Neubestimmungen der Gleichgewichtszustände, Kapazitäten und Strukturen realisiert werden, was unter anderem Innovationsprozesse begünstigt.[124] Durch die Adressierung der Verhaltensvariabilität werden die operative Flexibilität, die Wandlungsfähigkeit und die Innovationsbereitschaft gefördert. Im Folgenden sollen die Begriffe Verhaltensvariabilität, Variabilität sowie organisatorische Variabilität simultan verwendet werden.

Um auf die Dynamik der Unternehmensumwelt angemessen reagieren zu können, darf die organisatorische Ausrichtung nicht zur Inflexibilität bzw. Starrheit der betrieblichen Beziehungen und Vorgänge neigen. Die Anpassung an derartige Veränderungen bedarf eines gewissen Maßes an Unbestimmtheit.[125] Diese Unbestimmtheit findet sich sowohl in der Zieldimension Stabilität als auch in der Zieldimension Variabilität wieder:

In Bezug auf die Stabilität spiegelt sie die Voraussetzung für Systemanpassungen im Sinne neuer Verhaltensweisen und verbesserter Strukturen wider.[126] In diesem Zusammenhang hebt KRIEG bei der Definition organisatorischer Stabilität die Fähigkeit hervor „[...] Vorzugszustände gegenüber wechselnden äußeren Einflüssen und internen Störungen invariant zu halten."[127] Die Stabilität

---

[122] Vgl. Schreyögg/Geiger (2016), Organisation, S. 12f.
[123] Vgl. Krieg (1971), Kybernetik, S. 43
[124] Vgl. Wittlage (1996), Organisationsgestaltung mittelständischer Unternehmen, S. 12; vgl. Krieg (1971), Kybernetik, S. 43f.
[125] Vgl. Wittlage (1996), Organisationsgestaltung mittelständischer Unternehmen, S. 12; vgl. Krieg (1971), Kybernetik, S. 23ff.
[126] Vgl. Wittlage (1996), Organisationsgestaltung mittelständischer Unternehmen, S. 12; vgl. Krieg (1971), Kybernetik, S. 23ff.
[127] Vgl. Krieg (1971), Kybernetik, S. 43

schließt somit ein, dass das System auf interne und externe Impulse angemessen reagieren kann, statt den erreichten Systemzustand vorbehaltlos beizubehalten. Hierfür passt das System ggf. vorhandene Gleichgewichtslagen an.[128]

Ausgewogenheit von Stabilität und Variabilität

In Bezug auf die Variabilität spiegelt die Unbestimmtheit den Entscheidungs- bzw. Handlungsspielraum des Organisationsmitglieds wider und ist damit Kern der variabilitätsstiftenden Maßnahmen. Nach SIEGLER ist die geforderte Dynamik einer Organisation mit einem gewissen Maß an Stabilität zu kombinieren, um nicht in chaotische Zustände zu verfallen. So können starre Organisationselemente sinnvoll sein, um die Stabilität des Systems trotz Variabilität zu wahren.[129] Somit ist neben einem rivalisierenden Verhältnis ebenfalls ein sich wechselseitig bedingendes Verhältnis der Zieldimensionen Stabilität und Variabilität feststellbar. Die resultierende Herausforderung für die Organisationsgestaltung besteht darin, ein für das betrachtete System **geeignetes Verhältnis** von **Stabilität** und **Variabilität** zu identifizieren und umzusetzen.[130]

2.1.4 Organisatorischer Fit

Im Folgenden wird zunächst auf die Erreichung eines geeigneten Verhältnisses von Stabilität und Variabiliät in einer Organisation eingegangen, bevor dargestellt wird, wie dieses organisatorisch zu erreichen ist.

Geeignetes Verhältnis von Stabilität und Variabilität

Für die unternehmensspezifische Identifizierung eines geeigneten Verhältnisses von Stabilität und Variabilität bietet sich das Konzept des **organisatorischen Fits** an. Dieses stellt einen der zentralen Grundgedanken der Organisationsforschung dar und wird in seinen Ursprüngen verschiedenen Arbeiten der Harvard Business School bzw. der Design School zugeordnet.[131] In Anlehnung an FRICKER wird Fit „[...] als spezifisches Muster von Elementen verstanden, welches in seiner Qualität den Unternehmenserfolg bestimmt und durch die konsequente Umweltausrichtung bzw. Systemgestaltung erreicht wird."[132] Bezüglich der Operationalisierung des Fits in der Organisationsforschung existieren vielfältige Varianten und Konzepte.[133] VENKATRAMAN unterscheidet zwischen den Kategorien Fit as Moderation, Fit as Mediation, Fit as Matching,

---

[128] Vgl. Brehm (2003), Organisatorische Flexibilität, S. 43f.
[129] Vgl. Siegler (1999), Dynamische Organisation, S. 40f.
[130] Vgl. Wittlage (1996), Organisationsgestaltung mittelständischer Unternehmen, S. 12; vgl. Krieg (1971), Kybernetik, S. 23ff.
[131] Vgl. Knyphausen-Aufseß (1996), Strategische Unternehmenführung, S. 209f.; vgl. Mintzberg (1987), Strategy Concept, S. 23
[132] Vgl. Fricker (2005), Strategische Stringenz, S. 25

Fit as Gestalts, Fit as Profile Deviation und Fit as Covariation. Wesentliche Unterscheidungskriterien sind zum einen die Spezifizität bzw. die Genauigkeit des dargestellten Zusammenhangs. Zum anderen erfolgt eine Unterscheidung anhand der verschiedenen spezifischen Zielkriterien.[134] In der vorliegenden Arbeit soll dem Konzept des Fits as **Profile Deviation** entsprochen werden. Bei diesem Konzept besteht der Fit in der spezifischen Ausprägung einer Vielzahl an Variablen. Dabei bewertet der Fit den Übereinstimmungsgrad eines gemessenen Profils im Vergleich zu einem geforderten Profil. Mittels dieses Konzeptes können vielfältige Dimensionen innerhalb und außerhalb des Unternehmens erfasst werden. Die Übereinstimmung des Ist-Profils mit dem geforderten Profil determiniert den positiven Beitrag der Strukturen zum Unternehmenserfolg.[135]

Erlangen eines organisatorischen Fits

Die konsequente Umweltausrichtung bzw. Systemgestaltung zur Erlangung eines Fits basieren auf der systematischen Gestaltung der zugrunde liegenden Trade-Offs.[136] **Trade-Offs** beschreiben Indifferenzaussagen eines Entscheiders zwischen mehreren Gestaltungsoptionen.[137] Im Fokus der vorliegenden Arbeit steht der Trade-Off zwischen den organisatorischen Ausrichtungen Stabilität und Variabilität.

2.1.5 Herausforderungen der organisatorischen Gestaltung

Anschließend werden Veränderungen im Handlungsfeld der Organisationsgestaltung vorgestellt. Im Anschluss wird die Vereinbarkeit von Stabilität und Variabiliät innerhalb einer Organisation thematisiert.

Veränderungen im Handlungsfeld Organisationsgestaltung

In den vergangenen Jahren unterlag das Handlungsfeld Organisationsgestaltung **turbulenten Veränderungen**. Diese waren durch eine Vielzahl neuer Ansätze und Konzepte insbesondere der Effektivitäts- und der Effizienzverbesserung der betrieblichen Strukturen und Abläufe geprägt.[138] Ein erfolgreiches Agieren in einem sich schnell und diskontinuierlich verändernden Umfeld setzt neben Effektivitäts- und Effizienzverbesserungen eine Wandlungs- bzw. eine Anpassungsfähigkeit der Unternehmen voraus. VAHS beschreibt die Eigenschaften des Zielbilds der zukünftigen Organisation: „[...] effektiv in der strategischen Ausrichtung ihrer Potenziale, innovativ und effizient in der

---

[133] Vgl. Fricker (2005), Strategische Stringenz, S. 20
[134] Vgl. Venkatraman (1989), Concept of Fit, S. 435f.
[135] Vgl. Venkatraman (1989), Concept of Fit, S. 433f.; vgl. Fricker (2005), Strategische Stringenz, S. 21
[136] Vgl. Fricker (2005), Strategische Stringenz, S. 25
[137] Vgl. Nitzsch (2017), Entscheidungslehre, S. 182f.
[138] Vgl. Vahs (2007), Organisation, S. 538

Gestaltung ihrer Leistungen, Strukturen, Prozesse und sozialen Beziehungen und flexibel gegenüber der Notwendigkeit von intern oder extern induzierten Veränderungen."[139]

Vereinbarkeit von Stabilität und Variabilität in der Organisationsgestaltung

Die Herausforderung der organisatorischen Gestaltung resultiert aus der **Heterogenität bzw. Widersprüchlichkeit dieser angestrebten Eigenschaften**. Konkreter können die durch gestalterische Maßnahmen förderbaren Eigenschaften in der Regel entweder der Stabilität oder der Variabilität zugeordnet werden. Die Operationalisierung der Vereinbarkeit von Stabilität und Variabilität stellt demnach eine immer größere Herausforderung dar. Sie führt zu der Forderung nach neuen Ansätzen der Organisationsgestaltung. Dabei ist die betriebswirtschaftliche Forschung zunehmend an gesamtbetrieblichen Fragestellungen interessiert und nutzt vermehrt Erkenntnisse anderer wissenschaftlicher Disziplinen. In diesem Zusammenhang ist die **organisationale Ambidextrie** als viel beachteter Ansatz zu nennen, die im folgenden Kapitel vorgestellt wird.

2.2 Organisationale Ambidextrie

Die nachfolgende Beschreibung der theoretischen Grundlagen des Gestaltungselements organisationale Ambidextrie wird in vier Abschnitten vorgenommen.

Zunächst wird der Ambidextriebegriff eingeführt, bevor darauf aufbauend die organisationale Ambidextrie vorgestellt und eingeordnet wird. Anschließend werden relevante Zieldimensionen der organisationalen Ambidextrie dargestellt, bevor die für die vorliegende Arbeit relevanten Ambidextriedimensionen Stabilität und Variabilität sowie ihre aufbauorganisatorische Adressierung näher untersucht werden. Anschließend wird die Gestaltung von ambidextren Aufbauorganisationen in Kapitel 2.2.4 detailliert, wobei auf die verschiedenen Arten der Ambidextrie eingegangen wird. Das Kapitel schließt mit der Darstellung der Herausforderungen der Organisationsgestaltung im Kontext der Ambidextrie.

2.2.1 Begriffsverständnis und Einordnung

Im Kapitel 2.2.1 wird der Ambidextriebegriff zunächst allgemein erläutert. Im Anschluss wird der Begriff der organisationalen Ambidextrie eingeführt.

---

[139] Vgl. Vahs (2007), Organisation, S. 540f.

Ambidextriebegriff

Der Begriff **Ambidextrie** ist eine Kombination der lateinischen Wörter *ambo* (deutsch: „beide") und *dexter* (deutsch: „rechte Hand") und wird in seiner ursprünglichen Bedeutung in der Medizin zur Beschreibung der Beidhändigkeit von Patienten genutzt. Davon abgeleitet wird seit 1976 der Begriff **organisationale Ambidextrie** verwendet.[140] Während die begriffliche Eingrenzung aufgrund der Vielfalt unterschiedlicher Definitionen und der teilweise erheblichen inhaltlichen und methodischen Unterschiede schwerfällt,[141] lässt sich ein vereinendes Grundverständnis ableiten.[142] Demnach beschreibt organisationale Ambidextrie die Überwindung des Widerspruchs zwischen mindestens zwei Elementen, die sich in ihrer Eigenschaft simultan wechselseitig bedingen und somit insgesamt in einer paradoxen Konstellation zueinander stehen.[143] Die Basis derartiger Überlegungen stellte die Erkenntnis dar, dass verschiedene Organisationskonstellationen mit unterschiedlichen Strategien und Umfeldbedingungen assoziiert werden können.[144] Beispielsweise erkannten BURNS UND STALKER, dass Unternehmen, die in einem stabilen Umfeld agieren, **starre organisatorische Strukturen** (engl. Original: „mechanistic management systems") entwickelten.[145] Bei gleichbleibenden Umfeldbedingungen begünstigen diese Strukturen die Komplexitätsreduzierung von Abläufen, was vor allem auf eine Reduzierung von Ungewissheit mit dem Ziel einer technischen Rationalität zurückgeht.[146] Im Gegensatz dazu entwickelten Unternehmen in einem wenig stabilen, turbulenten Umfeld **organische Strukturen** (engl. Original: „organic systems").[147] Diese organischen Strukturen ermöglichen eine hohe Flexibilität, die vor allem auf freies, selbstverantwortliches Handeln auf Mitarbeiterebene beruht und die Anpassung an ein veränderliches Umfeld unterstützt.

Einführung organisationale Ambidextrie

Nach THOMPSON sind die vorab beschriebenen Ursache-Wirkung-Konstellationen der starren bzw. organischen Strukturen zeitlich begrenzt. Diese Begrenzung resultiert aus der zeitlichen Determinierung des betrachteten

140 Vgl. Duncan (1976), Designing dual structures, S. 37
141 Vgl. Kraner (2018), Ambidextrous Organizations, S. 26f.
142 Vgl. O'Reilly/Tushman (2013), Organizational Ambidexterity, S. 3
143 Vgl. Fojcik (2015), Ambidextrie und Unternehmenserfolg, S. 19. Die paradoxe Konstellation ist dabei klar abzugrenzen von den Begriffen „Dilemma" und „Zielkonflikt". Ein Dilemma besteht zwischen zwei inkompatiblen Optionen, die keine wechselseitige Abhängigkeit aufweisen. Bei einem Ziel- konflikt existieren zwischen zwei entgegengesetzten Polen zahlreiche Lösungsalternativen.
144 Vgl. O'Reilly/Tushman (2013), Organizational Ambidexterity, S. 2f.
145 Vgl. Burns/Stalker (1961), Management of innovation, S. 288
146 Vgl. Stephan/Kerber (2010), Ambidextrie, S. 8f.
147 Vgl. Burns/Stalker (1961), Management of innovation, S. 403f.; vgl. O'Reilly/Tushman (2013), Organizational Ambidexterity, S. 3

Umfelds. Um sowohl kurz- als auch langfristig wettbewerbsfähig und damit erfolgreich zu sein, ist demnach für Unternehmen eine Kombination der stabilen und variablen Ausrichtungen anzustreben, die THOMPSON als **Paradoxon der Administration** (engl. Original: „paradoxon of administration“) bezeichnet.[148] Ausgehend von diesem Grundverständnis soll organisationale Ambidextrie für die vorliegende Arbeit definiert werden. **Organisationale Ambidextrie** wird als die organisatorische Fähigkeit verstanden, unternehmerische Aktivitäten mit wechselseitigen Abhängigkeiten, aber zugleich konträren, im Widerspruch stehenden Logiken und Ausrichtungen simultan verfolgen zu können. Das übergeordnete Ziel ist der langfristige Erfolg des Unternehmens unter maximaler Ausschöpfung der kurzfristigen Potenziale.[149] Diese organisatorische Fähigkeit ist mit Herausforderungen verbunden, die sich aus der Simultanität widersprechender, aber wechselseitig bedingender Prozesse, Abläufe und Strukturen ergeben.[150]

Die Betrachtungsebene **Simultanität** bezieht sich auf die Fähigkeit zur Ambidextrie eines Systems bestehend aus einzelnen Unternehmensbereichen, einzelner Unternehmen oder Unternehmensverbunden. Hingegen steht eine zeitlich synchron ablaufende Durchführung der widersprüchlichen Aktivitätsmuster auf inkrementeller Unternehmensebene nicht im Fokus der vorliegenden Arbeit. Entscheidendes Merkmal ambidextrer Organisationen ist nach FOJCIK die Möglichkeit des aktiven Einflusses auf die Steuerung, Koordination und den Output beider Aktivitätsmuster.[151]

2.2.2 Dimensionen der organisationalen Ambidextrie

Im Folgenden sollen die Zieldimensionen Stabilität und Variabilität genau erfasst werden. Anschließend erfolgt die Ableitung der für die vorliegende Arbeit geltenden Konzeptionen.

Zieldimensionen Stabilität und Variabilität

Den in den verschiedenen Forschungsperspektiven der organisationalen Ambidextrie existierenden Dimensionen gemein ist der Bezug zu den Ambidextriedimensionen Exploration und Exploitation, die im Folgenden erläutert werden. **Exploration** umfasst Ansätze wie z. B. die Suche nach neuen Möglichkeiten, Variation, Risikobereitschaft, Experimentieren, Spiel, Flexibilität, Entdeckung und Innovation. Ein exploratives Aktivitätsmuster beschreibt dem-

---

[148] Vgl. Thompson (2007), Organizations in action, S. 150
[149] Vgl. Fojcik (2015), Ambidextrie und Unternehmenserfolg, S. 19f.
[150] Vgl. Fojcik (2015), Ambidextrie und Unternehmenserfolg, S. 34; vgl. Raisch/Birkinshaw (2008), Organizational Ambidexterity, S. 37
[151] Vgl. Fojcik (2015), Ambidextrie und Unternehmenserfolg, S. 22

nach Handlungen, Tätigkeiten und Prozesse eines Unternehmens, die das Ziel verfolgen, Ressourcen, Fähigkeiten, Kompetenzen, Produkte etc. mit hohem Neuheitswert zu identifizieren und zu erschließen. Im Fokus steht die langfristige Gewährleistung der Prosperität eines Unternehmens. **Exploitation** lässt sich in diesem Zusammenhang als Ausschöpfen übersetzen. Sie umfasst inkrementelle Verbesserung, Effizienz, Selektion, Implementierung und Ausführung.[152] Ein exploitatives Aktivitätsmuster beschreibt demnach alle Handlungen, Tätigkeiten und Prozesse eines Unternehmens, die darauf ausgerichtet sind, bereits bestehende Ressourcen, Fähigkeiten, Kompetenzen, Produkte etc. zu verbessern. Ziel ist es dabei, bereits vorhandene ökonomische Einkünfte kurzfristig auszuschöpfen.[153]

Tabelle 2-1: Unterschiedliche Konzeptionierungen von Ambidextrie[154]

Autor(en)	Jahr der Publikation	Konzeption von Ambidextrie
DUNCAN	1976	Initiation vs. Implementation
MARCH	1991	Exploitatives vs. exploratives Lernen
TUSHMAN / O'REILLY	1997	Inkrementelle vs. diskontinuierliche Innovation
ADLER / GOLDOFTAS / LEVINE	1999	Flexibilität vs. Effizienz
RIVKIN / SIGGELKOW	2003	Wandel vs. Stabilität
GIBSON / BIRKINSHAW	2004	Interne vs. externe Anpassung
O'REILLY / TUSHMAN	2004	Inkrementelle vs. diskontinuierliche Innovation
SMITH / TUSHMAN	2005	Kognitive Differenzierung vs. kognitive Integration
JANSEN/ VAN DEN BOSCH / VOLBERDA	2005	Exploitation vs. Exploration
LAVIE/ROSENKOPF	2006	Exploitation vs. Exploration
GUPTA / SMITH / SHALLEY	2006	Exploitation vs. Exploration
RAISCH	2006	Exploitation vs. Exploration
JANSEN ET AL.	2009	Exploitation vs. Exploration
SCHREYÖGG / SYDOW	2010	Wandel vs. Stabilität
TUSHMAN ET AL.	2010	Exploitation vs. Exploration
RAISCH / TUSHMAN	2011	Exploitation vs. Exploration
JANSEN / SIMSEK / CAO	2012	Exploitation vs. Exploration
DUTTA	2013	Interne vs. externe Anpassung
PATEL / MESSERSMITH / LEPAK	2013	Exploitation vs. Exploration
NOSELLA	2014	Exploitatives vs. exploratives Wissen

Aufbauend auf diesen allgemein gehaltenen Definitionen der Exploration und der Exploitation werden in der wissenschaftlichen Literatur **Spezifizierungen**

[152] Vgl. March (1991), Organizational Learning, S. 71
[153] Vgl. Duncan (1976), Designing dual structures, S. 172; vgl. Fojcik (2015), Ambidextrie und Unternehmenserfolg, S. 22; vgl. Tushman/O'Reilly (1996), Ambidextrous organizations, S. 24
[154] Vgl. Fojcik (2015), Ambidextrie und Unternehmenserfolg, S. 20; für eine ausführliche Darstellung der Ambidextriedimensionen in Zuordnung zu der jeweiligen Betrachtungsperspektive: vgl. gleiche Quelle S. 172ff.

der beiden Dimensionen vorgenommen (s. Tabelle 2-1). Diese Spezifizierungen werden durch die konkrete Forschungsperspektive bzw. den konkreten Anwendungsfall bestimmt.

Ableitung der Konzeptionen

In Kapitel 2.1.3 wurde die Sicherstellung der Systemkontinuität als das oberste Organisationsziel eingeführt. Im Kontext der vorliegenden Arbeit lassen sich nach KRIEG zwei Hauptziele ableiten: die Gewährleistung von Stabilität einerseits und von Variabilität andererseits.[155]

In der vorliegenden Arbeit sollen diese Ziele der Exploration und der Exploitation im Sinne einer Spezifizierung vorgezogen werden. Dabei wird die Stabilität von der Exploitation abgeleitet, während die Exploration den Ausgangspunkt der Variabilität widerspiegelt.

2.2.3 Zielkonflikt der Ambidextriedimensionen Stabilität und Variabilität

Im folgenden Unterkapitel wird zunächst der Zielkonflikt der Ambidextriedimensionen konkretisiert. Auf Basis der Konkretisierung wird die für diese Arbeit gültige Definition der organisationalen Ambidextrie festgelegt.

Darstellung des Zielkonflikts der Ambidextriedimensionen

Als Ambidextriedimensionen wurden vorausgehend die Zieldimensionen Stabilität und Variabilität bestimmt. Die Adressierung der Dimensionen soll durch aufbauorganisatorische Gestaltungsmaßnahmen erfolgen. Der optimale Zielzustand bezieht sich auf die spezifische, betriebliche Situation des Unternehmens und unterliegt dynamischen Veränderungen. Der im thematischen Kontext relevante **Zielkonflikt** der Zieldimensionen Stabilität und Variabilität resultiert aus der Asymmetrie ihrer Reaktion auf organisatorische Maßnahmen: So wird ein stabiles Aktivitätsmuster durch spezifische Organisationsmaßnahmen und Managementlogiken, bspw. eine funktionale, zentralisierte und formale Organisation, eine aufgabenorientierte Unternehmenskultur oder eine transaktionale und führungsorientierte (top-down) Führung unterstützt. Demgegenüber wird ein variables Aktivitätsmuster durch eine eher organische, dezentralisierte, informale und projektorientierte Aufbauorganisation, eine beziehungsorientierte, offene Unternehmenskultur sowie einen transformationalen, mitarbeiterorientierten (bottom-up) Führungsstil gefördert.[156]

---

[155] Vgl. Krieg (1971), Kybernetik, S. 43

[156] Vgl. Fojcik (2015), Ambidextrie und Unternehmenserfolg, S. 22

Die Widersprüchlichkeit der dargestellten unterschiedlichen, teilweise konfliktären Strukturen, Prozesse und Managementlogiken führt zur Herausforderung der simultanen Umsetzung beider Aktivitätsmuster innerhalb einer Organisation und damit zum eigentlichen Zielkonflikt. Neben der Widersprüchlichkeit existiert ebenfalls eine **wechselseitig bedingende Beziehung** zwischen Stabilität und Variabilität. So stellen stabile Aktivitäten häufig die Basis für gegenwärtige variable Aktivitäten dar, während variable Aktivitäten die Grundlage zukunftsorientierter stabiler Aktivitäten bilden. Eine einseitige Adressierung der Zieldimension Variabilität führt zur Vernachlässigung der Stabilität und damit der Ausschöpfung von Renditen, die für das Unternehmen essenziel sind. Auf der anderen Seite führt ein einseitiger Fokus auf die Zieldimension Stabilität bspw. zur Vernachlässigung der Erforschung von neuen Geschäftsmöglichkeiten, Innovationen etc., wodurch der Fortbestand des Unternehmens über einen längeren Zeitraum gefährdet wird.[157]

Begriffsabgrenzung organisationale Ambidextrie

Statt einer einseitigen Ausrichtung wird somit eine Balance zwischen Stabilität und Variabilität angestrebt, um den Unternehmenserfolg nachhaltig zu gewährleisten.[158] In früheren wissenschaftlichen Arbeiten wurde diese Balance häufig zugunsten der Stabilität bzw. der Exploitation ausgelegt.[159] O'REILLY UND TUSHMAN führen dies auf den Fokus der Unternehmen auf kurzfristige positive Bestätigung, bspw. Kundennachfrage und Umsatzanstiege, zurück.[160] Gleichzeitig zeichnet sich der Erfolg des variablen bzw. explorativen Aktivitätsmusters in der Regel erst über einen längeren Zeitraum ab, ist ungewisser und kann von etablierten organisatorischen Einheiten als Konkurrenz bzw. Bedrohung bekannter Aktivitätsmuster angesehen werden. Neuere Arbeiten fokussieren hingegen eine gleichberechtigte Konstellation der Ambidextriedimensionen.[161] Diese Perspektive soll für die vorliegende Arbeit genutzt werden, sodass organisationale Ambidextrie im Kontext dieser Arbeit wie folgt spezifiziert werden kann:

Organisationale Ambidextrie ist die strukturseitige Fähigkeit einer Organisation, die Aktivitätsmuster Stabilität und Variabilität innerhalb der Organisationsgrenzen derart zu vereinen, dass ein nachhaltiges Unternehmensoptimum erzielt wird.

---

[157] Vgl. Guffarth (2017), Ambidextrie in Netzwerken, S. 90f.; vgl. Gupta/Smith et al. (2006), Exploration and Exploitation, S. 695ff.

[158] Vgl. March (1991), Organizational Learning, S. 71f.

[159] Vgl. March (1991), Organizational Learning, S. 105; vgl. Eriksson/Szentes (2014), Organizational Ambidexterity, S. 1; vgl. Stephan/Kerber (2010), Ambidextrie, S. 8f.

[160] Vgl. O'Reilly/Tushman (2007), Ambidexterity as dynamic capabilities, S. 189f.

[161] Vgl. Fojcik (2015), Ambidextrie und Unternehmenserfolg. S. 17

Diese Begriffsabgrenzung weist in ausreichendem Maße Freiheitsgrade auf, um den Widerspruch und die wechselseitig bedingende Konstellation im Sinne des Untersuchungszwecks der vorliegenden Arbeit zu spezifizieren.

2.2.4 Gestaltung von ambidextren Organisationsstrukturen

Der Ausgangspunkt des folgenden Kapitels ist die Darstellung der Herausforderungen, die mit der Realisierung organisationaler Ambidextrie in einem Unternehmen verbunden sind. Anschließend wird die systematische Adressierung der Ambidextriedimensionen dargestellt.

Herausforderung der Realisierung organisationaler Ambidextrie

Die Herausforderung bei der Realisierung organisationaler Ambidextrie besteht in der paradoxen Konstellation der betrachteten Ambidextriedimensionen sowie in der Tatsache, dass die verschiedenen Ausrichtungen um begrenzte Ressourcen konkurrieren.[162] Als Folge treffen Unternehmen sowohl explizite als auch implizite Entscheidungen zwischen den beiden Ambidextriedimensionen, die der in Kapitel 2.1.4 vorgestellten Trade-off Konstellation entsprechen. Die **expliziten Entscheidungen** umfassen bewusst getroffene Entscheidungen, bspw. für bestimmte Investments oder Wettbewerbsstrategien. Die **impliziten Entscheidungen** verbergen sich hingegen in vielen Merkmalen der organisatorischen Ausrichtung eines Unternehmens, bspw. in bewussten oder unbewussten Organisationsformen und -gepflogenheiten wie organisatorische Verfahren zur Gestaltung von Freiheitsgraden oder in der Art und Weise, in der Ziele festgelegt und geändert werden können oder in Strukturen des Anreizsystems.[163]

Adressierung der Ambidextriedimensionen

Ausgehend von der Forderung nach Simultanität (s. Kapitel 2.2.1) und abhängig von der betrieblichen Situation, in der sich ein Unternehmen befindet, stellt sich die Frage, in welcher Art die Ambidextriedimensionen adressiert werden sollen. Aufgrund der beschriebenen konträren Wirkmuster der organisatorischen Gestaltungsmöglichkeiten scheint die simultane Umsetzung der Ambidextriedimensionen zu unvereinbaren Spannungen zu führen.[164]

Eine besondere Herausforderung bei der geeigneten Adressierung der Ambidextriedimensionen besteht darin, dass **quantitative Bewertungen** der Auswirkungen der Adressierung, bspw. anhand von Renditen, nur bedingt als Entscheidungshilfe verwendet werden können. Dies geht auf den Umstand zurück,

---

[162] Vgl. Duwe (2018), Beidhändige Führung, S. 25f.; vgl. March (1991), Organizational Learning, S. 2
[163] Vgl. March (1991), Organizational Learning, S. 71f.
[164] Vgl. Guffarth (2017), Ambidextrie in Netzwerken, S. 80f.

dass entsprechende Werte nicht nur in Bezug auf ihre erwartete Höhe, sondern auch in Bezug auf ihre zeitliche Wirksamkeit und ihre Verteilung innerhalb und außerhalb des Unternehmens schwanken.[165] Die Herausforderung der Bewertung betrifft ebenfalls die retroperspektivische Betrachtung. So können Beziehungen zwischen organisatorischen Maßnahmen und ihren vermeintlichen Auswirkungen häufig nur bedingt eindeutig erkannt werden. Dies geht insbesondere auf vielfältige Wechselbeziehungen mit unterschiedlichen Faktoren zurück und kann zu Fehlinterpretationen bzw. nicht zielführenden Anpassungen der Aufbauorganisation führen.[166]

Für die Adressierung der Ambdiextriedimensionen stehen verschiedene organisatorische Gestaltungsmaßnahmen zur Verfügung. Allgemein wird in der wissenschaftlichen Literatur zwischen separativen und integrativen Lösungsansätzen zur Umsetzung von organisationaler Ambidextrie unterschieden.[167] **Separative Lösungskonzepte** beschreiben die zeitliche, räumliche oder unternehmensübergreifende Trennung der Ambidextriedimensionen.[168] Zu diesen Konzepten zählen die sequenzielle, die strukturelle und die sektorenübergreifende Ambidextrie. Integrative Konzepte beschreiben die personenbezogene Separierung der Ambidextriedimensionen und werden durch Ansätze der kontextuellen Ambidextrie dargestellt.[169] Im Gegensatz zu separativen Konzepten streben **integrative Lösungskonzepte** eine Integration der Ambidextriedimensionen innerhalb einer Organisationseinheit an.[170] Die einzelnen Ansätze zur Umsetzung der Ambidextrie sollen im Folgenden vorgestellt werden.

Die **sequenzielle Ambidextrie** beruht auf der zeitlichen Separierung der Ambidextriedimensionen. Die zeitliche Trennung erfolgt durch das Wechseln zwischen den Aktivitätsmustern der Ambidextriedimensionen und wird durch Zeitangaben vorgegeben.[171] Dabei besteht eine dominante stabile bzw. exploitative Ausrichtung, die bei Bedarf temporär von kurzen Perioden mit variablen bzw. explorativen Aktivitätsmustern unterbrochen wird.[172] Die Abfolge der Sequenzen wird von der Unternehmensleitung vorgegeben. Der Wechsel der Aktivitätsmuster stellt eine große Herausforderung dar, da er mit einem ressourcenaufwendigen Organisationsstrukturwandel und Kulturwechsel verbun-

---

[165] Vgl. March (1991), Organizational Learning, S. 71f.
[166] Vgl. Guffarth (2017), Ambidextrie in Netzwerken, S. 81; GUFFARTH spricht in diesem Zusammenhang auch von *failure trap* bzw. *success trap*, vgl. Gupta et al. (2006), Exploration and Exploitation, S. 695
[167] Vgl. Fojcik (2015), Ambidextrie und Unternehmenserfolg, S. 64
[168] Vgl. Fojcik (2015), Ambidextrie und Unternehmenserfolg, S. 64
[169] Vgl. Duwe (2018), Beidhändige Führung, S. 27
[170] Vgl. Fojcik (2015), Ambidextrie und Unternehmenserfolg, S. 64
[171] Vgl. Duncan (1976), Designing dual structures
[172] Vgl. O'Reilly/Tushman (2007), Ambidexterity as dynamic capabilities, S. 29

den ist.[173] Dieser Aufwand kann nach ADLER ET AL. dazu führen, dass gänzlich von einem Wechsel zwischen den Aktivitätsmustern abgesehen wird.[174]

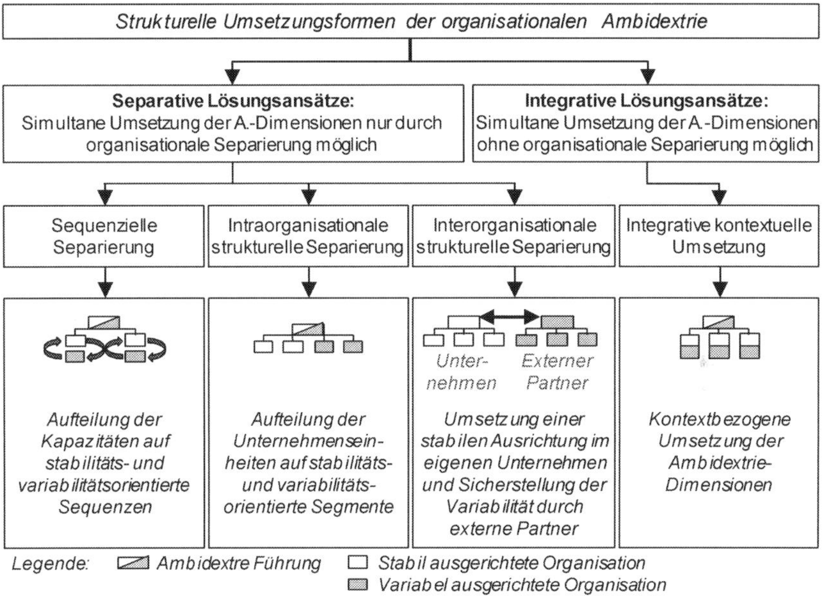

Abbildung 2-4: Strukturelle Umsetzungsformen organisationaler Ambidextrie[175]

Intraorganisationale strukturelle Ambidextrie beschreibt den Aufbau und Erhalt von hybriden Strukturen innerhalb eines Unternehmens. Jede Struktur wird organisatorisch auf eine Ambidextriedimension ausgerichtet.[176] Werden die Aktivitätsmuster isoliert voneinander betrachtet, bspw. durch die strukturelle bzw. räumliche Trennung der Ambidextriedimensionen, entspricht jedes Aktivitätsmuster optimal den jeweiligen spezifischen Umfeldbedingungen.[177] Zusätzlich können aus der homogenen Ausrichtung auf eine Ambidextriedimension Spezialisierungsvorteile in einem Unternehmensteil generiert werden.[178] Als Folge bestehen verschiedene Ausrichtungen parallel in einem Unternehmen.[179] Während in einigen wissenschaftlichen Arbeiten eine vollständige Trennung der

[173] Vgl. Guffarth (2017), Ambidextrie in Netzwerken, S. 82
[174] Vgl. Adler et al. (1999), Flexibility versus efficiency, S. 43ff.
[175] Vgl. Fojcik (2015), Ambidextrie und Unternehmenserfolg, S. 64
[176] Vgl. Duwe (2018), Beidhändige Führung, S. 27
[177] Vgl. Fojcik (2015), Ambidextrie und Unternehmenserfolg, S. 66; vgl. Duncan (1976), Designing dual structures, S. 167 ff; vgl. Raisch/Birkinshaw (2008), Organizational Ambidexterity, S. 390
[178] Vgl. Fojcik (2015), Ambidextrie und Unternehmenserfolg, S. 66
[179] Vgl. Raisch/Birkinshaw (2008), Organizational Ambidexterity, S. 390ff.

Unternehmenseinheiten gefordert wird, sehen die meisten Autoren die strukturelle Separation und die gleichzeitige Koordination und Integration der Ambidextriedimensionen als zielführend an.[180] In diesem Zusammenhang wird häufig die Bedeutung des Managements als Bindeglied der Unternehmenseinheiten hervorgehoben.[181]

Interorganisationale strukturelle Ambidextrie verfolgt den Ansatz, die Widersprüche und wechselseitigen Abhängigkeiten zwischen den Aktivitätsmustern der Ambidextriedimensionen durch eine unternehmensübergreifende Trennung zu minimieren. Im Gegensatz zur intraorganisationalen strukturellen Ambidextrie erfolgt die Separation nicht unternehmensintern, sondern im Kontext von mindestens zwei Unternehmen, weshalb organisationale Ambidextrie erst im Zusammenspiel von mehreren Unternehmen entstehen kann.[182] Die beschriebene singuläre Ausrichtung auf nur eine Ambidextriedimension bezieht sich auf die Organisationsgrenzen. Die andere Ambidextriedimension wird entsprechend von einem komplementären Partnerunternehmen verfolgt. Die simultane Umsetzung der beiden organisatorischen Ausrichtungen erfordert eine starke Vernetzung der Partnerunternehmen.[183]

Die **integrative kontextuelle Ambidextrie** bezeichnet die zeitliche Separierung der Aktivitätsmuster der Ambidextriedimensionen auf der Ebene des Individuums.[184] Die Ausgestaltung eines sozial- und performanceorientierten Rahmens innerhalb einer Organisation wirkt sich strukturfördernd aus und erleichtert die Implementierung. Während diese Ausgestaltung vor allem die Führungsebene übernimmt, stehen die Organisationsmitglieder insgesamt im Fokus der Implementierung.[185] Durch den sozialorientierten Rahmen sollen diese zur Steigerung der Autonomie und des individuellen Engagements sowohl aktive Förderung als auch Vertrauen erfahren. Demgegenüber sichert der performanceorientierte Rahmen die Disziplin und Selbstverantwortung durch klare Standards, definierte Zielsetzungen und umfangreiche Anreizsysteme. Auf diese Weise werden die Organisationsmitglieder befähigt, selbstverantwortlich und eigenständig über die Aufteilung ihrer Zeit auf beide Aktivitätsmuster zu entscheiden.[186]

---

[180] Vgl. Fojcik (2015), Ambidextrie und Unternehmenserfolg, S. 67; vgl. Raisch/Birkinshaw (2008), Organizational Ambidexterity, S. 484f.

[181] Vgl. O'Reilly/Tushman (2004), Ambidextrous Organization, S. 74f.

[182] Vgl. Fojcik (2015), Ambidextrie und Unternehmenserfolg, S. 69

[183] Vgl. Koza/Lewin (1998), Strategic Alliances, 255ff.; vgl. Park et al. (2002), Strategic Alliances, S. 527ff.; vgl. Lavie/Rosenkopf (2006), Alliance Formation, S. 797ff.; vgl. Fojcik (2015), Ambidextrie und Unternehmenserfolg, S. 70

[184] Vgl. Gibson/Birkinshaw (2004), Organizational ambidexterity, S. 210

[185] Vgl. Duwe (2018), Beidhändige Führung, S. 28f.

[186] Vgl. Gibson/Birkinshaw (2004), Organizational ambidexterity, S. 210ff.

2.3 Werkzeugbau

Im folgenden Kapitel wird die Branche Werkzeugbau als Betrachtungsbereich der vorliegenden Arbeit vorgestellt. Nachdem zunächst die relevanten Begrifflichkeiten eingeführt werden, erfolgt die Vorstellung der Auftragsarten des Werkzeugbaus. Auf dieser Grundlage wird die Organisation bzw. die Organisationsgestaltung im Werkzeugbau dargestellt und die Industrialisierung als handlungsleitendes Paradigma der Branche beschrieben.

Inhaltlich ähnliche Grundlagenkapitel, deren Strukturen teilweise übernommen wurden, finden sich in verschiedenen Dissertationen des Lehrstuhls für Produktionssystematik am Werkzeugmaschinenlabor WZL der RWTH Aachen mit gleichem Betrachtungsbereich. Für diese Arbeit relevant sind die Dissertationen von KLOTZBACH[187], PITSCH[188], SALMEN[189] und HENSEN[190].

2.3.1 Begriffsverständnis und Einordnung

Weder in der wissenschaftlichen Literatur noch im Sprachgebrauch sind die Begriffe „Werkzeug“ und „Werkzeugbau“ einheitlich definiert. Für die vorliegende Arbeit werden die Begriffe daher nachfolgend festgelegt und im Gesamtkontext eingeordnet.

Werkzeug

Die industrielle Serienfertigung erfordert **Hilfsmittel**, die sich grundsätzlich in zwei Gruppen gliedern lassen:[191]

- Hilfsmittel, die nach dem Produktionsprozess Teil des Produkts sind, bspw. Werkstoffe oder Standardteile
- Hilfsmittel, die kein Bestandteil des Produktes werden

Die unter der zuletzt aufgeführten Gruppe gefassten Hilfsmittel werden als **Betriebsmittel** bezeichnet.[192] Laut der VDI-Norm 2815 werden Betriebsmittel in Fertigungsmittel, Prüfmittel, Handhabungsmittel, Transportmittel und Lagermittel untergliedert (s. Abbildung 2-5).[193]

---

[187] Vgl. Klotzbach (2007), Industrieller Werkzeugbau
[188] Vgl. Pitsch (2014), Kompetenzfeldbasierte Vernetzung
[189] Vgl. Salmen (2016), Digital vernetzter Shopfloor
[190] Vgl. Hensen (2017), Strategische Auslegung
[191] Vgl. Kuhlmann (2011), Gestaltung von Geschäftsprozessen, S. 25
[192] Vgl. Salmen (2016), Digital vernetzter Shopfloor, S. 14
[193] Vgl. VDI (1978), VDI-Richtlinie 2815

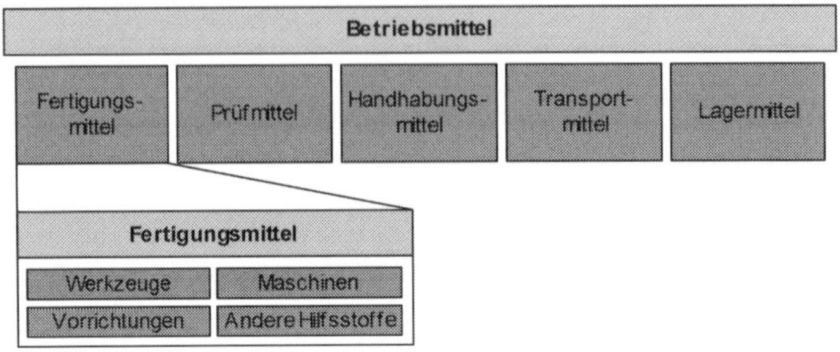

Abbildung 2-5: Einordnung von Fertigungsmitteln nach VDI-Norm 2815[194]

Werkzeuge zählen ebenso wie Maschinen, Vorrichtungen und andere Hilfsmittel zu den Fertigungsmitteln. Als Werkzeuge werden Fertigungsmittel bezeichnet, die mit dem Zweck der Form- und Substanzveränderung mechanisch oder physikalisch-chemisch auf ein bestimmtes Material einwirken.[195] Diese Definition beschreibt jedoch im produktionstechnischen Sinne auch Standardwerkzeuge wie Fräser, Bohrer, Hammer, Drehmeißel und ähnliche Hilfsmittel.[196] Diese sind nicht Betrachtungsgegenstand der vorliegenden Arbeit, in der die Definition nach EVERSHEIM und KLOCKE[197] verwendet wird. Demnach handelt es sich bei Werkzeugen um **Hohlformwerkzeuge**, die durch die teilweise oder vollständige Abbildung der Werkstückform auf der Werkzeuggeometrie charakterisiert sind.[198] Dieser Kategorie der Hohlformwerkzeuge sind **Spritzguss-, Druckguss-, Press-, Stanz- und Formwerkzeuge** zuzuordnen.[199]

Werkzeugbaubetrieb

Ein **Werkzeugbaubetrieb** stellt ein Werkzeug produzierendes Unternehmen bzw. eine Werkzeug produzierende Organisationseinheit eines Unternehmens dar.[200] Gemäß FRICK dient der Begriff Werkzeugbau als Oberbegriff für die Bezeichnungen Formenbau, Werkzeug- und Formenbau, Werkzeug- und Anlagenbau sowie analoge Bezeichnungen.[201]

Charakteristisches Unterscheidungsmerkmal von Werkzeugbaubetrieben ist ihr Marktzugang.[202] Dabei wird zwischen internem Werkzeugbau und externem Werkzeugbau unterschieden. Die gemeinsame Datenbank des Werkzeugma-

---

194 Vgl. VDI (1978), VDI-Richtlinie 2815
195 Vgl. VDI (1978), VDI-Richtlinie 2815
196 Vgl. Kuhlmann (2011), Gestaltung von Geschäftsprozessen, S. 26
197 Vgl. Eversheim/Klocke (1998), Strategie und Technologie, S. 24f.
198 Vgl. Eversheim/Klocke (1998), Strategie und Technologie, S. 25
199 Vgl. Schleyer (2006), Kooperationsmanagement, S. 20
200 Vgl. Kühn (2016), Lebenszyklusorientierte Leistungssysteme, S. 33
201 Vgl. Frick (2006), Geschäftsmodelle im Werkzeugbau, S. 20f.
202 Vgl. Kühn (2016), Lebenszyklusorientierte Leistungssysteme, S. 33

schinenlabors WZL der RWTH Aachen und des Fraunhofer-Instituts für Produktionstechnologie IPT weist ca. 49% aller Werkzeugbaubetriebe in Deutschland mit einem internen und 51% mit einem externen Marktzugang aus.[203]

Ein **interner Werkzeugbau** ist in die Aufbauorganisation seines Mutterunternehmens integriert, das er mit Werkzeugen für die Serienfertigung versorgt.[204] Dabei tritt das Mutterunternehmen gleichzeitig als Kapitalgeber auf.[205] Interne Werkzeugbaubetriebe bieten einen Teil ihrer Leistungen häufig ebenfalls am freien Markt an. Übergeordnete Ziele des internen Werkzeugbaubetriebs sind die Sicherstellung der Produktionsverfügbarkeit sowie die Steigerung der Gesamtproduktivität des Mutterunternehmens. Weitere Vorteile gegenüber dem externen Werkzeugbau sind der Know-how-Schutz, die Unabhängigkeit von externen Anbietern sowie die Reduzierung und Optimierung von internen Schnittstellen.[206] Organisatorisch kann der interne Werkzeugbau als Abteilung, Cost-Center oder Profit-Center in das Mutterunternehmen integriert sein (s. Abbildung 2-6).[207]

Ist der Werkzeugbau als **Abteilung** integriert, werden dessen Kosten auf das Mutterunternehmen umgelegt.[208] Bezogen auf die Aufbauorganisation unterscheidet sich die Abteilung damit nicht von anderen Abteilungen des Unternehmens. Ein als **Cost-Center** geführter Werkzeugbau übernimmt die Verantwortung für anfallende Kosten. Während Kosten erfasst und häufig gegenüber einer Organisation als Abteilung reduziert werden können, ist die Vergleichbarkeit hinsichtlich der Rentabilität nicht gegeben.

Als **Profit-Center** ausgerichtet stellt der interne Werkzeugbau einen eigenen Geschäftsbereich im Unternehmen dar. Einhergehend mit der umfassenden Unabhängigkeit trägt der Werkzeugbau die volle Ergebnis- und Kostenverantwortung gegenüber den Vorgaben des Mutterunternehmens. Dies ermöglicht einen direkten und aussagekräftigen Vergleich mit externen Marktteilnehmern. Den Vergleichsmöglichkeiten steht ein hoher administrativer Aufwand einschränkend gegenüber.[209]

---

[203] Vgl. WZL/IPT (2019), Datenbank zum Werkzeugbau
[204] Vgl. Eversheim/Klocke (1998), Strategie und Technologie, S. 74
[205] Vgl. Eversheim/Klocke (1998), Strategie und Technologie, S. 3
[206] Vgl. Kuhlmann (2011), Gestaltung von Geschäftsprozessen, S. 27
[207] Vgl. Eversheim/Klocke (1998), Strategie und Technologie
[208] Vgl. Salmen (2016), Digital vernetzter Shopfloor, S. 39
[209] Vgl. Kuhlmann (2011), Gestaltung von Geschäftsprozessen, S. 27; vgl. Eversheim/Klocke (1998), Strategie und Technologie, S. 74ff.

	Abteilung	Cost-Center	Profit-Center
Ausrichtung	Aufgabenorientiert	Kostenorientiert	Leistungsorientiert
Arbeitsweise	Kostenumlage auf andere Bereiche	Eigenverantwortung bezüglich Kosten	Eigenverantwortung bezüglich Ergebnis
Vorteile	„Unbeschränkte" Finanzmittel	Kostensenkung durch Kostenverantwortung	Vergleichsmöglichkeit mit externen Anbietern
Nachteile	Hohe Kosten durch fehlende Verantwortung	Bedingter Rentabilitäts-vergleich	Hoher administrativer Aufwand

Abbildung 2-6: Organisationsformen interner Werkzeugbaubetriebe[210]

In der betrieblichen Praxis liegen meist Mischformen der drei oben beschriebenen Organisationsformen vor. So ist es üblich, dass unterstützende Aktivitäten, bspw. die Finanzbuchhaltung und das Personalwesen, zentralisiert durchgeführt werden. Zusätzlich erbringen interne Werkzeugbaubetriebe häufig Leistungen, die sie nicht gesondert gegenüber dem Mutterunternehmen ausweisen. Hierzu zählt ebenfalls die Reservierung von Kapazitäten, die flexibel vom Mutterunternehmen abgerufen werden können. Dies ist insbesondere bei der Sicherstellung der Verfügbarkeit der in der Serienfertigung eingesetzten Werkzeuge der Fall.[211] Bei der Auftragsanbahnung bzw. Vergabe ist im Unterschied zu externen Werkzeugbaubetrieben eine Last Call Option die Regel. Diese beinhaltet die Möglichkeit, interne Angebote an den Marktpreis nachträglich anzupassen und damit einen Auftrag intern durchführen zu können.[212]

Ein steigender Wettbewerbsdruck führt dazu, dass interne Werkzeugbaubetriebe zunehmend als Cost- oder Profit-Center organisiert werden, um eine Vergleichbarkeit zum Wettbewerb zu ermöglichen.[213] Durch die starke Beeinflussung der Produktionsverfügbarkeit sowie der Gesamtproduktivität hat der interne Werkzeugbaubetrieb eine hohe strategische Bedeutung für das Mutterunternehmen.[214]

---

[210] Vgl. Kuhlmann (2011), Gestaltung von Geschäftsprozessen, S. 27

[211] Vgl. Kuhlmann (2017), Corporate Tooling, S. 77

[212] Vgl. Eversheim/Klocke (1998), Strategie und Technologie, S. 75ff.

[213] Vgl. Salmen (2016), Digital vernetzter Shopfloor, S. 40; vgl. Eversheim/Klocke (1998), Strategie und Technologie, S. 76ff.

[214] Vgl. Pitsch (2014), Kompetenzfeldbasierte Vernetzung, S. 36

Externe Werkzeugbaubetriebe sind rechtlich eigenständige Unternehmen, die Werkzeuge im Auftrag externer Kunden herstellen und mit dem Ziel der Gewinnmaximierung verkaufen.[215] Im Unterschied zu internen Werkzeugbaubetrieben nimmt der Kunde nicht die Rolle des Kapitalgebers ein.[216] Externe Werkzeugbaubetriebe sind bestrebt, sich eines breiten Kunden- und Branchenspektrums zu bedienen, um Auslastungsschwankungen in einzelnen Kundensegmenten besser ausgleichen zu können.[217] Durch die Bearbeitung verschiedenster Aufträge und die Zusammenarbeit mit unterschiedlichen Kunden eignen sich externe Werkzeugbaubetriebe umfassende Problemlösekompetenz an, die ein entscheidendes Differenzierungskriterium gegenüber der Konkurrenz sein kann.[218]

Die Unterscheidung zwischen internen und externen Werkzeugbaubetrieben ist insbesondere hinsichtlich der Beziehung mit dem Kunden relevant. Die Unterschiede hinsichtlich der operativen Abläufe im Zusammenhang mit der Leistungserstellung im Werkzeugbau sind zu vernachlässigen.[219] Aufgrund dessen werden in der vorliegenden Arbeit die Begriffe Werkzeugbau und Werkzeugbaubetrieb sowohl für externe als auch für interne Werkzeugbaubetriebe verwendet.

2.3.2 Leistungsspektrum

Im Folgenden werden, ausgehend von der Beschreibung der Rolle des Werkzeugbaus innerhalb der industriellen Wertschöpfungskette, die Leistungen des Werkzeugbaus dargestellt.

Rolle des Werkzeugbaus

Der Werkzeugbau ist in der industriellen Wertschöpfungskette zwischen der Produktentwicklung und der Serienproduktion positioniert und agiert als **Innovations-** und **Produktionsbefähiger**. Seine Kernaufgabe besteht in der kostengünstigen und termingerechten Erstellung zuverlässiger, anwendungsgerechter und innovativer Güter in angemessener Qualität und unter vorgegebenen Rahmenbedingungen. Nach EVERSHEIM UND KLOCKE sind Hohlformwerkzeuge das zentrale Erzeugnis des Werkzeugbaus.[220] Zu den weiteren Leistungen der Werkzeugbaubetriebe zählen Vorrichtungen, Prüfmittel, Modelle, Prototypen und systematische Anwendungen, die den Betriebsmitteln zuzu-

---

[215] Vgl. Boos (2008), Modulare Werkzeuge, S. 35
[216] Vgl. Kühn (2016), Lebenszyklusorientierte Leistungssysteme, S. 35
[217] Vgl. Spennemann (2001), Gestaltung von Organisationsstrukturen, S. 12
[218] Vgl. Schleyer (2006), Kooperationsmanagement, S. 22f.
[219] Vgl. Komorek (2014), Kollaborative Wertschöpfung, S. 40
[220] Vgl. Eversheim/Klocke (1998), Strategie und Technologie, S. 25f.

ordnen sind. Die aufgeführten Produkte werden häufig durch unterstützende sonstige Leistungen ergänzt (s. Abbildung 2-7).[221]

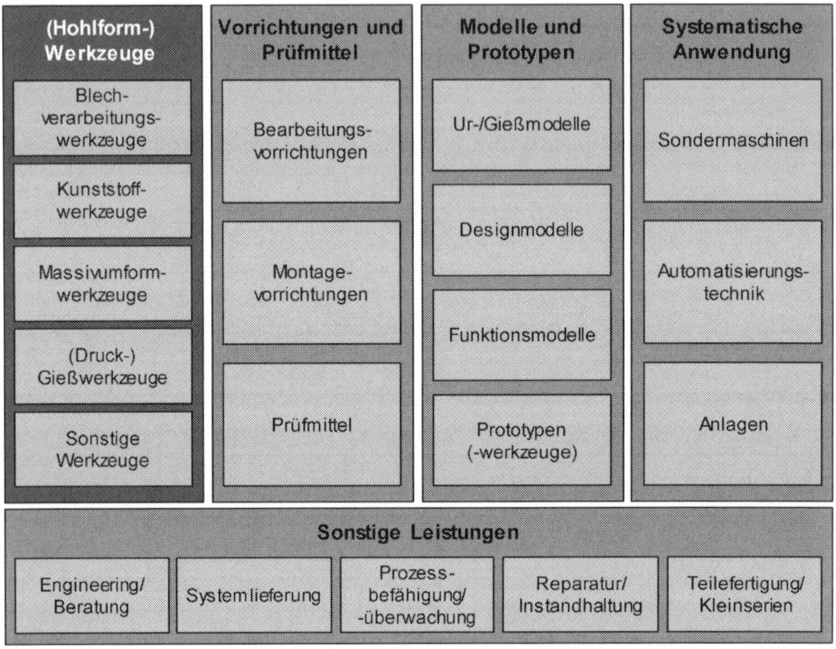

Abbildung 2-7: Leistungs- und Erzeugnisspektrum der Branche[222]

Hohlformwerkzeuge lassen sich in Blechumformwerkzeuge, Kunststoffwerkzeuge, Massivumformwerkzeuge, (Druck-)Gießwerkzeuge und sonstige Werkzeuge unterteilen.[223]

Leistungen des Werkzeugbaus

Die Umsatzverteilung im deutschen Werkzeugbau nach Leistungen bzw. Erzeugnissen zeigt die Heterogenität der Branche. Die Werkzeugtypen Spritzgießwerkzeuge, die den Kunststoffwerkzeugen zugeordnet werden, und Blechumformwerkzeuge sind die beiden umsatzstärksten Werkzeugarten (s. Abbildung 2-8).[224]

[221] Vgl. Frick (2006), Geschäftsmodelle im Werkzeugbau, S. 20
[222] Vgl. Frick (2006), Geschäftsmodelle im Werkzeugbau, S. 20; vgl. Eversheim/Klocke (1998), Strategie und Technologie, S. 25ff.
[223] Vgl. Frick (2006), Geschäftsmodelle im Werkzeugbau, S. 20; vgl. Eversheim/Klocke (1998), Strategie und Technologie, S. 25ff.
[224] Vgl. WZL/IPT (2019), Datenbank zum Werkzeugbau

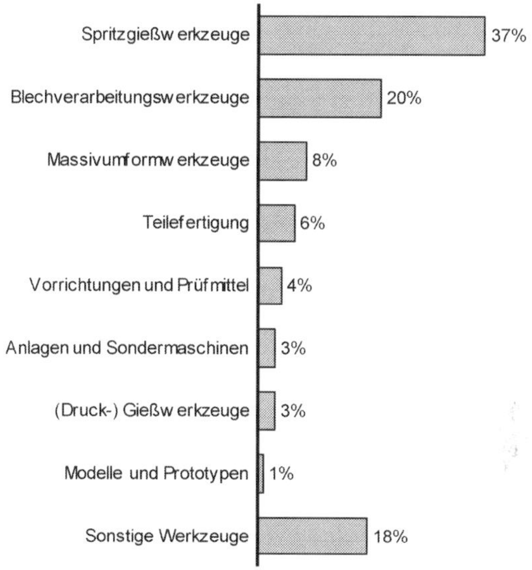

Abbildung 2-8: Umsatzverteilung im Werkzeugbau nach Erzeugnissen[225]

Werkzeuge bestehen häufig aus einer großen Anzahl von Einzelkomponenten. Die Werkzeuge werden in der Regel als produkt- und kundenspezifische Unikate hergestellt.[226] Ihr Gewicht kann dabei von unter 100 Kilogramm bis hin zu mehr als 40 Tonnen variieren. Entsprechend können die Auftragswerte zwischen einigen Tausend Euro bis hin zu einigen Hunderttausend Euro liegen. Charakteristisches Merkmal der Werkzeuge sind besonders niedrige Toleranzen und hohe Oberflächengüten der formgebenden Teile.

Das Produkt „Werkzeug" wird um Dienstleistungen erweitert, die im Kontext der Werkzeugerstellung stehen oder dem Leistungsprozess vor- oder nachgelagert sind. Dienstleistungen im Kontext der Werkzeugerstellung sind neben Leistungen, die die Kommunikation bzw. Dokumentation des Erstellungsprozesses umfassen, vor allem die Umsetzung kurzfristiger Änderungen. Zu den vorgelagerten Leistungen zählt insbesondere die Unterstützung der Produktentwicklung. Hierzu zählt u. a. die Anpassung des Endprodukts bspw. zur Erzielung von Effizienzvorteilen bei der Herstellung des Werkzeugs bzw. bei dem Einsatz des Werkzeugs. Die nachgelagerten

---

[225] Vgl. WZL/IPT (2019), Datenbank zum Werkzeugbau

[226] Vgl. Salmen (2016), Digital vernetzter Shopfloor, S. 45; vgl. Frick (2006), Geschäftsmodelle im Werkzeugbau, S. 22

Dienstleistungen umfassen die Optimierung der Werkzeugnutzung im Serienprozess.

Der Leistungserstellung im Werkzeugbau obliegt die Bereitstellung des Leistungsspektrums. Nach EVERSHEIM UND KLOCKE kann das Leistungsspektrum von Werkzeugbaubetrieben fünf Auftragsarten zugeordnet werden.[227] Die Auftragsarten unterscheiden sich hinsichtlich der für die Leistungserstellung erforderlichen Bestandteile der Wertschöpfung und der für Auftragsabwicklung erforderlichen Aktivitäten und sollen im Folgenden erläutert werden:[228]

- **Neuaufträge** beschreiben eine Neuentwicklung und Herstellung von Werkzeugen für die Serienproduktion und durchlaufen den gesamten Prozess der Auftragsabwicklung unter Beanspruchung aller verfügbaren Kompetenzen und Ressourcen.
- **Änderungsaufträge** umfassen die Modifikation bestehender Werkzeuge bzw. von Werkzeugen, mit deren Herstellung bereits begonnen wurde. Auslöser sind aufkommende Kundenänderungswünsche, die zumeist auf geänderte Produktanforderungen oder ein geändertes Produktdesign zurückgehen. Dabei werden nur jene Aktivitäten in Anspruch genommen, die erforderlich sind, um das Werkzeug konstruktiv entsprechend geänderter Kundenwünsche anzupassen und ggf. bereits gefertigte Bauteile anzupassen oder neu zu erstellen.
- **Reparaturaufträge** werden im Fall eines Werkzeugdefekts im Serienbetrieb ausgelöst. Da Werkzeugdefekte in der Regel unvorhersehbar auftreten, sind entsprechende Reparaturaufträge nicht planbar und nur schwer zu kalkulieren. Ihre Bearbeitung ist besonders zeitkritisch, um teure Stillstandszeiten in der Serienproduktion zu minimieren. Reparaturaufträge beanspruchen vor allem die mechanische Fertigung und die Montage, während auf andere Bereiche nur im Bedarfsfall zurückgegriffen wird.
- **Instandhaltungsaufträge** bzw. Wartungsaufträge beschreiben planbare Instandhaltungsmaßnahmen von Werkzeugen im Serienbetrieb. Instandhaltungsaufträge werden vorbeugend durchgeführt und beanspruchen meist ähnliche Prozesse wie Reparaturaufträge.
- **Sonstige Aufträge** umfassen insbesondere Wiederholaufträge und Beratungsleistungen. Ein Wiederholauftrag beschreibt die erneute Fertigung eines bereits in der Vergangenheit hergestellten Werkzeugs. Dabei kön-

[227] Vgl. Eversheim/Klocke (1998), Strategie und Technologie, S. 20

[228] Vgl. Pitsch (2014), Kompetenzfeldbasierte Vernetzung, S. 41; vgl. Eversheim/Klocke (1998), Strategie und Technologie, S. 20; vgl. Salmen (2016), Digital vernetzter Shopfloor, S. 46

nen meist Konstruktionen und NC-Programme mit kleineren Anpassungen übernommen werden.

Die beschriebenen Auftragsarten treten mit unterschiedlicher Häufigkeit in Werkzeugbaubetrieben auf. Hinsichtlich der Auftrittshäufigkeit unterscheiden sich interne von externen Werkzeugbaubetrieben (s. Abbildung 2-9).

	Externer Werkzeugbau	Interner Werkzeugbau
Neuaufträge	40,2%	23,6%
Änderungsaufträge	26,0%	20,8%
Reparaturaufträge	8,0%	25,8%
Wartungsaufträge	10,2%	19,4%
Sonstige Aufträge	15,6%	10,4%

Abbildung 2-9: Auftragsverteilung interner und externer Werkzeugbaubetriebe[229]

Interne Werkzeugbaubetriebe stellen insbesondere die Produktionsfähigkeit des Mutterunternehmens sicher, weshalb sie vor allem Reparatur- und Wartungsaufträge fokussieren. Für externe Werkzeugbaubetriebe stehen zum Zweck der Gewinnmaximierung Neu- und Änderungsaufträge im Vordergrund.[230]

2.3.3 Organisation im Werkzeugbau

Organisationen von Werkzeugbaubetrieben besitzen viele Gestaltungsmöglichkeiten. Diese führen in ihrer Kombination zu einer hohen Heterogenität der Organisationsausprägungen in der Praxis.[231] Zur Charakterisierung der organisatorischen Grundeigenschaften werden aus analytischen Gründen und im Einklang mit Kapitel 2.1.1 im folgenden Unterkapitel die charakteristischen Eigenschaften sowohl der Ablauf- als auch der Aufbauorganisation dargestellt.

Ablauforganisation

Die Herstellung von Werkzeugen erfolgt in Werkzeugbaubetrieben in Einzel- und Kleinstserienfertigung und ist traditionell handwerklich geprägt. Dies

[229] Vgl. WZL/IPT (2019), Datenbank zum Werkzeugbau

[230] Vgl. Salmen (2016), Digital vernetzter Shopfloor, S. 47; vgl. Pitsch (2014), Kompetenzfeldbasierte Vernetzung, S. 42

spiegelt sich unter anderem in hohen Durchlaufzeiten, schlechter Termintreue, langen Liegezeiten und hohen Beständen wider.[232] Werkzeugbaubetriebe wickeln bei durchschnittlich geringer Betriebsgröße eine Vielzahl unterschiedlicher Aufträge ab.[233] Die für die Auftragsabwicklung notwendigen Prozesse lassen sich in eine für den Werkzeugbau charakteristische Prozesskette einordnen. Die Prozesskette des Werkzeugbaus wird in Abbildung 2-10 dargestellt. Über die gesamte Prozesskette des Werkzeugbaus ist ein anspruchsvoller Informations- und Erkenntnisfluss notwendig. In der Regel umfassen Werkzeugbaubetriebe sämtliche Prozesse der Prozesskette. In selteneren Fällen spezialisieren sich die Unternehmen auf einzelne Prozesse.

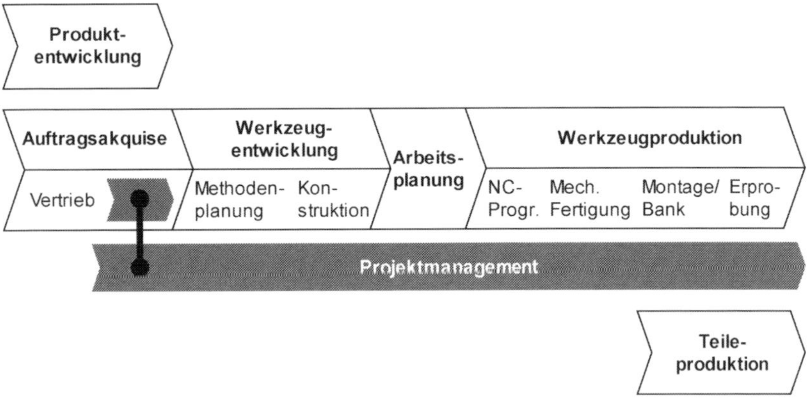

Abbildung 2-10: Prozesskette des Werkzeugbaus[234]

Der erste Prozessschritt der **Auftragsakquise** stellt die Schnittstelle zum Kunden dar, der meist aktiv an den Werkzeugbau mit einer Anfrage herantritt. Bedingt durch die kundenindividuelle Fertigung gestaltet sich eine aktive Kundenakquise vonseiten des Werkzeugbaus als schwierig. Die Auftragsakquise umfasst die Bearbeitung der Anfrage, die Kalkulation des Werkzeuggrobkonzepts, das Stellen und die Nachverfolgung eines Angebots.[235]

Bei positiver Rückmeldung des Kunden wird das Angebot in einen Auftrag umgewandelt und an das **Projektmanagement** übergeben. Die Grenzen des

[231] Vgl. Klotzbach (2007), Industrieller Werkzeugbau, S. 54
[232] Vgl. Klotzbach (2007), Industrieller Werkzeugbau, S. 80
[233] Vgl. Spennemann (2001), Organisationsstrukturen im Werkzeugbau, S. 14
[234] Vgl. Frick (2006), Geschäftsmodelle im Werkzeugbau, S. 27
[235] Vgl. Klotzbach (2007), Industrieller Werkzeugbau, S. 50

Projektmanagements zu den angrenzenden Prozessschritten sind fließend. Je nach Werkzeugbau ist das Projektmanagement mehr oder weniger stark ausgeprägt bzw. systematisiert. Zu den Aufgaben des Projektmanagements zählen das Festlegen und das Überprüfen von Terminen sowie die Koordination interner und externer Wertschöpfungspartner. Zusätzlich obliegt dem Projektmanagement die Vergabe von Leistungsumfängen an Wertschöpfungspartner in Abhängigkeit von strategischen, kapazitiven und kompetenzorientierten Kriterien.[236]

Die Entwicklung umfasst die **Produktentwicklung** sowie die **Werkzeugauslegung**. In den vergangenen Jahren hat sich die Einbindung des Werkzeugbaus in die Produktentwicklung intensiviert. In der Vergangenheit nahm der Werkzeugbau eher eine restriktive, einschränkende Rolle bei der Beeinflussung des vom Kunden gewünschten Produktdesigns ein, mit dem Ziel, den Werkzeugerstellungsprozess zu vereinfachen. Modernere Bestrebungen umfassen jedoch eine eher konstruktiv geprägte Beeinflussung. Ausgehend von den Kundenanforderungen arbeitet der Werkzeugbau verschiedene Werkzeugkonzepte aus, die sich bspw. durch Investitions- bzw. Lebenszykluskosten oder die Durchlaufzeit der Werkzeugherstellung unterscheiden. In der Methodenplanung wird das Werkzeugkonzept festgelegt, z. B. die Anzahl von Umformstufen, Schiebern oder Auswerfern. Prozesssimulationen werden zur Überprüfung der Konzepte genutzt. Nach Festlegung des Werkzeugkonzepts erfolgt eine Detaillierung der in der Auftragsakquise begonnenen Kalkulation. In der anschließenden Werkzeugkonstruktion werden die einzelnen Elemente ausgestaltet und CAD-Modelle des Werkzeugs erstellt.[237]

In der **Arbeitsplanung** werden die Prozesse festgelegt, die zur Herstellung des Werkzeugs notwendig sind. Dabei wird bspw. Einlastung auf die Maschinen sowie die vorgesehenen Zeiträume für die Montage festgelegt. Im Zuge von Industrialisierungsaktivitäten der Werkzeugbaubetriebe ist es heutzutage möglich, diese Planungen aufwandsärmer und genauer zu planen. Trotzdem ist die Regel, dass im Werkzeugbau auf Meisterebene in die kurzfristige Steuerung eingegriffen werden kann. Hierdurch ist die Reaktion auf branchentypische unplanbare und kurzfristige Aufträge möglich. Seit einigen Jahren gewinnt zusätzlich die Selbststeuerung von Mitarbeiterteams in einzelnen Bereichen zunehmend an Bedeutung.

Den Ausgangspunkt der **Werkzeugproduktion** stellt die NC-Programmierung dar. In der Konstruktion kann sie erfolgen, indem aus dem CAD-Modell des Werkzeugs auch schon Elektroden und NC-Programme abgeleitet werden.

[236] Vgl. Klotzbach (2007), Industrieller Werkzeugbau, S. 50
[237] Vgl. Klotzbach (2007), Industrieller Werkzeugbau, S. 50

Alternativ erfolgt die NC-Programmierung in der Fertigung und wird durch den Maschinenbediener zentral oder direkt an der entsprechenden Maschine vorgenommen.[238] Im Anschluss an die NC-Programmierung folgt die mechanische Bearbeitung. Deren Ausgangspunkt bilden Gussteile für Großwerkzeuge bzw. Standardkomponenten für Kleinwerkzeuge, während der formgebende Teil immer individuell gefertigt wird. Zu den Bearbeitungsprozessen zählen insbesondere das Fräsen und Drehen, das Senk- und Drahterodieren sowie das Schleifen und Bohren.[239]

In der Montage werden die einzelnen Werkzeugkomponenten montiert, wobei Finishing-Tätigkeiten und Nacharbeiten notwendig sind. In der **Erprobung** werden die zwei Werkzeughälften zusammengefügt und das Werkzeug gegen die Prozessvorgaben des Serienprozesses eingefahren. Dabei werden erste Teile produziert und geprüft. Etwaige Abweichungen vom gewünschten Ergebnis werden innerhalb von Verbesserungsschleifen korrigiert. Diese Schleifen besitzen eine kritische Bedeutung für die optimale Werkzeugauslegung. Im Fokus steht ein Abwägen zwischen der Sicherstellung der Funktionsweise und Prozesssicherheit sowie dem damit verbundenen Zeit- und Kostenaufwand. Die hierfür notwendigen Arbeiten stellen hohe Ansprüche an die Erfahrung bzw. Kompetenzen der Mitarbeiter.[240]

Die dargestellte zeitliche Abfolge sowie Abgrenzung der Prozesse dient der Vereinfachung im Sinne einer Modellbildung. In den vergangenen Jahren hat sich die Auftragsabwicklung im Werkzeugbau von der sequenziellen Ordnung der Prozessschritte zugunsten einer simultanen Ordnung im Sinne des Simultaneous Engineerings entfernt. Dies dient vor allem der Minimierung der Durchlaufzeiten der Werkzeugprojekte. So beginnt der Kernprozess der Werkzeugerstellung zeitlich parallel zur Produktentwicklung und endet mit dem Produktionsanlauf. Während aller Phasen der Werkzeugerstellung fließen neue Kundenanforderungen ein, die zu Änderungen des ursprünglichen Werkzeugdesigns führen. Dies ist häufig mit erheblichem konstruktiven und planerischen Aufwand verbunden.[241]

Während des Werkzeugerstellungsprozesses werden die vorausgehend vorgestellten und direkt an der Werkzeugerstellung beteiligten Bereiche durch **indirekte Bereiche** unterstützt. Hierzu zählen bspw. Kostenrechnung, Instandhaltung eigener Maschinen, Einstellung und Entwicklung von Personal oder der Einkauf. Die hiermit verbundenen Prozesse werden in kleineren Werkzeugbau-

---

[238] Vgl. Klotzbach (2007), Industrieller Werkzeugbau, S. 50f.
[239] Vgl. Klotzbach (2007), Industrieller Werkzeugbau, S. 50f.
[240] Vgl. Frick (2006), Geschäftsmodelle im Werkzeugbau, S. 28
[241] Vgl. Klotzbach (2007), Industrieller Werkzeugbau, S. 50f.

betrieben häufig durch einzelne Mitarbeiter in Personalunion durchgeführt. Bei internen Werkzeugbaubetrieben werden sie hingegen häufig durch spezialisierte Mitarbeiter des Mutterunternehmens ausgeführt.[242]

Die vorausgehende Charakterisierung bezieht sich auf einen im Kontext der Arbeit relevanten Überblick der Ablauforganisation im Werkzeugbau. Vertiefende Beiträge zur Ablauforganisation liefern unter anderem PORTER[243], KIESER[244], FRESE[245], SCHREYÖGG[246], sowie werkzeugspezifisch u.a. EVERSHEIM UND KLOCKE[247], RITTSTIEG[248], KUHLMANN[249], PITSCH[250], SALMEN[251], KLOTZBACH[252] und HENSEN[253].

Aufbauorganisation

Der deutsche Werkzeugbau ist durch kleine und mittlere Unternehmen (KMU) charakterisiert.[254] Gemäß der gemeinsamen Datenbank des Werkzeugmaschinenlabors WZL der RWTH Aachen und des Fraunhofer-Instituts für Produktionstechnologie IPT beschäftigen mehr als 80% der deutschen Werkzeugbaubetriebe weniger als 20 Mitarbeiter (s. Abbildung 2-11).[255]

Bedingt durch die geringe Betriebsgröße der meisten deutschen Werkzeugbaubetriebe sind fließende Übergänge zwischen direkten und unterstützenden Tätigkeiten der Mitarbeiter ein charakteristisches Merkmal.[256] Insbesondere Führungskräfte übernehmen häufig mehrere Rollen in inoffiziellen Personalunionen.

---

242 Vgl. Klotzbach (2007), Industrieller Werkzeugbau, S. 50f.
243 Vgl. Porter (1985), Competitive advantage
244 Vgl. Kieser (2006), Organisationstheorien
245 Vgl. Frese (1992), Organisation
246 Vgl. Schreyögg/Conrad (2010), Organisation und Strategie
247 Vgl. Eversheim (1996), Prozessorientierte Unternehmensorganisation
248 Vgl. Rittstieg (2012), Prozesssynchronisierung
249 Vgl. Kuhlmann (2011), Gestaltung von Geschäftsprozessen
250 Vgl. Pitsch (2014), Kompetenzfeldbasierte Vernetzung
251 Vgl. Salmen (2016), Digital vernetzter Shopfloor
252 Vgl. Klotzbach (2007), Industrieller Werkzeugbau
253 Vgl. Hensen (2017), Strategische Auslegung
254 Vgl. Europäische Kommission (2013), EU KMU-Definition
255 Vgl. WZL/IPT (2019), Datenbank zum Werkzeugbau
256 Vgl. Salmen (2016), Digital vernetzter Shopfloor, S. 41

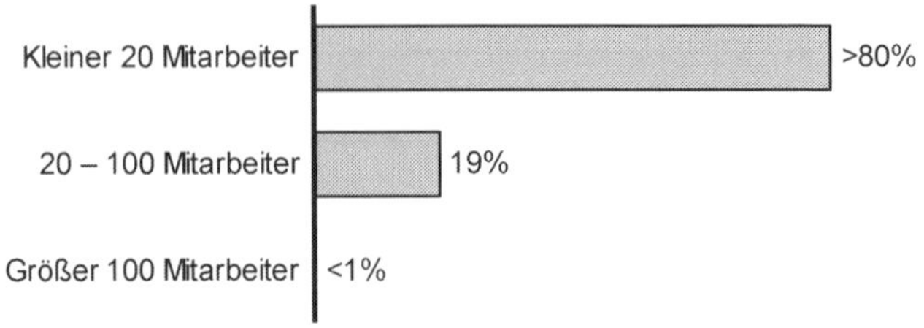

Abbildung 2-11: Mitarbeiteranzahl deutscher Werkzeugbaubetriebe[257]

Traditionell besitzt der Werkzeugbau eine **verrichtungsorientierte Werkstattfertigung** mit einem breiten Ressourcenspektrum und einem hohen Wertschöpfungsanteil.[258] Werkzeugbaubetriebe bieten gemessen an ihrer Mitarbeiterzahl ein, im Vergleich zu Unternehmen anderer Branchen, weites Leistungsspektrum mit einer Vielzahl unterschiedlicher Auftragsarten an. Dies führt zu einer anspruchsvollen Aufbauorganisation. Während jedes Neuwerkzeug ein Unikat darstellt, verläuft der grundsätzliche Werkzeugherstellungsprozess stets ähnlich ab. Entsprechend liegen im Werkzeugbau häufig Strukturen vor, die sich **organisch**, d. h. weitgehend ohne Systematik und über einen längeren Zeitraum an die unternehmensspezifische Gestalt der Auftragsabwicklung angepasst haben. Klassisches Merkmal ist die sequenziell-orientierte Abarbeitung der verschiedenen Aufträge innerhalb verschiedener Fachabteilungen. So umfassen Werkzeugbaubetriebe typischerweise die Fachabteilungen Vertrieb, Konstruktion, Arbeitsvorbereitung, CAM-Programmierung, mechanische Fertigung, Montage, Try-Out oder Bemusterung und Qualitätssicherung.

Die Aufbauorganisation im Werkzeugbau ist somit durch **funktionale Strukturen** gekennzeichnet. Diese Organisationsform wird der hohen Spezialisierung der Mitarbeiter gerecht, die der Werkzeugerstellungsprozess erfordert. Dabei liegen kaum gesicherte Erfahrungsdaten oder klare Regeln zur Planung und Durchführung von Werkzeugprojekten vor. Über die Zeit entwickelt sich eine Organisationsstruktur, die in ihrer operativen Zusammenarbeit stark von den im Organigramm dokumentierten Strukturen abweicht. Ein organisatorischer Anpassungsbedarf kann auf diese Weise über Jahre kompensiert und damit schwieriger identifiziert werden. Dieses Phänomen führt zu einer hohen Abhängigkeit von einzelnen Mitarbeitern. Ein weiteres charakteristisches Merkmal der Aufbauorganisation im Werkzeugbau ist ein ausgeprägtes Bereichsdenken, bei dem die Optimierung des eigenen Funktionsbereichs gegenüber dem Gesamtunternehmen im Fokus steht.

---

[257] Vgl. WZL/IPT (2019), Datenbank zum Werkzeugbau

[258] Vgl. Pitsch (2014), Kompetenzfeldbasierte Vernetzung, S. 43

Die vorausgehende Charakterisierung bezieht sich auf einen im Kontext der Arbeit relevanten Überblick der Aufbauorganisation im Werkzeugbau. Vertiefende Beiträge zur Aufbauorganisation liefern allgemein MINTZBERG ET AL.[259], bei produzierenden Unternehmen unter anderem FRESE[260], PICOT ET AL.[261] und BLEICHER[262] sowie werkzeugspezifisch SPENNEMANN[263], EVERSHEIM UND KLOCKE[264], PETZOLD[265], KLOTZBACH[266] und HENSEN[267].

2.3.4 Organisationsgestaltung im industriellen Werkzeugbau

Im folgenden Kapitel wird zunächst die Herausforderung der Organisationsgestaltung im Werkzeugbau erläutert. Darauf aufbauend wird das Konzept der Industrialisierung im Werkzeugbau dargestellt.

Herausforderung der Organisationsgestaltung im Werkzeugbau

Die Herausforderung der Organisationsgestaltung im Werkzeugbau besteht insbesondere darin, Strukturen bzw. Aktivitätsmuster zu schaffen, die den unterschiedlichen Anforderungen der parallel zu bearbeitenden, teilweise unplanbaren Aufträge gerecht werden. Die Organisationsgestaltung erfolgt häufig **reaktionär und abteilungsspezifisch**, während ein Erreichen eines abteilungsübergreifenden Gesamtoptimums nicht im Fokus der Unternehmen steht (vgl. Kapitel 2.3.4). Im Vergleich zu bewusst herbeigeführten organisationalen Zielzuständen liegen bei Werkzeugbaubetrieben oftmals organisch gewachsene Strukturen und Muster vor. Diese entstehen über einen langen Zeithorizont und werden unsystematisch bspw. ausgehend von schwerwiegenden offenkundigen Problemstellungen hinterfragt und ggf. angepasst.

In dem beschriebenen Zusammenhang wurde die Vereinbarkeit industrieller Produktionsparadigmen mit der Werkzeugherstellung von Werkzeugbaubetrieben lange Zeit vernachlässigt.[268] Im Fokus der Differenzierung gegenüber Marktteilnehmern stand die Differenzierung über technologisch herausragende Produkte und somit den Leistungsumfang. Bedingt durch einen hohen Wettbewerbsdruck, verursacht insbesondere durch aufholende internationale Marktteilnehmer, ist die Differenzierung über eine Höherwertigkeit des Leistungsumfangs nicht mehr ausreichend. Der Werkzeugbau ist zusätzlich auf eine **Diffe-**

---

[259] Vgl. Mintzberg (2010), Structuring of Organizations, S. 137
[260] Vgl. Frese (1992), Organisation
[261] Vgl. Picot/Dietl et al. (1999), Organisation
[262] Vgl. Bleicher (1991), Organisation
[263] Vgl. Spennemann (2001), Gestaltung von Organisationsstrukturen
[264] Vgl. Eversheim (1996), Prozessorientierte Unternehmensorganisation
[265] Vgl. Petzold (2002) Organisation im Werkzeugbau
[266] Vgl. Klotzbach (2007), Industrieller Werkzeugbau
[267] Vgl. Hensen (2017), Strategische Auslegung
[268] Vgl. Klotzbach (2007), Industrieller Werkzeugbau, S. 81

renzierung über die Höherwertigkeit des Leistungserstellungsprozesses angewiesen.[269] Daher beschreibt das handlungsleitende Paradigma des Werkzeugbaus den Wandel von einem handwerklichen zu einem industriellen Werkzeugbau. Im Fokus steht dabei die Erreichung einer hohen operativen Exzellenz[270] entlang der gesamten Wertschöpfungskette des Werkzeugbaus.[271] Der Wandel vom traditionellen, handwerklich geprägten zum industriellen Werkzeugbau gestaltet sich für die Unternehmen anspruchsvoll. Den theoretischen Handlungsrahmen für diesen Wandel liefert das **Gestaltungsmodell für den industriellen Werkzeugbau** nach KLOTZBACH (vgl. Abbildung 2-12).[272]

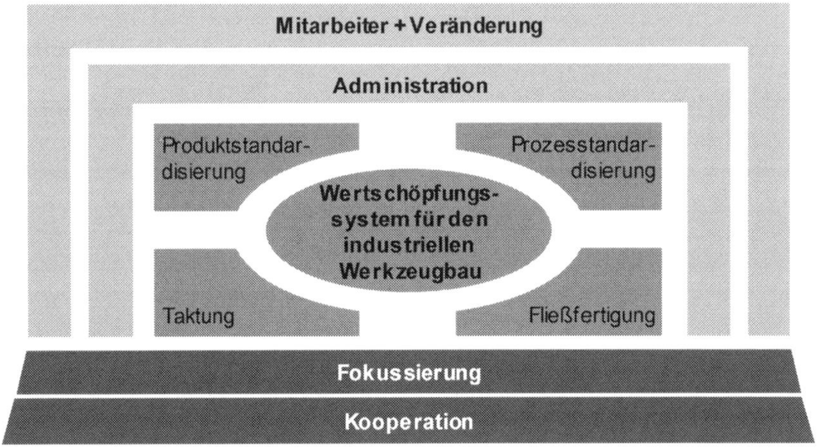

Abbildung 2-12: Gestaltungsmodell für den industriellen Werkzeugbau[273]

Industrialisierung im Werkzeugbau

Die Grundlage für die Industrialisierung eines Werkzeugbaubetriebs stellen die beiden Elemente Fokussierung und Kooperation dar. Durch die **Fokussierung** der Leistungen des Werkzeugbaubetriebs auf die eigenen Kernkompetenzen können vor allem Produkt- und Prozessvarianz reduziert werden. Eine systematische **Kooperation** mit Lieferanten bzw. Wertschöpfungspartnern ermöglicht

---

[269] Vgl. Schuh (2010), Operative Exzellenz, S. 7

[270] Die *Operative Exzellenz* beschreibt die Beherrschung der Prozesse entlang der Auftragsabwicklung im Hinblick auf ihre Ausrichtung auf Kundenbedürfnisse, Qualität und Effizienz; vgl. hierzu Schuh (2010), Operative Exzellenz, S. 7; vgl. Pitsch (2014), Kompetenzfeldbasierte Vernetzung, S. 43

[271] Vgl. Schuh (2010), Operative Exzellenz, S. 6f.

[272] Vgl. Klotzbach (2007), Industrieller Werkzeugbau, S. 163ff.

[273] Vgl. Klotzbach (2007), Industrieller Werkzeugbau, S. 181

es, das Angebot eines breiten Leistungsspektrums mit der Fokussierung zu vereinbaren.[274]

Die Kernelemente des Modells bilden Produktstandardisierung, Prozessstandardisierung, Fließfertigung und Taktung, die in dieser Reihenfolge adressiert werden. Auf Grundlage der durch die Fokussierung angestrebten Ähnlichkeit im Produktspektrum erfolgt die **Produktstandardisierung**. Ziel der Produktstandardisierung ist die Generierung von Ähnlichkeit auf der Ebene der Werkzeugkomponenten sowie auf übergeordneter Ebene der Werkzeuge bzw. Werkzeugfamilien. Dies ermöglicht die Reduzierung der Komplexität der Fertigung sowie die Realisierung von Skaleneffekten und damit eine Effizienzsteigerung.[275] Im Rahmen der Produktstandardisierung werden bspw. Konstruktionsstandards erarbeitet, die den Einfluss der Einzelperson auf die Umsetzung einer Werkzeugkonstruktion reduzieren und Kreativität in Form der Abweichung vom Standard nur in Ausnahmefällen zulassen.[276] In Kombination mit der Entwicklung von Baukastenlösungen für Werkzeuge, die interne Abläufe und die Kooperation mit externen Wertschöpfungspartnern vereinfacht, führt dies zu einer Reduzierung der Variantenvielfalt. Des Weiteren wird das Vereinheitlichen und Vereinfachen der Informationsverarbeitung unterstützt.[277]

Auf Basis standardisierter Werkzeugkomponenten kann die **Prozessstandardisierung** erfolgen.[278] Die im Werkzeugbau typischen geringen Wiederholhäufigkeiten auf Werkzeugkomponentenebene setzen sich im traditionellen Werkzeugbau in einer hohen Prozessvarianz fort. Die Prozessvarianz drückt sich in einer Vielzahl individueller Fertigungsfolgen aus. Durch die Ableitung von Standardprozessfolgen wird die Prozessvarianz und damit die Komplexität in den Abläufen der Auftragsabwicklung reduziert. Durch die Nutzung konstanter Parameter werden zusätzlich Wiederhol- und Lerneffekte zur Verbesserung des Prozesses unterstützt. Dabei kann Verschwendung bspw. durch unnötige Iterationsschleifen oder lange Wartezeiten reduziert werden. Ein geregelter Informationsfluss unterstützt die Aufarbeitung und Nutzung von bestehendem sowie neu generiertem Wissen, wodurch die Flexibilität des Mitarbeitereinsatzes an den Arbeitsstationen erhöht wird.[279] Die Prozessstandardisierung befähigt zusätzlich die Reduzierung der Durchlaufzeiten der Werkzeugherstellung sowie der Bestände und damit des Planungs- und Steuerungsaufwands.

---

[274] Vgl. Klotzbach (2007), Industrieller Werkzeugbau, S. 165ff.
[275] Vgl. Schuh (2010), Operative Exzellenz, S. 37
[276] Vgl. Rittstieg (2012), Prozesssynchronisierung, S. 50
[277] Vgl. Klotzbach (2007), Industrieller Werkzeugbau, S. 168
[278] Vgl. Klotzbach (2007), Industrieller Werkzeugbau, S. 168f.
[279] Vgl. Rittstieg (2012), Prozesssynchronisierung, S. 51; vgl. Klotzbach (2007), Industrieller Werkzeugbau, S. 169ff.

Die Produkt- und Prozessstandardisierung führen zu sich wiederholenden Arbeitsgängen und bilden damit die Grundlage der **Fließfertigung**.[280] Durch einen zyklischen Wechsel zwischen geeigneter Arbeitsteilung und Aufgabenintegration können Vorgänge derart angepasst werden, dass sie im Sinne der Industrialisierung „perfekt" sind.[281] Die Arbeitsteilung beinhaltet dabei die Zerlegung der Einzelprozesse in inkrementelle Elementarabläufe. Die optimale Umsetzung einer Fließfertigung erfordert die Anpassung der Fertigungsorganisation, konkreter die Ablösung der Werkstattfertigung durch die Fließ- oder Inselfertigung.[282]

Auf Basis der Fließfertigung kann die Prozesssynchronisierung bis hin zur **Taktung** der Werkzeugfertigung umgesetzt werden. Diese legt ein wiederkehrendes Zeitintervall pro Arbeitsschritt fest, in dem unterschiedliche Bearbeitungsaufgaben durchgeführt werden müssen.[283] Damit wird ein Prozessdruck aufgebaut, der die Koordination der Einzelprozesse vereinfacht, Ineffizienzen im Prozessablauf aufzeigt und die kontinuierliche Verbesserung unterstützt.[284] Dies führt zu einer Minimierung des Steuerungsaufwandes und ermöglicht eine gleichmäßige Kapazitätsauslastung.[285]

Die Gestaltungsempfehlungen in administrativen, indirekten Bereichen umfassen die Dimensionen **Mitarbeiter und Veränderung** und **Administration**. Der Wandel zum industriellen Werkzeugbau und die damit verbundene Adressierung der Kernelemente des Gestaltungsmodells ist mit tiefgreifenden Veränderungen der Arbeitsweise verbunden und bedarf einer kontinuierlichen Verbesserung. Für eine erfolgreiche Umsetzung dieses Wandels ist die Unterstützung der Mitarbeiter unabdingbar.[286] In diesem Zuge muss insbesondere die optimale Nutzung des Wissenspotenzials der Mitarbeiter sowie ihre Motivation adressiert werden. Die Standardisierung ermöglicht es, die administrativen Prozesse effizienter zu gestalten und durch Lernprozesse zu vereinfachen, wodurch Schnittstellen reduziert werden können.[287]

In der Praxis beschränken sich organisatorische Anpassungen in deutschen Werkzeugbaubetrieben auf die Ablauforganisation, während die Aufbauorganisation weitgehend vernachlässigt wird. Dies führt häufig dazu, dass Maßnahmen zur Anpassung der Organisation nicht ihre angestrebten Resultate erzielen

[280] Vgl. Klotzbach (2007), Industrieller Werkzeugbau, S. 173
[281] Vgl. Klotzbach (2007), Industrieller Werkzeugbau, S. 173f.
[282] Vgl. Klotzbach (2007), Industrieller Werkzeugbau, S. 173f.
[283] Vgl. Klotzbach (2007), Industrieller Werkzeugbau, S. 176
[284] Vgl. Rittstieg (2012), Prozesssynchronisierung, S. 52
[285] Vgl. Klotzbach (2007), Industrieller Werkzeugbau, S. 176ff.
[286] Vgl. Klotzbach (2007), Industrieller Werkzeugbau, S. 179f.
[287] Vgl. Klotzbach (2007), Industrieller Werkzeugbau, S. 178f.

können. Als Folge scheinen die Möglichkeiten der Befähiger zur Steigerung der operativen Flexibilität im deutschen Werkzeugbau noch nicht ausgereizt.[288]

Durch die beschriebenen Handlungsfelder wird die Stabilität stark begünstigt, während die Variabilität eingeschränkt wird.[289] Kernelemente der Industrialisierungsbestrebungen im Wertschöpfungsprozess sind die Steigerung der Wiederholhäufigkeiten bzw. Planbarkeit und die Reduzierung des Steuerungsaufwands. Dies bedeutet zwangsläufig, dass Abweichungen von definierten Standards bzw. kurzfristige Änderungen an Abläufen aktiv unterbunden werden müssen. Dadurch wird die **Innovationskraft** vor allem in der Werkzeugentwicklung bzw. Konstruktion reduziert.[290] Zusätzlich wird die **Flexibilität** zur kurzfristigen Reaktion eingeschränkt. Dies stellt für den Werkzeugbau einen Einschnitt dar, da er sich durch den hohen Anteil von unplanbar auftretenden Abläufen, die hinsichtlich Umfang und Dauer nicht exakt planbar sind, auszeichnet.[291] Die Industrialisierungsbestrebungen reduzieren des Weiteren die mittel- und langfristige Flexibilität bzw. **Wandelbarkeit** der Unternehmen, da sich Anpassungen an der Ablauforganisation durch die Wechselwirkungen der definierten Abläufe als aufwendiger erweisen.

2.3.5 Determinanten der organisatorischen Gestaltung im Werkzeugbau

Im Folgenden sollen zunächst die Determinanten der organisatorischen Gestaltung im Werkzeugbau vorgestellt werden. Anschließend werden die gesamtheitlichen Auswirkungen der Determinanten untersucht.

Vorstellung der Determinanten

Charakteristisches Merkmal deutscher Werkzeugbaubetriebe ist eine langjährige Beziehung zu einem Großteil ihrer Kunden. Aus diesem Umstand ergeben sich hohe gegenseitige Abhängigkeiten, die bei der Gestaltung der Organisation beachtet werden müssen. Die Leistungsfähigkeit des Werkzeugs beeinflusst direkt die zu realisierende Prozesskomplexität und die Stabilität des Produktionsprozesses. In Verbindung mit einer kundenseitigen Fokussierung auf Kernkompetenzen macht dies den Werkzeugbau zu einem exklusiven **Know-how Träger** über den gesamten Werkzeuglebenszyklus.[292] Vor diesem Hintergrund wird eine Kooperation zwischen Werkzeugbau und Kunde über den gesamten Werkzeuglebenszyklus und damit eine lebenszyklusorientierte

---

[288] Vgl. Boos et al. (2018), Flexible Tooling Organization, S. 5
[289] Vgl. Boos et al. (2018), Flexible Tooling Organization, S. 5f.
[290] Vgl. Fricker (2005), Strategische Stringenz, S. 111
[291] Vgl. Rittstieg (2012), Prozesssynchronisierung, S. 47f.
[292] Vgl. Prahalad/Hamel (1990), The Core Competence of the Corporation, S. 79ff.

Kundenvernetzung unabdingbar.[293] In Kombination mit einer anspruchsvollen Wettbewerbssituation resultieren schwierig zu vereinbarende Anforderungen an die Leistungserstellung im Werkzeugbau. Aus diesen Anforderungen lassen sich wiederum in Anlehnung an VAHS die Determinanten zukünftiger Organisationsgestaltung ableiten:[294]

- **Zunehmende Effektivitäts- und Effizienzerfordernisse**, die unter anderem auf steigenden Zeit-, Qualitäts- und Kostendruck zurückgehen
- **Erhöhter Flexibilitäts- und Innovationsdruck**, ausgehend von Kunden und Marktbegleitern, verstärkt insbesondere durch eine zunehmende Wettbewerbsintensität, kürzere Produktlebens- und damit Innovationszyklen und anspruchsvollere Kundenwünsche
- **Zunehmende Vernetzung wirtschaftlicher Aktivitäten**, vor allem durch die Bildung immer komplexerer internationaler Wertschöpfungsbeziehungen
- **Wachsende Diversifikation des Leistungsspektrums**, vor allem für eine individuellere Adressierung des Kundennutzens
- **Steigende Bedeutung des Humanpotenzials**, unter anderem durch den fortschreitenden Wertewandel in Wirtschaft und Gesellschaft sowie der menschlichen Kompetenzen zum wichtigsten Wettbewerbsfaktor

Gesamtwirkung der Determinanten

Die Kombination der dargestellten Determinanten erfordert die simultane Adressierung der Stabilität und der Variabilität, die unternehmensoptimal zu gestalten ist. Ein Lösungsansatz ist die kollaborative Zusammenarbeit innerhalb eines Netzwerks aus industriellen Werkzeugbaubetrieben und flexiblen Spezialisten. Dieser Ansatz ist jedoch nicht für sämtliche Werkzeugbaubetriebe sinnvoll: In den meist langjährigen Geschäftsbeziehungen zwischen Werkzeugbaubetrieben und ihren Kunden ist es die Regel, dass der Werkzeuglieferant auch gleichzeitig für die Sicherstellung der Funktionalität des Werkzeugs während der Serienproduktion verantwortlich ist. Gleichzeitig sind die zur Leistungserstellung notwendigen Prozesse durch starke Abhängigkeiten von kundenspezifischem Know-how verbunden, wodurch die Möglichkeiten der Fremdvergabe reduziert werden.

---

[293] Vgl. Schuh et al. (2013), Resource Consumption Calculation Tool, S. 86
[294] Vgl. Vahs (2007), Organisation, S. 539

2.4 Handlungsbedarf aus der Praxis

In den vorhergehenden Teilkapiteln wurden die Ausgangssituation beschrieben und die Grundlagen des Betrachtungs- und Gestaltungsbereichs dargestellt. Nachfolgend wird auf dieser Basis das **Praxisdefizit** abgeleitet.

Den Ausgangspunkt der Betrachtung bildete die Definition und Einordnung der Begriffe Organisation und Organisationsgestaltung. Als für den Kontext der vorliegenden Arbeit geeignetes Modell der Aufbauorganisation wurde die **Organisationsarchitektur** vorgestellt (vgl. Kapitel 2.1). Im Kontext des Produktionsmanagements wurde die Ambidextrie als Fähigkeit zur simultanen Adressierung unternehmerischer Aktivitäten mit wechselseitigen Abhängigkeiten, aber zugleich konträren, im Widerspruch stehenden Logiken und Ausrichtungen eingeführt (vgl. Kapitel 2.2.1). Als Ambidextriedimensionen wurden die Stabilität und Variabilität bestimmt. Während die **Gestaltung ambidextrer Organisationsstrukturen** in produzierenden Unternehmen zunehmend Beachtung findet, handelt es sich aus der Perspektive des Werkzeugbaus um ein kaum bekanntes Konzept. Dies ist vor allem auf branchenbezogene Charakteristika zurückzuführen. Diese Charakteristika lassen sich den Dimensionen Leistungserstellung, kundenseitiges Anforderungsprofil und Organisationsgestaltung zuordnen.

Komplexe Leistungserstellung

Die Leistungserstellung im Werkzeugbau wird von der Einzel- und Auftragsfertigung bestimmt und ist klar von der Serienfertigung abzugrenzen. Ein charakteristisches Merkmal von Werkzeugbaubetrieben ist eine im Vergleich zu anderen Branchen geringe Prozessleistungsfähigkeit. Diese geht auf zentrale Eigenschaften der Auftragsabwicklung im Werkzeugbau zurück. So wurde in der vorhergehenden Betrachtung das breite und hoch individuelle Leistungsspektrum dargestellt, das Werkzeugbaubetriebe in der Regel anbieten, um dem heterogenen Anforderungsprofil seitens ihrer Kunden gerecht zu werden. Dabei ist die Leistungserstellung im Werkzeugbau als vergleichsweise komplex dargestellt worden, weshalb die Realisierung einer hohen Prozessleistungsfähigkeit eine Herausforderung darstellt. Dies geht vor allem auf die Unprognostizierbarkeit und Individualität der teilweise dringenden Aufträge, die fehlende Wiederholhäufigkeit und die resultierende hohe Prozessvarianz zurück.[295]

Dynamisches Marktumfeld

Das Marktumfeld im Werkzeugbau lässt sich als Käufermarkt charakterisieren und unterliegt einer **hohen Dynamik**. Der deutsche Werkzeugbau ist einem

---

[295] Vgl. Rittstieg (2012), Prozesssynchronisierung, S. 57

zunehmend schwierigen Wettbewerbsumfeld ausgesetzt, das aus einer Verschärfung des Wettbewerbs, ausgelöst durch Wettbewerber aus asiatischen und osteuropäischen Niedriglohnländern, resultiert.[296] Diese Entwicklung führt zu einem **hohen Kosten-** und **Zeitdruck** sowie zu der Forderung nach **innovativeren Produkten** und **Dienstleistungen**, die vermehrt in Produkt-Service-Systemen angeboten werden.[297] Im Fokus der heterogenen kundenseitigen Anforderungen steht die Forderung nach maximaler Variabilität. Als Folge ist der Werkzeugbau frühzeitig im Produktentwicklungsprozess involviert, lässt Änderungsanfragen der Serie spät im Werkzeugerstellungsprozess zu und übernimmt durch verschiedene Dienstleistungen umfassende Verantwortlichkeiten im Bereich des Werkzeugeinsatzes.[298] Durch diese Entwicklung nimmt die Komplexität der Leistungserstellung im Werkzeugbau weiter zu. Ein Komplexitätsanstieg ist ebenfalls bei den Produkten und Produktionsprozessen der Kunden des Werkzeugbaus zu beobachten und resultiert aus einer zunehmenden Produktderivatisierung in Verbindung mit einer Verkürzung von Produktlebenszyklen.[299] Diese Entwicklung hat direkte Auswirkungen auf den Werkzeugbau. Dieser unterstützt durch die Bereitstellung seiner Leistungen die Komplexitätsbeherrschung der Kunden. Wird diese anspruchsvoller, so erhöht sich ebenfalls die Komplexität im Leistungserstellungsprozess des Werkzeugbaus.[300] Zusätzlich steigt durch die Derivatisierung der Anteil der Werkzeugkosten bezogen auf die Gesamtkosten eines Produkts.[301] Als Folge kommt es zu sinkenden Werkzeugbudgets, wodurch der Kostendruck verstärkt wird.[302]

Stabilitätsfördernde Organisationsgestaltung

Deutsche Werkzeugbaubetriebe weisen meist historisch gewachsene, starre Organisationsstrukturen auf. Die Organisationsgestaltung erfolgt häufig **reaktiv** und bezieht sich typischerweise auf einzelne **Fachabteilungen** statt auf ein Gesamtoptimum. Zusätzlich ist sie meist auf die **Ablauforganisation** beschränkt, während die Aufbauorganisation vernachlässigt wird.

Als Ansatz zur Adressierung des Kostendrucks sowie zur maßgeblichen Senkung der Komplexität und damit Erhöhung der Prozessleistungsfähigkeit wurde das **Konzept der Industrialisierung** im Werkzeugbau eingeführt. Dieses hat sich zum handlungsleitenden Paradigma der Organisationsgestaltung von

[296] Vgl. Zwanzig (2010), Taktung der Unikatfertigung, S. 28f.
[297] Vgl. Kühn (2016), Lebenszyklusorientierte Leistungssysteme
[298] Vgl. Schuh et al. (2013), Wertschöpfungsnetzwerke im Werkzeugbau, S. 25
[299] Vgl. Friedli et al. (2012), Wettbewerbsfähigkeit der Produktion, S. 33
[300] Vgl. Eversheim (1998), Werkzeugbau mit Zukunft, S. 1
[301] Vgl. Schuh et al. (2011), Synchronisation, S. 375
[302] Vgl. Henriques (2008), New Business Models, S. 89ff.

Werkzeugbaubetrieben am Hochlohnstandort Deutschland entwickelt und wurde durch verschiedene Arbeiten umfassend untersucht.[303]

Den steigenden Anforderungen an die Variabilität der Werkzeugbaubetriebe können diese bedingt durch die fortschreitenden Industrialisierungsbestrebungen immer weniger genügen. Für die Werkzeugbaubetriebe verschärft sich in der Folge das Dilemma zwischen der Adressierung der Forderung nach Variabilität auf der einen und dem zunehmenden Kostendruck sowie der Komplexität auf der anderen Seite. Um den heterogenen Kundenanforderungen gerecht zu werden, muss der Werkzeugbau eine simultane Adressierung von Stabilität und Variabilität durch die **Gestaltung einer ambidextren Organisationsarchitektur** unterstützen.[304]

Die Adressierung der beschriebenen praktischen Herausforderungen durch die aufbauorganisatorische Symbiose einer stabilen und variablen Organisationsausrichtung gelingt dem Werkzeugbau bislang in der Praxis nicht oder nur unvollständig.[305] Somit liegt ein **relevantes Praxisdefizit** vor. Derzeit ist darüber hinaus kein geeignetes Vorgehen in der Praxis verfügbar, das eine ambidextre Organisationsgestaltung im Werkzeugbau ermöglicht. Ziel des vorliegenden Forschungsvorhabens ist es daher, dieses Praxisdefizit durch einen entsprechenden Lösungsansatz zu adressieren. Konkreter soll durch die zu erstellende Methodik die Förderung der organisationalen Ambidextrie als Fähigkeit in einem Werkzeugbaubetrieb systematisiert werden.[306]

Basierend auf bisherigen Erkenntnissen der Organisationstheorie im Allgemeinen und der Ambidextrieforschung im Speziellen werden **förderliche Faktoren** identifiziert, die es zu gestalten gilt. Unter Berücksichtigung der Branchenspezifika wird die Gestaltung dieser Faktoren praxisnah systematisiert. Damit liefert die vorliegende Dissertation nicht nur einen wissenschaftlichen Beitrag, sondern ist auch hinsichtlich der Erlangung nachhaltiger Wettbewerbsfähigkeit von Werkzeugbaubetrieben praxisrelevant, da sie wesentliche Aspekte zur Erlangung organisationaler Ambidextrie aufgreift und unternehmensspezifisch abwandelbar darstellt.

---

[303] Vgl. Klotzbach (2007), Industrieller Werkzeugbau; vgl. Kuhlmann (2011), Gestaltung von Geschäftsprozessen; vgl. Rittstieg (2012), Prozesssynchronisierung; vgl. Pitsch (2014), Kompetenzfeldbasierte Vernetzung; vgl. Hensen (2017), Strategische Auslegung

[304] Vgl. Boos/Salmen et al. (2018), Flexible Tooling Organization, S. 7f.

[305] Vgl. Boos/Salmen et al. (2018), Flexible Tooling Organization, S. 27f.

[306] Vgl. Wollersheim (2010), Ambidextrieförderung

3 Analyse bestehender Ansätze

Im dritten Kapitel wird untersucht, inwiefern bestehende wissenschaftliche Ansätze zur Gestaltung der Organisationsarchitektur im Werkzeugbau anwendbar sind. Auf diese Weise wird dem forschungsmethodischen Vorgehen der zweiten und dritten Phase der angewandten Forschung nach ULRICH zur Erfassung, Interpretation und Spezifizierung relevanter Theorien und Verfahren aus der Wissenschaft entsprochen (vgl. Kapitel 1.3).[307]

Den Ausgangspunkt bildet die Definition der Bewertungsgrundlagen in Kapitel 3.1. Zu diesem Zweck wird zunächst ein Bewertungssystem und anschließend ein Anforderungsprofil an eine Methodik zur Gestaltung einer ambidextren Organisationsarchitektur im industriellen Werkzeugbau abgeleitet. Die Bewertungsgrundlage wird schließlich auf bestehende Ansätze mit kontextbezogener Relevanz angewendet (vgl. Kapitel 3.2 und Kapitel 3.3). Das Kapitel schließt ab mit der Herleitung des Handlungsbedarfs aus der Theorie.

3.1 Bewertungsgrundlagen

Die Bewertungsgrundlage legt die Systematik und die Analyse der bestehenden Ansätze fest und setzt sich aus einem Bewertungs- und einem Anforderungssystem zusammen. Das **Bewertungssystem** legt die Systematik fest, mit der bestehende Ansätze hinsichtlich ihrer Eignung für die Organisationsgestaltung im Werkzeugbau bewertet werden. Das **Anforderungssystem** umfasst die Anforderungen und damit die für die Bewertung relevanten Inhalte. Die Bewertungsgrundlage stellt eine einheitliche Bewertung sicher und ermöglicht die Vergleichbarkeit der unterschiedlichen Ansätze.

3.1.1 Bewertungssystem

Die Bewertung bestehender Ansätze kann auf unterschiedliche Art und Weise erfolgen.[308] Häufig wird in der wissenschaftlichen Literatur hierfür eine diskrete Skala verwendet. Eine diskrete Skala, die fünf Ausprägungen aufweist, ermög-

[307] Vgl. Ulrich/Hill (1976), Wissenschaftstheoretische Grundlagen, S. 305ff.
[308] Vgl. Komorek (2014), Kollaborative Wertschöpfung, S. 63

licht eine differenzierte und gleichzeitig robuste Bewertung der Ansätze und soll im Folgenden verwendet werden.[309] Das Bewertungssystem ermöglicht die einheitliche Beurteilung der Eignung bestehender Ansätze in Bezug auf vorab festgelegte Anforderungen. Hierzu wird für jede Anforderung bestimmt, welche Kriterien zur Erreichung der jeweiligen Ausprägung erforderlich sind.

Zur visuellen Darstellung der Ausprägungen werden Harvey Balls verwendet (s. Abbildung 3-1).[310] Im Rahmen des nachfolgend verwendeten Bewertungssystems existieren die Ausprägungen „nicht vorhanden", „sehr gering", „gering", „hoch" und „sehr hoch" und beschreiben damit den Erfüllungsgrad der Anforderungen.

Abbildung 3-1: Harvey Balls und ihre Ausprägungen zur Bewertung von bestehenden Ansätzen

3.1.2 Anforderungssystem

Die Anforderungen an die bestehenden Ansätze resultieren aus den in Kapitel 2 dargestellten Inhalten, insbesondere dem Handlungsbedarf aus der Praxis (vgl. Kapitel 2.4). Die Anforderungen lassen sich in die Dimensionen „allgemeine Anforderungen", „werkzeugbauspezifische Anforderungen", „zielbezogene Anforderungen" sowie „organisationstheoretische Anforderungen" gliedern (s. Abbildung 3-2) und werden im Folgenden erläutert.

Allgemeine Anforderungen

Eine Methodik zur Gestaltung einer ambidextren Organisationsarchitektur im industriellen Werkzeugbau muss allgemeinen Anforderungen aus wissenschaftlicher Sicht gerecht werden. Dies umfasst die Konkretheit sowie die Praktikabilität, deren Berücksichtigung die Umsetzung eines Ansatzes zur Organisationsgestaltung gewährleistet.[311] Die **Konkretheit** stellt die Grundvoraussetzung für die Anwendung einer Methodik in der betrieblichen Praxis dar. Sie zeichnet sich durch eine systematische Vorgehensweise sowie durch eine anwendungsorientierte Darstellung aus.

---

[309] Vgl. Dawes (2008), Point Scales, S. 76f.
[310] Vgl. Kett (2010), Management Skills, S. 129
[311] Vgl. Salmen (2016), Digital vernetzter Shopfloor, S. 85

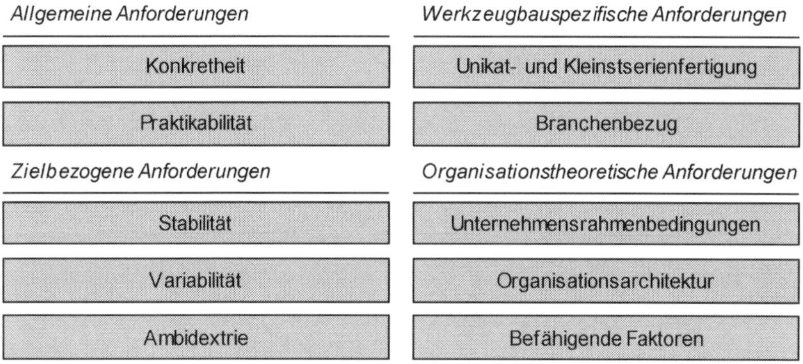

Abbildung 3-2: Anforderungen an eine Methodik zur Gestaltung einer ambidextren Organisationsarchitektur im industriellen Werkzeugbau

Idealerweise werden Umsetzungsbeispiele genutzt, um das Vorgehen konkret zu erläutern. Nachfolgend werden die fünf Ausprägungen der Anforderung Konkretheit beschrieben:

- **Nicht vorhanden:** Der Ansatz enthält keine systematische Vorgehensweise und keine konkrete Beschreibung zur Ausgestaltung der Gestaltungsdimensionen.
- **Sehr gering:** Der Ansatz lässt eine gewisse Systematik erkennen. Es fehlt eine konkrete Beschreibung zur Ausgestaltung der Gestaltungsdimensionen.
- **Gering:** Der Ansatz folgt einer erkennbaren Systematik. Eine abstrakte, unkonkrete Beschreibung zur Ausgestaltung der Gestaltungsdimensionen ist vorhanden.
- **Hoch:** Der Ansatz enthält eine systematische Vorgehensweise und eine ausreichend konkrete Beschreibung zur Ausgestaltung der Gestaltungsdimensionen. Die Umsetzung unterstützender Beispiele ist nicht vorhanden.
- **Sehr hoch:** Der Ansatz beschreibt im Detail, wie die Organisation gestaltet werden kann. Er besitzt eine systematische Vorgehensweise und beschreibt konkret die Ausgestaltung der Gestaltungsdimensionen. Zudem enthält der Ansatz konkrete Beispiele, die die Umsetzung unterstützen.

Neben der Konkretheit ist ein ausreichender Bezug zur Realität eine weitere Anforderung an eine Methodik, um deren Umsetzbarkeit zu gewährleisten. Dieser wird durch die **Praktikabilität** der Methodik gewährleistet, die die einfache und eindeutige Handhabbarkeit für den Anwender umfasst.[312] Zur Durchführung der Methodik werden realistische Annahmen getroffen sowie realitätsnahe allgemeine Rahmenbedingungen betrachtet.[313] Nachfolgend werden die fünf Ausprägungen der Anforderung Praktikabilität beschrieben:

- **Nicht vorhanden:** Der Ansatz weist keine realistischen Annahmen auf und berücksichtigt keine realitätsnahen allgemeinen Rahmenbedingungen.
- **Sehr gering:** Der Ansatz lässt realistische Annahmen erkennen. Realitätsnahe allgemeine Rahmenbedingungen werden nicht berücksichtigt.
- **Gering:** Der Ansatz nutzt weitgehend realistische Annahmen und eignet sich für die Umsetzung in der betrieblichen Praxis. Realitätsnahe allgemeine Rahmenbedingungen werden nur mit Einschränkungen berücksichtigt.
- **Hoch:** Der Ansatz nutzt realistische Annahmen und berücksichtigt realitätsnahe allgemeine Rahmenbedingungen in hohem Maße.
- **Sehr hoch:** Der Ansatz nutzt ausschließlich realistische Annahmen und berücksichtigt realitätsnahe allgemeine Rahmenbedingungen in vollem Umfang.

Werkzeugbauspezifische Anforderungen

Die systematische Berücksichtigung der charakteristischen Eigenschaften der Branche Werkzeugbau stellt eine zentrale Anforderung an die Methodik dar. Dies umfasst die Unikat- und Kleinstserienfertigung sowie den Branchenbezug.

Werkzeuge als Kernleistung der Werkzeugbaubetriebe werden in **Unikat- oder Kleinstserienfertigung** hergestellt (vgl. Kapitel 2.3.1). Charakterisierendes Merkmal der Herstellung von Werkzeugbaukomponenten ist eine niedrige Wiederholhäufigkeit, die zu einer hohen Prozessvarianz in den Unternehmen führt. Dies führt zu einer vergleichsweise anspruchsvollen Wertschöpfung und damit zu spezifischen Besonderheiten hinsichtlich der Gestaltung der Organisation der Unternehmen. Nachfolgend werden die fünf Ausprägungen der Anforderung Unikat- und Kleinstserienfertigung beschrieben:

- **Nicht vorhanden:** Der Ansatz weist keinen Bezug zur Produktionstechnik auf.
- **Sehr gering:** Der Ansatz berücksichtigt im Rahmen der Organisationsgestaltung Besonderheiten der produzierenden Industrie.

---

[312] Vgl. Kuhlmann (2011), Gestaltung von Geschäftsprozessen, S. 47
[313] Vgl. Salmen (2016), Digital vernetzter Shopfloor, S. 85

- **Gering:** Der Ansatz eignet sich für die Organisationsgestaltung für Unternehmen der produzierenden Industrie, ist jedoch auf die Serienfertigung ausgerichtet.
- **Hoch:** Der Ansatz dient speziell der Organisationsgestaltung für Unternehmen der produzierenden Industrie. Besonderheiten der Unikat- und Kleinstserienfertigung werden vereinzelt berücksichtigt.
- **Sehr hoch:** Der Ansatz dient speziell der Organisationsgestaltung für Unternehmen der Unikat- und Kleinstserienfertigung und berücksichtigt resultierende Besonderheiten in vollem Maße.

Neben der Anforderung der Eignung für die Unikat- und Kleinstserienfertigung umfasst die werkzeugbauspezifische Anforderung die Berücksichtigung des **Branchenbezugs**. Die Branche Werkzeugbau ist durch eine hohe Heterogenität geprägt (vgl. Kapitel 2.3.3). Aus Unterschieden in Bezug auf die strategische Ausrichtung, den Marktzugang, das Leistungsspektrum und die Unternehmensgröße ergeben sich unterschiedliche Voraussetzungen und Zielsetzungen für die organisationale Ambidextrie. Für die Allgemeingültigkeit der Methodik innerhalb der Branche Werkzeugbau ergibt sich die Forderung der Eignung der Methodik in allen Betrieben des Werkzeugbaus. Diese werden nachfolgend unter der Anforderung Branchenbezug zusammengefasst und durch die folgenden fünf Ausprägungen beschrieben:

- **Nicht vorhanden:** Der Ansatz weist einen Bezug zu einer anderen Branche auf. Eine Übertragung auf die Branche Werkzeugbau ist nicht möglich.
- **Sehr gering:** Der Ansatz weist keinen Bezug zu einer speziellen Branche auf und ist kaum für die Branche Werkzeugbau geeignet.
- **Gering:** Der Ansatz weist keinen Bezug zu einer speziellen Branche auf und ist mit Einschränkungen für die Branche Werkzeugbau geeignet.
- **Hoch:** Der Ansatz weist keinen Bezug zu einer speziellen Branche auf und ist weitgehend für die Branche Werkzeugbau geeignet.
- **Sehr hoch:** Der Ansatz ist ohne Einschränkungen für die Branche Werkzeugbau geeignet.

Zielbezogene Anforderungen

Eine zentrale Herausforderung für die Organisationsgestaltung besteht darin, ein ausgewogenes, systemspezifisch geeignetes Verhältnis von Stabilität und

Variabilität zu gewährleisten. Die organisationale Ambidextrie stellt ein geeignetes Hilfsmittel dar, um ein derartiges Verhältnis zu erreichen.[314]

Handlungsleitendes Paradigma deutscher Werkzeugbaubetriebe ist seit einigen Jahren die Industrialisierung des Leistungsprozesses und die Erreichung einer hohen operativen Exzellenz (vgl. Kapitel 2.3.4). Die Industrialisierungsbestrebungen sind dabei die Voraussetzungen für eine nachhaltige Wettbewerbsfähigkeit von Werkzeugbaubetrieben im Hochlohnland Deutschland. Eine Methodik zur Organisationsgestaltung im Werkzeugbau muss die Industrialisierung des Leistungsprozesses begünstigen. Hierzu muss sie die Entwicklung der organisationalen **Stabilität** unterstützen. Nachfolgend werden die fünf Ausprägungen der Anforderung Stabilität beschrieben:

- **Nicht vorhanden:** Der Ansatz unterstützt die Entwicklung von organisationaler Stabilität nicht.
- **Sehr gering:** Der Ansatz unterstützt teilweise die Entwicklung der organisationalen Stabilität. Die Erreichung einer hohen operativen Exzellenz wird nicht thematisiert.
- **Gering:** Der Ansatz unterstützt weitgehend die Entwicklung der organisationalen Stabilität. Die Erreichung einer hohen operativen Exzellenz wird nicht ausreichend thematisiert.
- **Hoch:** Der Ansatz unterstützt die Entwicklung der organisationalen Stabilität sowie die Erreichung einer hohen operativen Exzellenz.
- **Sehr hoch:** Der Ansatz dient speziell der Entwicklung einer ausgeprägten organisationalen Stabilität und fördert die Erreichung einer hohen operativen Exzellenz.

Neben der Anforderung Stabilität muss eine Methodik zur Organisationsgestaltung im Werkzeugbau auch die Anforderung **Variabilität** adressieren. Zunehmend veränderliche, diskontinuierliche Rahmenbedingungen führen dazu, dass Werkzeugbaubetriebe nur erfolgreich sein können, wenn sie eine hohe Variabilität aufweisen. Nachfolgend werden die fünf Ausprägungen der Anforderung Variabilität beschrieben:

- **Nicht vorhanden:** Der Ansatz unterstützt die Entwicklung von organisationaler Variabilität nicht.
- **Sehr gering:** Der Ansatz unterstützt teilweise die Entwicklung der organisationalen Variabilität.

[314] Vgl. March (1991), Organizational Learning, S. 71f.

- **Gering:** Der Ansatz unterstützt weitgehend die Entwicklung der organisationalen Variabilität.
- **Hoch:** Der Ansatz unterstützt die Entwicklung der organisationalen Variabilität.
- **Sehr hoch:** Der Ansatz dient speziell der Entwicklung einer ausgeprägten organisationalen Variabilität.

Neben der Stabilität und der Variabilität zählt die Anforderung **Ambidextrie** ebenfalls zu den zielbezogenen Anforderungen. Aufgrund der in Kapitel 2.3 beschriebenen Charakteristika der Branche Werkzeugbau sowie ihrer derzeitigen Marktsituation müssen Werkzeugbaubetriebe die komplementären Zieldimensionen Stabilität und Variabilität simultan verfolgen. Nachfolgend werden die fünf Ausprägungen der Anforderung Ambidextrie beschrieben:

- **Nicht vorhanden:** Der Ansatz enthält keine Anhaltspunkte zur Minimierung des Konflikts zwischen organisationaler Stabilität und Variabilität.
- **Sehr gering:** Der Ansatz bietet teilweise Unterstützungspunkte zur Minimierung des Konflikts zwischen organisationaler Stabilität und Variabilität.
- **Gering:** Der Ansatz bietet einige Unterstützungspunkte zur Minimierung des Konflikts zwischen organisationaler Stabilität und Variabilität.
- **Hoch:** Der Ansatz unterstützt die Minimierung des Konflikts zwischen organisationaler Stabilität und Variabilität durch konkrete Ansatzpunkte.
- **Sehr hoch:** Der Ansatz dient speziell der Minimierung des Konflikts zwischen organisationaler Stabilität und Variabilität.

Organisationstheoretische Anforderungen

In Kapitel 2.1 wurde die Vielfalt und Heterogenität verschiedener Ansätze der Organisationstheorie dargestellt. Die Ansätze unterscheiden sich insbesondere in Bezug auf den Abstraktionsgrad sowie die Anwenderperspektive, wodurch ihre jeweilige Eignung für den konkreten Anwendungsfall determiniert wird. Hieraus resultieren organisationstheoretische Anforderungen an die Unternehmensrahmenbedingungen, die Organisationsarchitektur und die befähigenden Faktoren.

Aufgrund der Heterogenität der Branche Werkzeugbau besteht die Anforderung der Berücksichtigung von **spezifischen Unternehmensrahmenbedingungen**. Die Heterogenität betrifft vor allem die strategische Ausrichtung, den Marktzugang, die Unternehmensgröße und die Ressourcenausstattung. Ein Ansatz zur Organisationsgestaltung im Werkzeugbau muss die Umsetzbarkeit in allen Werkzeugbaubetrieben gewährleisten. Hierzu muss ein Ansatz die spezifischen Unternehmensrahmenbedingungen berücksichtigen. Nachfolgend werden die fünf Ausprägungen der Anforderung Unternehmensrahmenbedingungen beschrieben:

- **Nicht vorhanden:** Der Ansatz berücksichtigt keine unternehmensspezifischen Rahmenbedingungen und ist allgemein verfasst. Eine Adaption auf die spezielle Situation und Ausrichtung eines Unternehmens wird nicht unterstützt.
- **Sehr gering:** Der Ansatz ist allgemein verfasst, lässt jedoch vereinzelt Faktoren erkennen, die die Berücksichtigung unternehmensspezifischer Rahmenbedingungen unterstützen.
- **Gering:** Der Ansatz ist allgemein verfasst, unterstützt jedoch mit Einschränkungen die Berücksichtigung unternehmensspezifischer Rahmenbedingungen.
- **Hoch:** Der Ansatz ist teilmodular aufgebaut und kann durch die anwendungsspezifische Gestaltung der Module unternehmensspezifische Rahmenbedingungen in moderatem Umfang berücksichtigen.
- **Sehr hoch:** Der Ansatz ist modular aufgebaut und kann durch die anwendungsspezifische Gestaltung der Module unternehmensspezifische Rahmenbedingungen weitgehend berücksichtigen.

Neben der Anforderung Unternehmensrahmenbedingungen ergibt sich ebenfalls die Anforderung **Organisationsarchitektur**. Diese umfasst die Berücksichtigung der Gestaltungsdimensionen Organisationsstruktur und Anreizstruktur. Ein gesamtheitlicher Ansatz zur Organisationsgestaltung im Werkzeugbau berücksichtigt die verschiedenen Gestaltungsdimensionen der Organisationsarchitektur sowie ihre Wechselbeziehungen. Nachfolgend werden die fünf Ausprägungen der Anforderung Organisationsarchitektur beschrieben:

- **Nicht vorhanden:** Der Ansatz enthält keine Beschreibung der Gestaltungsdimensionen einer Organisationsarchitektur.
- **Sehr gering:** Der Ansatz beschreibt einige der Gestaltungsdimensionen der Organisationsarchitektur.
- **Gering:** Der Ansatz beschreibt teilweise die Gestaltungsdimensionen der Organisationsarchitektur. Auf konkrete Anpassungen der Gestaltungsdimensionen wird nicht eingegangen.
- **Hoch:** Der Ansatz beschreibt weitgehend die Gestaltungsdimensionen der Organisationsarchitektur. Auf konkrete Anpassungen der Gestaltungsdimensionen wird nur bedingt eingegangen.
- **Sehr hoch:** Der Ansatz beschreibt konkret die Gestaltungsdimensionen der Organisationsarchitektur. Zusätzlich geht der Ansatz auf konkrete Anpassungen der Gestaltungsdimensionen ein.

Neben den Unternehmensrahmenbedingungen und der Organisationsarchitektur zählt die Anforderung **befähigende Faktoren** zu den organisationstheoretischen Anforderungen. Die befähigenden Faktoren fassen organisatorische Gestaltungsdimensionen zusammen, die nicht Teil der Organisationsarchitektur sind, jedoch für die Anpassung dieser ebenfalls verändert werden müssen. Im Vordergrund stehen dabei das Wissensmanagement, das Kompetenzsystem und die Informations- und Kommunikationstechnologie (IKT). Nachfolgend werden die fünf Ausprägungen der Anforderung befähigende Faktoren beschrieben:

- **Nicht vorhanden:** Der Ansatz berücksichtigt keine Anpassungen der befähigenden Faktoren.
- **Sehr gering:** Der Ansatz geht auf die Anpassung einzelner befähigender Faktoren ein. Ein konkretes Vorgehen wird nicht beschrieben.
- **Gering:** Der Ansatz geht auf die Anpassung der meisten befähigenden Faktoren ein. Ein konkretes Vorgehen ist zu erkennen.
- **Hoch:** Der Ansatz geht auf die Anpassung aller befähigenden Faktoren ein und schlägt ein konkretes Vorgehen vor.
- **Sehr hoch:** Der Ansatz ist auf die Gestaltung der befähigenden Faktoren ausgerichtet. Ein konkretes Vorgehen wird detailliert beschrieben.

3.2 Vorstellung bestehender Ansätze

In der wissenschaftlichen Theorie existieren zahlreiche Ansätze zur Organisationsgestaltung von produzierenden Unternehmen im Kontext der Ambidextrie. Im Folgenden werden grundlegende Ansätze mit Fokus auf deren Zielsetzung und deren Kerninhalte vorgestellt.

3.2.1 Organisationsgestaltung im Werkzeugbau nach SPENNEMANN

Der Ansatz zur *Gestaltung von Aufbauorganisationen im Werkzeugbau* nach SPENNEMANN beschreibt die anforderungsgerechte Gestaltung der **Aufbauorganisation** von externen Werkzeugbaubetrieben, indem zur Gestaltung sowohl die Unternehmensziele als auch die betriebsindividuellen Rahmenbedingungen berücksichtigt werden. Dies geschieht durch die Verbindung eines **Top-Down-Ansatzes** zur Bestimmung eines Zielsystems aus den Unternehmenszielen mit einem Bottom-Up-Ansatz zur Analyse der betriebsindividuellen Rahmenbedingungen (s. Abbildung 3-3).[315] Der **Bottom-Up-Ansatz** enthält zusätzlich die Bestimmung möglicher Strukturen der Aufbauorganisation. Diese können bspw. eine divisionale, eine funktionale oder eine Matrix-Struktur sein. Basierend auf den Ergebnissen dieser beiden Elemente wird im Ansatz nach SPENNEMANN abschließend eine Bewertung zur Bildung einer Eignungsreihenfolge der vorangegangen ermittelten **Gestaltungsalternativen** vorgenommen.[316] Die Bewertung der Gestaltungsalternativen erfolgt anhand der Zielgrößen Wachstum, Termintreue, Flexibilität, Zufriedenheit, Motivation und Rentabilität.[317]

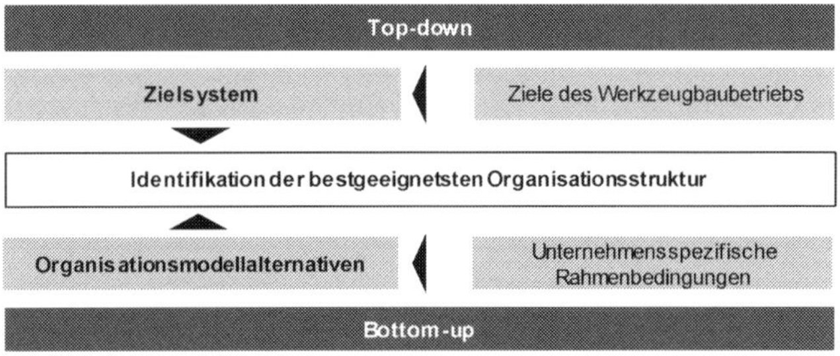

Abbildung 3-3: Organisationsgestaltung im Werkzeugbau nach SPENNEMANN[318]

Ziel des Ansatzes zur Organisationsgestaltung im Werkzeugbau ist die Umsetzung einer möglichst effizienten Auftragsabwicklung.[319] Allerdings werden auch flexible Elemente der Aufbauorganisation berücksichtigt, bspw. eine variable Abteilungsstruktur und -größe.[320]

Der *Ansatz zur Gestaltung von Aufbauorganisationen im Werkzeugbau* nach SPENNEMANN fokussiert die Auswahl und grundlegende Gestaltung der Aufbauorganisation eines Werkzeugbaubetriebs. Bei der Gestaltung steht die Berücksichtigung der unternehmensspezifischen Rahmenbedingungen, insbesondere der Unternehmensziele, im Fokus. Die organisatorische Ausrichtung fokussiert eindeutig die Stabilität, während die Variabilität des Unternehmens nur indirekt adressiert wird. Die Variabilität wird weitgehend auf die Zielgröße Flexibilität beschränkt. Diese beschreibt im Kontext der Arbeit die möglichst geringe Terminverschiebung bei kurzfristigen Produktänderungen.[321] Die Unterstützung einer simultanen Ausrichtung auf Stabilität und Variabilität durch die Gestaltung der Aufbauorganisation wird nicht thematisiert. Der Ansatz bietet eine systema-

[315] Vgl. Spennemann (2001), Gestaltung von Organisationsstrukturen, S. 4
[316] Vgl. Spennemann (2001), Gestaltung von Organisationsstrukturen, S. 29ff.
[317] Vgl. Spennemann (2001), Gestaltung von Organisationsstrukturen, S. 71
[318] Vgl. Spennemann (2001), Gestaltung von Organisationsstrukturen, S. 45
[319] Vgl. Spennemann (2001), Gestaltung von Organisationsstrukturen, S. 81
[320] Vgl. Spennemann (2001), Gestaltung von Organisationsstrukturen, S. 113

tische Vorgehensweise, weist jedoch vor allem hinsichtlich der Gestaltung der Organisationsarchitektur einen sehr hohen Abstraktionsgrad auf. Wesentliche Elemente der Organisationsarchitektur sowie der befähigenden Faktoren werden kaum adressiert. Aus den vorausgehend aufgeführten Gründen eignet sich der Ansatz nicht zur Gestaltung einer ambidextren Organisationsarchitektur im Werkzeugbau.

3.2.2 Industrieller Werkzeugbau nach KLOTZBACH

Der Ansatz *Gestaltungsmodell für den industriellen Werkzeugbau* nach KLOTZBACH, der die industrielle Gestaltung der betriebsinternen Wertschöpfung im Werkzeugbau beinhaltet, wurde bereits in Kapitel 2.3 vorgestellt. Für eine allgemeine Beschreibung sei darum auf dieses Kapitel verwiesen.

Im Fokus des Ansatzes steht vor allem die Auftragsabwicklung eines Werkzeugbaubetriebs, für die insbesondere durch **Standardisierungs-** und **Synchronisierungsmaßnahmen** Effizienzpotenziale erschlossen werden.[322]

Der Ansatz fokussiert die Industrialisierung der Wertschöpfung im Werkzeugbau im Sinne des Lean Managements und unter Berücksichtigung der Charakteristika der Branche Werkzeugbau. Der Ansatz weist eine systematische Vorgehensweise auf und beschreibt konkret die Ausgestaltung wesentlicher **ablauforganisatorischer Gestaltungsdimensionen**. Durch die Ausrichtung auf die Branche Werkzeugbau ergibt sich eine hohe Praktikabilität und eine hohe Eignung für Werkzeugbaubetriebe. Die organisatorische Ausrichtung auf Stabilität überwiegt stark. Der kontinuierliche Verbesserungsprozess steht im Vordergrund, während eine grundlegende Variabilität im Sinne einer Wandlungsfähigkeit nicht vorgesehen und durch entsprechende effizienzfördernde Maßnahmen sogar reduziert wird. Wesentliche Elemente der Organisationsarchitektur und der befähigenden Faktoren werden adressiert. Aus den vorausgehend aufgeführten Gründen eignet sich der Ansatz nicht zur Gestaltung einer ambidextren Organisationsarchitektur im Werkzeugbau.

3.2.3 Strategische Auslegung industrieller Werkzeugbaubetriebe nach HENSEN

Beim Konzept *Strategische Auslegung industrieller Werkzeugbaubetriebe* nach HENSEN handelt es sich um einen ganzheitlichen Lösungsansatz zur strategischen Auslegung der drei befähigenden Faktoren **Prozesse**, **Organisation** und

---

[321] Vgl. Spennemann (2001), Gestaltung von Organisationsstrukturen, S. 50
[322] Vgl. Klotzbach (2007), Industrieller Werkzeugbau, S. 166f.

Ressourcen unter Berücksichtigung der spezifischen Rahmenbedingungen der Branche Werkzeugbau.[323]

Ausgangspunkt des Ansatzes ist die Erhebung der unternehmensspezifischen Rahmenbedingungen. Dabei wird das Leistungsspektrum analysiert und der anwendende Werkzeugbaubetrieb anhand generischer Werkzeugbautypen klassifiziert. In einer Integrationsanalyse werden die befähigenden Elemente Prozesse, Organisation und Ressourcen untersucht und auf ihren Integrationsgrad bzw. bestehende Wirkzusammenhänge untersucht. In einer anschließenden Auslegungsphase werden die drei Faktoren in einem **iterativen Prozess** ausgelegt (s. Abbildung 3-4). Der Ansatz wurde in zwei industriellen Werkzeugbaubetrieben angewendet.[324]

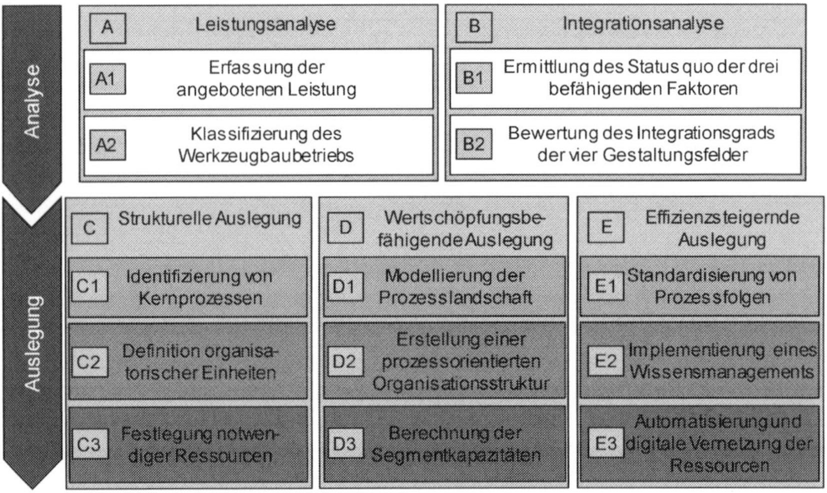

Abbildung 3-4: Strategische Ausrichtung industrieller Werkzeugbaubetriebe nach HENSEN[325]

Ziel des Konzepts ist es, bei der Anpassung der befähigenden Faktoren Prozesse, Organisation und Ressourcen einen **strategischen Fit** im Einklang mit den unternehmensspezifischen Rahmenbedingungen zu erreichen. Die Gestaltung ist hierfür in drei Schritte geteilt. Nachdem eine strukturelle Auslegung geschaffen wurde, erfolgt eine wertschöpfungsbefähigende Auslegung. Diese erfolgt durch die Modellierung der Prozesslandschaft, die Erstellung einer

[323] Vgl. Hensen (2017), Strategische Auslegung, S. 3f.
[324] Vgl. Hensen (2017), Strategische Auslegung, S. 99ff.
[325] Vgl. Hensen (2017), Strategische Auslegung, S. 116

prozessorientierten Aufbauorganisation und die Auslegung von Segmentkapazitäten. In einer abschließenden effizienzsteigernden Auslegung wird die Produktivität der Wertschöpfung erhöht. [326]

Der Ansatz *Strategische Auslegung industrieller Werkzeugbaubetriebe* nach HENSEN fokussiert eine ganzheitliche strategische Auslegung eines Unternehmens unter Berücksichtigung der Charakteristika der Branche Werkzeugbau sowie des Unternehmens selbst. Der Ansatz enthält eine systematische Vorgehensweise, die durch praxisnahe Beispiele ergänzt wird. Der Detaillierungsgrad in Bezug auf die Gestaltung der Organisationsarchitektur ist nicht ausreichend. Insbesondere Faktoren der Anreizstruktur werden nicht betrachtet. Die organisatorische Ausrichtung erfolgt prozessorientiert und fokussiert eindeutig die Stabilität, während die Variabilität des Unternehmens nur indirekt adressiert wird. Eine strukturelle Ambidextrie wird beschrieben, jedoch nicht ausreichend in Bezug auf die relevanten Gestaltungsdimensionen der Organisationsarchitektur sowie die befähigenden Faktoren im dieser Arbeit zugrunde liegenden Verständnis untersucht. Aus diesen Gründen eignet sich der Ansatz nicht zur Gestaltung einer ambidextren Organisationsarchitektur im Werkzeugbau. [327]

3.2.4 Toyota-Produktionssystem nach ŌNO (Lean Management)

Das Toyota-Produktionssystem (TPS) ist ein **integriertes soziotechnisches System**, das die Managementphilosophie und -praxis des Unternehmens Toyota umfasst. Im Fokus steht dabei ein ganzheitliches Management aller Funktionsbereiche, einschließlich der Interaktion mit Lieferanten und Kunden.[328] Das hiermit verbundene Organisations- und Führungsprinzip wurde unter dem Betriff „Lean Management" bekannt.[329]

Ziel des TPS ist die andauernde Verbesserung (Kaizen) und Weiterentwicklung des Bestehenden sowie die optimale Erfüllung der Zielgrößen Kosten, Zeit und Qualität (s. Abbildung 3-5). Im Fokus steht die **Gestaltung der Auftragsabwicklung**. So wird ein Auftragsabwicklungsprozess angestrebt, der die notwendigen Ergebnisse reibungslos bereitstellt.[330] Eine wesentliche Rolle spielen in diesem Zusammenhang die Prinzipien *Just-in-Time*, *autonome Automation (Jidoka)* und *Kanban*.[331] Die konsequente Anwendung dieser Prinzipien sowie

---

[326] Vgl. Hensen (2017), Strategische Auslegung, S. 99ff.
[327] Vgl. Hensen (2017), Strategische Auslegung, S. 99ff.
[328] Vgl. Marksberry (2012), Toyota production system, S. 15f.; MARKSBERRY hebt dabei die Ganzheitlichkeit als Schlüsseleigenschaft des TPS hervor, die keine isolierte Betrachtung einzelner Funktionsbereiche zulässt
[329] Vgl. Ōno (2009), Toyota-Produktionssystem, S. 7
[330] Vgl. Ōno (2009), Toyota-Produktionssystem, S. 9f.
[331] Vgl. Ōno (2009), Toyota-Produktionssystem, S. 35f.

wesentliche strukturelle Anpassungen der Unternehmensorganisation führen zu einer hohen Effizienz bei gleichzeitiger Wahrung der notwendigen Flexibilität. Eine wesentliche Rolle besitzt der Mitarbeiter, der durch Entscheidungsfreiheiten und Qualifizierungsmaßnahmen befähigt wird.[332]

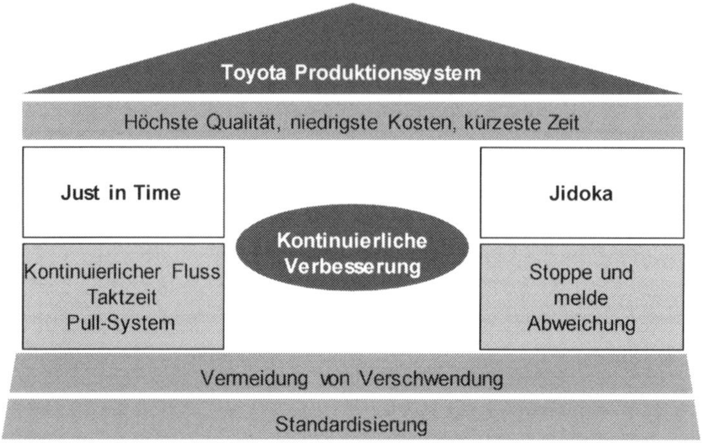

Abbildung 3-5: Konzept des Toyota-Produktionssystems

Das Konzept *TPS* nach ŌNO fokussiert die Gestaltung des Auftragsabwicklungsprozesses. Diesbezüglich ist es relativ konkret und praktikabel gestaltet. Aufgrund eines allgemein formulierten Anwendungsgebiets und der Ausrichtung auf die Serienfertigung in der Automobilindustrie lässt es sich nur in Teilen auf den Werkzeugbau übertragen. Im Fokus des Konzepts stehen eindeutig stabilitätsfördernde Anpassungen, während die Variabilität eine untergeordnete Rolle spielt und durch die auf Langfristigkeit ausgelegte Strukturbildung eingeschränkt wird. Darüber hinaus wird die Minimierung des Zielkonflikts zwischen den beiden Zielgrößen Stabilität und Variabilität nicht adressiert. Der Berücksichtigung spezifischer Unternehmensrahmenbedingungen wird nur durch einige Beispiele bzw. den hohen Abstraktionsgrad der Beschreibungen Rechnung getragen. Im Rahmen der organisatorischen Umsetzung steht die Anpassung der Ablauforganisation im Vordergrund, jedoch werden wesentliche strukturelle Gestaltungsdimensionen wie die Mitarbeitermotivation, die Mitarbeiterführung und die Unternehmenskultur thematisiert. Im Hinblick auf die befähigenden Faktoren stehen die informationstechnischen Systeme sowie die Kompetenzentwicklung im Vordergrund. Zusammenfassend lässt sich feststellen, dass das TPS nach ŌNO wertvolle Ansätze hinsichtlich der Organisations-

[332] Vgl. Ōno (2009), Toyota-Produktionssystem, S. 11

gestaltung im Werkzeugbau enthält. Eine unmittelbare Anwendung zur Gestaltung der Organisationsarchitektur im Werkzeugbau ist jedoch nicht möglich.

3.2.5 Bewertung und Gestaltung wandlungsfähiger, dezentraler Produktionsstrukturen nach Dohms

Beim Ansatz *Bewertung und Gestaltung wandlungsfähiger, dezentraler Produktionsstrukturen* nach Dohms handelt es sich um eine Methodik zur Identifikation **strukturbezogener Wandlungsbedarfe** mit dem Ziel der Erhöhung der Wandlungsfähigkeit von Produktionsstrukturen.

Im Fokus des Ansatzes steht die Ausgestaltung eines umfangreichen betriebsbegleitenden Controllings. Durch ein Kennzahlensystem wird die Effizienz einer bestehenden **wandlungsfähigen Produktionsstruktur bewertet**. Darauf aufbauend wird beurteilt, in welchen Szenarien bzw. bei welchen Entwicklungen definierter Kennzahlen die Produktionsstruktur angepasst werden sollte. Zusätzlich enthält der Ansatz konkrete Möglichkeiten zur gezielten Anpassung der bewerteten Produktionsstruktur. Bei der Anwendung des Ansatzes wird den unternehmensspezifischen Rahmenbedingungen, insbesondere den Produktionszielen und strategischen Vorgaben, systematisch Rechnung getragen.[333] Dazu werden bestehende methodische Ansätze kombiniert und um ihre Funktionalität erweitert.[334]

Übergeordnetes Ziel des Ansatzes ist es, dynamische Prozesse in einem wandlungsfähigen Produktionssystem systematisch zu koordinieren. Die hierfür vorgesehene Vorgehensweise gliedert sich in die vier Phasen Analyse, Bewertung, Entscheidung und Gestaltung, die im Sinne eines Regelkreises verbunden sind (s. Abbildung 3-6).

Den Ausgangspunkt bietet die Umfeldmodellierung sowie die Erfassung der strukturellen Ausgangssituation, die in Form von Strukturbeziehungen innerhalb des Produktionssystems ausgewertet werden. Diese werden anschließend mit dem unternehmensspezifischen Zielsystem verglichen, wodurch strukturelle Handlungsbedarfe abgeleitet werden. Darauf aufbauend werden potenzielle strukturelle Maßnahmen bestimmt und Annahmen bzgl. ihrer Wirksamkeit getroffen. Im Anschluss erfolgt die Anpassung der Produktionsstruktur, die auf ihre Wirksamkeit hin überprüft wird.[335]

---

[333] Vgl. Dohms (2001), Wandlungsfähige Produktionsstrukturen, S. 50ff.
[334] Vgl. Dohms (2001), Wandlungsfähige Produktionsstrukturen, S. 80
[335] Vgl. Dohms (2001), Wandlungsfähige Produktionsstrukturen, S. 54f.

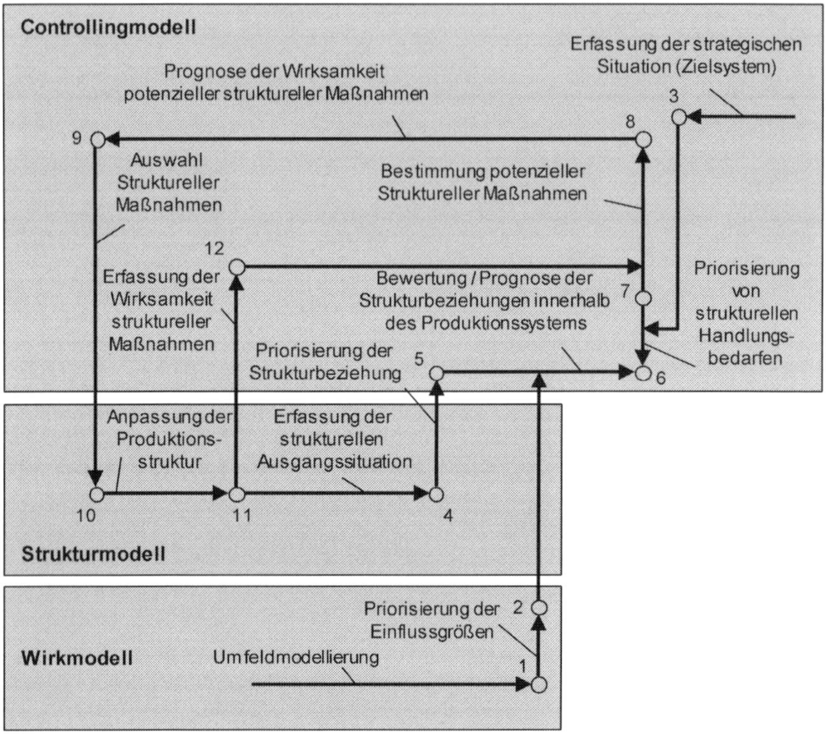

Abbildung 3-6: Vorgehensweise zur Strukturbewertung und -gestaltung nach DOHMS[336]

Der Ansatz *Bewertung und Gestaltung wandlungsfähiger, dezentraler Produktionsstrukturen* nach DOHMS fokussiert die Bewertung und Gestaltung wandlungsfähiger Produktionsstrukturen unter Berücksichtigung der Charakteristika des Unternehmens selbst. Der Ansatz folgt einer klaren Systematik, enthält jedoch keine konkrete Beschreibung zur Ausgestaltung wesentlicher Gestaltungsdimensionen. Der Ansatz baut auf bestehenden wissenschaftlichen Ansätzen auf und erklärt deren praktische Verwendung ausführlich. Die Praktikabilität der gesamten Methodik ist als hoch zu bewerten. Der Ansatz eignet sich für die Organisationsgestaltung in Unternehmen der produzierenden Industrie, weist jedoch keinen Branchenbezug auf. Im Fokus steht die Erhöhung der Wandlungsfähigkeit. Ein anzustrebender Grad an Wandlungsfähigkeit oder der Vergleich alternativer Ausprägungen werden nicht berücksichtigt. Die

[336] Vgl. Dohms (2001), Wandlungsfähige Produktionsstrukturen, S. 54

effizienzfördernde Ausgestaltung der Produktionsstrukturen wird berücksichtigt, jedoch wird die Minimierung des Zielkonflikts zwischen Effizienz und Wandlungsfähigkeit nicht thematisiert. Der Ansatz ist auf die Berücksichtigung der Unternehmensrahmenbedingungen ausgerichtet. Im Fokus steht die Produktionsstruktur. Somit geht die Betrachtung über die Aufbauorganisation hinaus und schließt insbesondere die Informationsflüsse ein. Insgesamt ist der Ansatz jedoch nicht zur Gestaltung einer ambidextren Organisationsarchitektur im Werkzeugbau geeignet.

3.2.6 Ambidextrous Mechanisms nach ADLER ET AL.

Der Ansatz *Ambidextrous Mechanisms* nach ADLER ET AL. basiert auf einer Fallstudie, die die organisatorische **Minimierung des Zielkonflikts** zwischen Effizienz und Flexibilität auf Basis der praktischen Umsetzung des Toyota-Produktionssystems untersucht.

Untersuchungsgegenstand der Fallstudie ist ein Produktionsstandort der Automobilindustrie, bei welchem innerhalb der Betrachtungsphase der Produktionsstart zweier neuer Fahrzeugderivate vollzogen wird.[337] Die Studie versteht sich als Weiterentwicklung des Toyota-Produktionssystems und weist eine hohe Leistungsfähigkeit im Hinblick auf die simultane organisatorische Ausrichtung auf Effizienz und Flexibilität auf.[338] ADLER ET AL. führen dies auf die vier konkreten Interventionsmaßnahmen Meta-Routinen, Job Enrichment, Wechsel und Partitionierung zurück (s. Abbildung 3-7).[339] Hinter Meta-Routinen verbirgt sich die weitgehende Systematisierung von kreativen Abläufen zur Anpassung bestehender sowie zur Gestaltung neuer standardisierter Routinetätigkeiten.[340] Job Enrichment beschreibt die systematische Erweiterung von Routinetätigkeiten mit Nicht-Routinetätigkeiten. Diese dienen der stetigen Verbesserung im Sinne eines Kaizen-Prozesses. Die Systematik liegt darin, dass die Einführung neuartiger Konzepte, Ansätze, Methoden etc. zunächst innerhalb einer begrenzten Pilotumgebung erfolgt, bevor sie ausgeweitet werden.[341] Die Interventionsmaßnahme Wechsel beschreibt das zeitliche Trennen der Durchführung von Routinetätigkeiten und Nicht-Routinetätigkeiten sowie der Wechsel der Mitarbeiter zwischen diesen Tätigkeitsprofilen.[342] Die Partitionierung umfasst die Bildung von Untereinheiten zur monotonen Spezialisierung auf Routinetä-

[337] Vgl. Adler et al. (1999), Flexibility versus efficiency, S. 43f.
[338] Vgl. Adler et al. (1999), Flexibility versus efficiency, S. 44
[339] Vgl. Adler et al. (1999), Flexibility versus efficiency, S. 45f. Im Originaltext werden die Interventionsmaßnahmen mit „metaroutines", „enrichment", „switching" und „partitioning" benannt.
[340] Vgl. Adler et al. (1999), Flexibility versus efficiency, S. 50
[341] Vgl. Adler et al. (1999), Flexibility versus efficiency, S. 54f.
[342] Vgl. Adler et al. (1999), Flexibility versus efficiency, S. 50

tigkeiten oder Nicht-Routinetätigkeiten. Mit dieser geht die Überprüfung und ggf. Anpassung von Verantwortlichkeiten und Arbeitsinhalten einher. Zusätzlich wird die Kollaboration zwischen einzelnen Untereinheiten verbessert.[343]

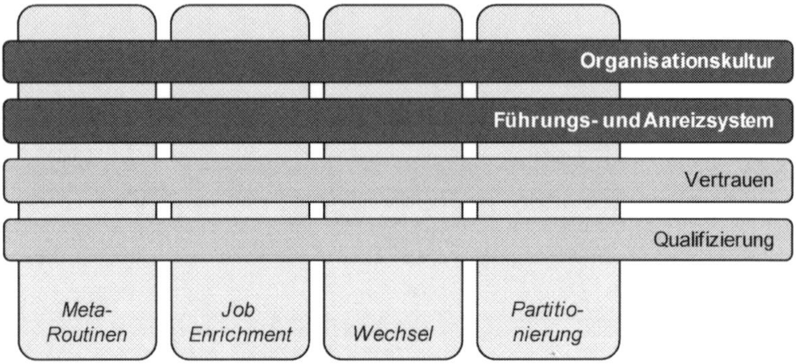

Abbildung 3-7: Interventionsmaßnahmen nach ADLER ET AL.

Das grundlegende Ziel des Ansatzes ist die **simultane Adressierung der Zielgrößen Effizienz und Flexibilität** im Sinne einer ambidextren Organisation.[344] Die auf Effizienz ausgerichteten Aktivitäten werden weitestgehend standardisiert, während die flexibilitätsorientierten Aktivitäten durch Meta-Routinen systematisiert und so effizienter gestaltet werden. Die Minimierung des Zielkonflikts zwischen Effizienz und Flexibilität erfolgt durch eine zeitliche sowie eine strukturelle Separierung von Routine- und Nicht-Routinetätigkeiten. Zusätzlich werden ebenfalls die Gestaltungsdimensionen Organisationskultur, Führungs- und Anreizsystem auf die simultane Umsetzung der Zielgrößen ausgerichtet.[345]

Das Konzept *Ambidextrous Mechanisms* nach ADLER ET AL. besitzt einen klaren Fokus auf die Umsetzung einer ambidextren organisatorischen Ausrichtung. Der Ansatz enthält eine detaillierte Beschreibung von organisatorischen Interventionsmaßnahmen und deren direkten Auswirkungen. In Verbindung mit der Darstellung von Praxisbeispielen sowie zu erwartender Hindernisse bzw. Wechselwirkungen ermöglicht der Ansatz eine systematische Unterstützung der Umsetzung von Ambidextrie. Der Ansatz ist vor allem auf große Unternehmen der Automobilindustrie ausgerichtet, wodurch die Übertragbarkeit auf den Werkzeugbau reduziert wird. Er unterstützt sowohl die Entwicklung einer ausgeprägten organisationalen Stabilität als auch die einer organisationalen Variabilität. Dabei werden Maßnahmen zur sequenziellen Ambidextrie mit

[343] Vgl. Adler et al. (1999), Flexibility versus efficiency, S. 50f.
[344] Vgl. Adler et al. (1999), Flexibility versus efficiency, S. 46
[345] Vgl. Adler et al. (1999), Flexibility versus efficiency, S. 61

Ansätzen der strukturellen Ambidextrie verbunden. Der Ansatz ist allgemein verfasst, eine Adaption auf unternehmensspezifische Rahmenbedingungen stellt eine Herausforderung dar. Einige Gestaltungsdimensionen der Organisationsarchitektur sowie befähigende Faktoren werden mit konkreten Anpassungsvorschlägen dargestellt. Insgesamt ist der Ansatz jedoch nicht zur Gestaltung einer ambidextren Organisationsarchitektur im Werkzeugbau geeignet.

3.2.7 Ambidextrieförderliche Rahmenbedingungen nach WOLLERSHEIM

Der Ansatz der *ambidextrieförderlichen Rahmenbedingungen* nach WOLLERSHEIM stellt eine systematische Entwicklung von ambidextrieförderlichen Organisationselementen dar.

Für die Gestaltung der Organisationselemente zur Förderung von Ambidextrie greift WOLLERSHEIM auf die Dynamic-Capability-Perspektive zurück. **Die Dynamic-Capability-Perspektive** beinhaltet eine Weiterentwicklung der ressourcenorientierten Perspektive der Organisationsgestaltung. Der Ansatz erklärt Wettbewerbsvorteile als Kombination einer geeigneten Ressourcenausstattung einer Organisation sowie ihrer Anpassungsfähigkeit an Umfeldveränderungen.[346] Die Anpassungsfähigkeit ergibt sich durch den flexiblen Einsatz der Ressourcen sowie die Anpassung bestehender Routinen. In diesem Zusammenhang empfiehlt WOLLERSHEIM die Schaffung ambidextrieförderlicher Elemente in den Dimensionen organisationales Lernen, Organisationskultur und Organisationsstruktur (s. Abbildung 3-8).[347] Das organisationale Lernen umfasst die systematische Unterstützung solcher Lernformen, die das Abweichen von den bestehenden, effizienten Vorgehensweisen zugunsten flexibler, innovativer Vorgehensweisen fördern. [348] Die Organisationskultur basiert auf der Annahme ambidextrieförderlicher Mitarbeitercharakteristika, die die Attribute Lernbereitschaft, aktive Einbringung, Offenheit und Fehlertoleranz umfassen.[349] Die Gestaltung der Organisationsstruktur erfolgt unter der Berücksichtigung, dass sowohl Stabilität als auch Flexibilität zugelassen bzw. unterstützt werden. In diesem Zusammenhang werden eine räumliche Trennung unterschiedlich ausgerichteter Strukturen sowie ein ganzheitlicher Ansatz dargestellt.[350]

---

346 Vgl. Wollersheim (2010), Ambidextrieförderung, S. 5
347 Vgl. Wollersheim (2010), Ambidextrieförderung, S. 6
348 Vgl. Wollersheim (2010), Ambidextrieförderung, S. 13
349 Vgl. Wollersheim (2010), Ambidextrieförderung, S. 15f.
350 Vgl. Wollersheim (2010), Ambidextrieförderung, S. 16

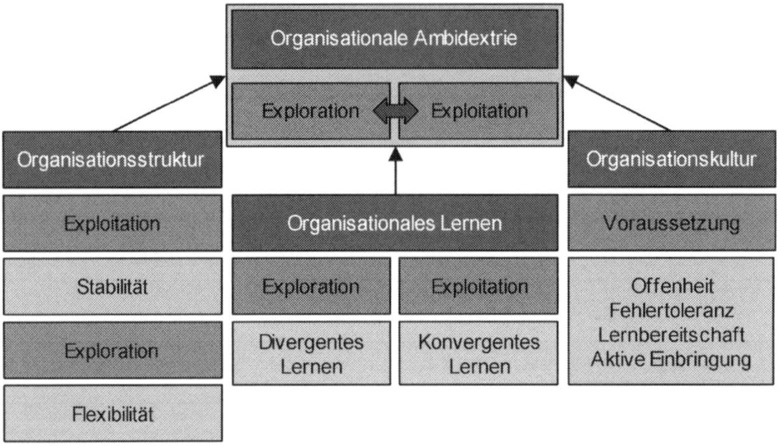

Abbildung 3-8: Ambidextrieförderliche Rahmenbedingungen nach WOLLERSHEIM

Ziel des Ansatzes der ambidextrieförderlichen Rahmenbedingungen nach WOLLERSHEIM ist die simultane organisatorische Ausrichtung auf die organisatorischen Zielgrößen Effizienz und Flexibilität. Organisationale Routinen werden zugelassen, um eine stabile Basis zur effizienten Aufgabenerledigung zu gewährleisten.[351] Hinsichtlich der organisationalen Strukturen werden sowohl stabile als auch flexible Elemente gefördert. Dabei wird die Bedeutung des Wissensmanagements für die nachhaltig sinnvolle Erzielung von Ambidextrie hervorgehoben.[352]

Das Konzept *ambidextrieförderliche Rahmenbedingungen* nach WOLLERSHEIM besitzt einen klaren Fokus auf die Umsetzung einer ambidextren organisatorischen Ausrichtung. Der Ansatz enthält eine abstrakte Beschreibung von organisatorischen Gestaltungsmaßnahmen. Auf etwaige Wechselwirkungen bzw. Hindernisse bei der Umsetzung der Maßnahmen wird nicht eingegangen. Statt der Praktikabilität des Ansatzes steht die wissenschaftliche Erklärung des Zusammenspiels der dargestellten Gestaltungsdimensionen im Vordergrund. Der Ansatz ist auf die produzierende Industrie ausgerichtet, jedoch nur mit Einschränkungen für die Unikat- und Kleinstserienfertigung im Werkzeugbau geeignet. Der Ansatz unterstützt sowohl die Entwicklung einer organisationalen Stabilität als auch die einer organisationalen Variabilität. Die simultane Umsetzung der organisatorischen Ausrichtungen im Sinne einer Ambidextrie wird durch die Beeinflussung der Mitarbeiter in Kombination mit ambidextrieförderlichen Maßnahmen der Organisationsgestaltung gewährleistet. Die komplemen-

---

[351] Vgl. Wollersheim (2010), Ambidextrieförderung, S. 14

täre Beziehung zwischen den beiden Ambidextriedimensionen wird somit primär auf Mitarbeiterebene minimiert. Dies erfolgt primär, indem die Mitarbeiter dazu befähigt bzw. motiviert werden, durch eigene Einschätzungen geeignete Entscheidungen zu treffen, wann und in welcher Ausprägung welches Aktivitätsmuster genutzt werden sollte. Eine besondere Rolle erfährt hierbei das Wissensmanagement bzw. die Gestaltung der Organisationskultur, während andere wichtige Aspekte der Organisationsarchitektur bzw. der befähigenden Faktoren nicht beleuchtet werden. Aus den vorausgehend aufgeführten Gründen eignet sich der Ansatz nicht zur Gestaltung einer ambidextren Organisationsarchitektur im Werkzeugbau.

3.2.8 Dual Operating System nach KOTTER

Der Ansatz des *Dual Operating Systems* nach KOTTER umfasst die Erweiterung einer stabilen primären Aufbauorganisation, die auf Effizienzvorteile abzielt, um eine agile Sekundärstruktur, durch die die Flexibilität begünstigt wird (s. Abbildung 3-9).

Die bestehenden Strukturen und Prozesse stellen das grundlegende Organisationssystem dar (primäre Aufbauorganisation) und entsprechen einer führungsgesteuerten Hierarchie. Der Fokus dieses Systems liegt auf der kontinuierlichen Förderung der Zuverlässigkeit und Effizienz des bestehenden Systems und damit auf einer stabilen Ausrichtung. Gleichzeitig besteht eine klare Einschränkung der taktischen und strategischen Flexibilität innerhalb dieser Strukturen, die durch den Widerstand der Organisationsmitglieder und die Organisationskultur weiter verstärkt wird. Die Organisation wird um ein zweites System (agile Sekundärstruktur) erweitert, das ein beschleunigendes Netzwerk darstellt. Der Fokus dieses Systems liegt auf der Förderung der Agilität und Geschwindigkeit und damit der Variabilität. Durch flexible Strukturen und Prozesse wird die Zuverlässigkeit und Effizienz innerhalb der Sekundärstruktur negativ beeinflusst. In Kombination können die zwei Systeme die Zieldimensionen Zuverlässigkeit, Effizienz, Agilität und Geschwindigkeit auf bessere Weise adressieren, als dies in einem System möglich wäre. Dazu agieren die Systeme komplementär und in ständiger, enger Abstimmung.[353]

[352] Vgl. Wollersheim (2010), Ambidextrieförderung, S. 15f.
[353] Vgl. Kotter (2014), Accelerate, S. 20ff.

The Dual Operating System

Primäre Aufbauorganisation (Führungsgesteuerte Hierarchie)		Agile Sekundärstruktur (Beschleunigendes Netzwerk)
Fokus	⟷	**Fokus**
▪ Zuverlässigkeit und Effizienz (Steuerung durch quantitative Vorgaben)		▪ Agilität und Geschwindigkeit
Weitere Funktionen	⟷	**Weitere Funktionen**
▪ Inkrementelle oder vorhersehbare Änderungen		▪ Konstante Innovationen ▪ Führungsentwicklung
Maßnahmen durch Managementinstrumente	⟷	**Acht Beschleuniger**
▪ Zielvorgaben ▪ Stellenbeschreibung ▪ Kompensation ▪ Metriken ▪ Problemlösung		▪ Gefühl der Dringlichkeit ▪ Lenkende Vereinigung ▪ Strategische Visionen und Initiativen ▪ Freiwillige Mitarbeiter ▪ Abbau von Barrieren ▪ Etappensiege darstellen ▪ Anhaltende Beschleunigung ▪ Veränderung als andauernder Prozess

Abbildung 3-9: Dual Operating System nach KOTTER[354]

Ziel des dualen Systems ist die **simultane Ausrichtung auf die komplementären Zielgrößen Stabilität und Variabilität**. Durch die monotone organisatorische Ausrichtung der Segmente entfallen Zielkonflikte der Zielgrößen Effizienz und Flexibilität. Für die Umsetzung des dualen Systems schlägt KOTTER **fünf Grundprinzipien** vor. Das erste Prinzip besteht darin, dass Veränderungen bereichsübergreifend von einer Vielzahl an Mitarbeitern vorangetrieben werden, statt von einer kleinen Projektgruppe. In diesem Zusammenhang soll nach KOTTER durch das zweite Prinzip eine Haltung des Wollens, nicht des Müssens, angestrebt werden. Das dritte Grundprinzip strebt an, involvierte Mitarbeiter nicht ausschließlich durch Logik, sondern vielmehr durch die Schaffung einer Passion für eine Idee zu motivieren. Das vierte Prinzip beschreibt eine mitarbeiterorientierte Führung, anstelle eines hierarchisch orientierten Managements. Das fünfte Grundprinzip beinhaltet die Förderung der Kollaboration der zwei Segmente.[355] In diesem Zusammenhang ist neben einem konstanten Informationsfluss und einer ständigen Zusammenarbeit vor allem ein auf Freiwilligkeit basierender Austausch von Mitarbeitern hervorzuheben (s. Abbildung 3-9).[356] Neben den fünf Grundprinzipien schlägt KOTTER zusätzlich systemspezifische

[354] Vgl. Kotter (2014), Accelerate, S. 37
[355] Vgl. Kotter (2014), Accelerate, S. 20ff.
[356] Vgl. Kotter (2014), Accelerate, S. 20ff.

Instrumente vor. Für die primäre Aufbauorganisation handelt es sich um **klassische Managementinstrumente** (s. Abbildung 3-9). Für die agile Sekundärstruktur sieht KOTTER **acht Beschleuniger** (Original: „Accelerators“) vor, die als Führungs- und Anreizmechanismen der agilen Sekundärstruktur aufgefasst werden können: Sorge für ein Gefühl der Dringlichkeit, bilde eine lenkende Vereinigung, leite strategische Visionen und Initiativen ab, rekrutiere Freiwillige, baue Barrieren ab, stelle Etappensiege dar, erhalte die Beschleunigung aufrecht und etabliere Veränderung als dauerhaftes Phänomen.[357] Durch die Anwendung der fünf Grundprinzipien sowie der acht Beschleuniger lässt sich nach KOTTER die Widersprüchlichkeit der stabilen Ausrichtung der Primär-Aufbauorganisation sowie der variablen Ausrichtung der agilen Sekundärstruktur innerbetrieblich minimieren.

Das *Dual Operating System* nach KOTTER fokussiert die Vorstellung des Zielbildes einer dual-strukturierten Organisation. Es werden grundlegende Gestaltungsprinzipien sowie -dimensionen vorgeschlagen und durch Praxisbeispiele dargestellt. Durch die Beschreibung der Beschleuniger liegt auch eine methodische Organisationsgestaltung mit einer zeitlichen Abfolge vor. Allerdings ist die Beschreibung der Schritte zu unkonkret. Der Ansatz ist industrieübergreifend formuliert und eher auf große Unternehmen ausgerichtet, wodurch die Übertragbarkeit auf den Werkzeugbau stark eingeschränkt wird. Der Ansatz unterstützt sowohl die Entwicklung einer ausgeprägten organisationalen Stabilität als auch die einer organisationalen Variabilität. Dabei wird der Zielkonflikt der zwei Zieldimensionen durch konkrete Ansatzpunkte im Sinne einer strukturellen Ambidextrie minimiert. Der Ansatz ist allgemein verfasst, eine Adaption auf unternehmensspezifische Rahmenbedingungen fällt schwer. Während einige Gestaltungsdimensionen der Organisationsarchitektur sowie befähigenden Faktoren umschrieben werden, liegen keine konkreten Anpassungsvorschläge vor. Aus den vorausgehend aufgeführten Gründen eignet sich der Ansatz nicht zur Gestaltung einer ambidextren Organisationsarchitektur im Werkzeugbau.

3.2.9 Das Ambidextrous Corporate Venturing-Modell nach GOLD

Das *Ambidextrous Corporate Venturing-Modell* (ACV-Modell) nach GOLD unterstützt Unternehmen bei der erfolgreichen Adressierung der Zieldimensionen Exploration und Exploitation durch die Integration **dezentraler, innovativer Unternehmenseinheiten**.

[357] Für eine detaillierte Beschreibung der Beschleuniger: Vgl. Kotter (2014), Accelerate, S. 27f.

Das Modell basiert auf dem Spin-Along-Ansatz[358], bei dem die Bildung **dezentraler Unternehmenseinheiten** („Venture Units"), die die Innovationsaktivitäten des Mutterunternehmens unterstützen, fokussiert wird (s. Abbildung 3-10). Diese Unternehmenseinheiten werden gegründet bzw. aus dem Mutterunternehmen ausgegliedert. Anschließend stehen die Unternehmenseinheiten im Austausch mit dem Mutterunternehmen und werden von diesem kontrolliert, während sie weitgehend selbstständig explorativen Aktivitäten nachgehen. Die Unternehmenseinheiten werden wiederum in das Mutterunternehmen integriert, wodurch ein **externer** und ein **interner Innovationsprozess** optimal kombiniert werden.[359]

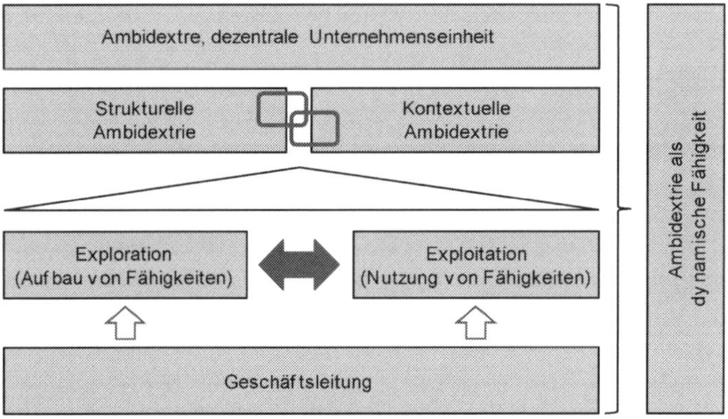

Abbildung 3-10: Das ACV-Modell nach GOLD[360]

Ziel des Ansatzes ist es, Unternehmen bei ihren Innovationsprozessen zu unterstützen, indem das „Innovator's Dilemma" aufgelöst wird.[361] Hierzu wurde das ACV-Modell entwickelt, das aus fünf zentralen Elementen besteht: [362]

- Das Anstreben einer fundamentalen Ambidextrie mit dem Fokus auf **dezentrale Unternehmenseinheiten**
- Die Umsetzung der **strukturellen und kontextuellen Ambidextrie** durch die (temporäre) Ausgliederung weitgehend unabhängiger Unternehmenseinheiten mit Explorationsfokus

---

[358] Vgl. Michl et al. (2012), Ambidextrous Corporate Venturing Management, S. 39f.
[359] Vgl. Gold (2018), Ambidextrous organization, S. 31f.
[360] Vgl. Gold (2018), Ambidextrous organization, S. 35
[361] Vgl. Gold (2018), Ambidextrous organization, S. 40
[362] Vgl. Gold (2018), Ambidextrous organization, S. 39

- Schaffung einer unternehmensspezifischen Balance zwischen der **explorationsfördernden Distanz** und der **exploitationsfördernden Nähe** zwischen den dezentralen Einheiten und dem Mutterunternehmen
- Anpassung der **Rolle der Geschäftsleitung** hinsichtlich der Bedeutung der Adressierung von strategischen Widersprüchen
- Wahrnehmung der **Ambidextrie als dynamische Fähigkeit**, die die zukünftige Wettbewerbsfähigkeit des Unternehmens sicherstellt

Im Unterschied zu anderen Ansätzen[363] weist das betrachtete Konzept die Besonderheit auf, dass die dezentralen Unternehmenseinheiten zwar hauptsächlich auf die Exploration ausgerichtet sind, jedoch ebenfalls die Exploitation umsetzen können. Somit handelt es sich um eine Kombination aus einer strukturellen und einer kontextuellen Ambidextrie.[364]

Das *ACV-Modell* nach GOLD fokussiert einen abstrakten konzeptuellen Rahmen für die simultane Umsetzung von Exploration und Exploitation in einem Unternehmen. Der Ansatz lässt realistische Annahmen erkennen und weist wenige Umsetzungsbeispiele aus der unternehmerischen Praxis auf. Im Fokus des Ansatzes stehen Dienstleistungsunternehmen. Eine Übertragung auf die produzierende Industrie und auf den Werkzeugbau im Besonderen ist nur bedingt möglich. Der Ansatz unterstützt dabei die simultane Adressierung der Zieldimensionen Stabilität und Variabilität im Sinne einer strukturellen sowie kontextuellen Ambidextrie. Die Eignung für Unternehmen in der Praxis wird durch den hohen Abstraktionsgrad eingeschränkt. Dabei werden wesentliche organisatorische Gestaltungsdimensionen sowie befähigende Faktoren nicht betrachtet. Zusätzlich werden die unternehmensspezifischen Rahmenbedingungen ebenfalls nicht berücksichtigt. Aus den vorausgehend aufgeführten Gründen eignet sich der Ansatz nicht zur Gestaltung einer ambidextren Organisationsarchitektur im Werkzeugbau.

3.2.10 Ansatz der beidhändigen Führung nach DUWE

Der *Ansatz der beidhändigen Führung* nach DUWE unterstützt branchenübergreifend **Führungskräfte** bei der simultanen Umsetzung von Exploitation und Exploration durch die Gestaltung eines strukturellen Ökosystems (s. Abbildung 3-11).[365]

Aufbauend auf der Nutzung bestehender Konzepte der zeitlichen, strukturellen und kontextuellen Ambidextrie wird die tägliche **Kommunikation von Füh-**

---

[363] Vgl. Rohrbeck et al. (2009), Open Innovation Ecosystem, S. 423f.
[364] Vgl. Gold (2018), Ambidextrous organization, S. 35f.
[365] Vgl. Duwe (2018), Beidhändige Führung, S. 8; vgl. Duwe (2018), Beidhändige Führung, S. 71

rungskräften als wichtigstes Instrument benannt, um die simultane Umsetzung von Exploitation und Exploration zu vereinbaren. Zusätzlich wird eine durch Experimentiergeist sowie Risikofreude und -bereitschaft geprägte Unternehmenskultur angestrebt.[366]

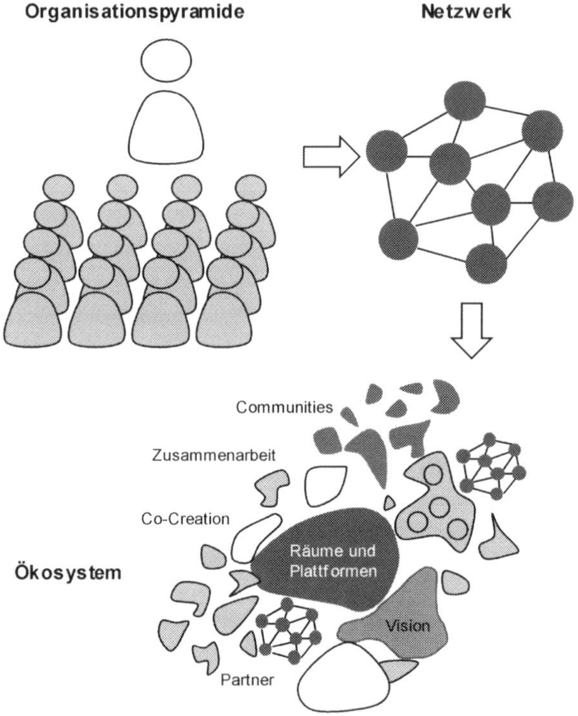

Abbildung 3-11: Paradigmenwechsel von der Organisationspyramide über das Netzwerk zum Ökosystem nach DUWE[367]

Ziel des Ansatzes ist es, durch Anpassung der Kommunikationsabläufe die Koexistenz einer stabilen und einer variablen Ausrichtung im Unternehmen zu gewährleisten. Ausgangspunkt ist die feste Wahrnehmung der Bedeutung der anzustrebenden Ambidextrie als zentrale Führungskompetenz. Um eine symbiotische Koexistenz von Exploration und Exploitation zu ermöglichen, wird von DUWE eine „Cross-over-Kompetenz" der Führungskräfte gefordert, die diesen ermöglicht, situationsabhängig den beiden Ausrichtungen mit den passenden

[366] Vgl. Duwe (2018), Beidhändige Führung, S. 183f.
[367] Vgl. Duwe (2018), Beidhändige Führung, S. 71

Handlungsstrategien zu begegnen.[368] Diese Handlungsstrategien sollen auftretende Spannungen bzw. Widersprüchlichkeiten adressieren.[369] Die hierfür notwendigen Freiräume erfordern Anpassungen der Organisationsstruktur. Ausgehend von der klassischen Organisationspyramide sowie einer netzwerkartigen Zusammenarbeit soll ein strukturelles **Ökosystem** geschaffen werden, in dem situationsspezifisch zwischen unterschiedlichen Arten der Zusammenarbeit entschieden werden kann (s. Abbildung 3-11). Es kommt zu einer dynamischen Verlagerung der Entscheidungsprozesse von einzelnen Funktionen hin zu einer kommunikativen Interaktion in Teams, die von den Führungskräften herbeigeführt und orchestriert werden muss.[370] Ausgehend von Handlungsmustern aus der Praxis identifiziert DUWE sieben Schritte des Ökosystem-Managements:[371]

1. Vermittlung einer überzeugenden **geschäftsmodell-orientierten Vision**
2. Identifizierung/Lancierung **strategischer Handlungsfelder** des Ökosytem
3. Aufbau **offener Netzwerke**
4. Ermöglichung von **Selbstorganisation in Teams**
5. Schaffung **lebendiger Kommunikationsplattformen**
6. Implementierung eines **agilen Betriebssystems**
7. Gewinnung von **Förderern** und **Mentoren**

Die dargestellten Schritte stellen einen **iterativen, adaptiven Prozess** dar. Dieser ermöglicht es den Führungskräften, ein Ökosystem zu gestalten und auf stetig wechselnde Anforderungen zu reagieren.[372]

Im Fokus des *Ansatzes der beidhändigen Führung* nach DUWE steht die Veränderung der Kommunikationsprozesse zur Unterstützung der simultanen Umsetzung von Exploration und Exploitation in einem Unternehmen. Der Ansatz ist geprägt von relevanten Umsetzungsbeispielen aus der unternehmerischen Praxis. Eine Übertragung auf die produzierende Industrie und auf den Werkzeugbau ist trotzdem nur eingeschränkt möglich. Der Ansatz beinhaltet die simultane Adressierung der Zieldimensionen Stabilität und Variabilität durch eine Kombination von zeitlicher, struktureller und kontextueller Ambidextrie. Die Eignung für Unternehmen in der Praxis wird durch den hohen Abstraktionsgrad eingeschränkt. Bei der Gestaltung wesentlicher organisatorischer Gestaltungsdimensionen sowie befähigender Faktoren werden vor allem die Führungs- und

---

[368] Vgl. Duwe (2018), Beidhändige Führung, S. 183f.
[369] Vgl. Duwe (2018), Beidhändige Führung, S. 187f.
[370] Vgl. Duwe (2018), Beidhändige Führung, S. 185ff.
[371] Vgl. Duwe (2018), Beidhändige Führung, S. 79f.
[372] Vgl. Duwe (2018), Beidhändige Führung, S. 80

Anreizstruktur einerseits sowie die Informationsprozesse andererseits betrachtet. Eine Berücksichtigung unternehmensspezifischer Rahmenbedingungen liegt nicht in ausreichender Form vor. Durch die aufgeführten Gründe eignet sich der Ansatz nicht zur Gestaltung einer ambidextren Organisationsarchitektur im Werkzeugbau.

3.3 Bewertung der bestehenden Ansätze

Nach der Vorstellung und Analyse relevanter Ansätze aus der wissenschaftlichen Literatur werden diese nachfolgend zusammenfassend bewertet. Dazu werden die in Kapitel 3.1.2 definierten Anforderungen an eine Methodik zur Gestaltung einer ambidextren Organisationsarchitektur im industriellen Werkzeugbau genutzt. Abbildung 3-12 stellt das Ergebnis der Bewertung in aggregierter Form dar.

Die Bewertung der **allgemeinen Anforderungen** berücksichtigt die Anforderungen an Konkretheit und Praktikabilität. Die meisten der untersuchten Ansätze weisen eine moderate bis geringe Konkretheit auf, da sie keine konkreten Gestaltungsmaßnahmen enthalten. Lediglich die Ansätze nach KLOTZBACH, HENSEN und ADLER ET AL. weisen eine hohe Konkretheit auf. Die Praktikabilität der meisten Ansätze fällt gering aus, da sie einen geringen Praxisbezug aufweisen. Insbesondere die Komplexität der Ansätze sowie eine fehlende Handhabbarkeit sind die Gründe für eine niedrige Praktikabilität. Dies trifft jedoch nicht auf die Ansätze nach KLOTZBACH und DOHMS zu, die sehr gut in der Praxis anwendbar sind. Diese Ansätze weisen eine klare Struktur auf und können situativ an den individuellen Anwendungsfall angepasst werden.

Die Bewertung der **werkzeugbauspezifischen Anforderungen** referenziert auf die Erfüllung der Anforderungen in Bezug auf die Unikat- und Kleinserienfertigung sowie den Branchenbezug. Diese Anforderungen werden von den Ansätzen nach SPENNEMANN, KLOTZBACH und HENSEN vollumfänglich erfüllt, da diese speziell für die Branche Werkzeugbau entwickelt wurden. Demnach zielen diese Ansätze auf die Unikat- und Kleinstserienfertigung ab. Folglich erfüllen sie die hiermit verbundenen Anforderungen im hohen Maße, während die anderen Ansätze eine niedrige Ausprägung aufweisen. Dies ist vor allem auf eine Fokussierung der Serienfertigung zurückzuführen, wodurch ebenfalls die Eignung der Ansätze für die Unternehmen der Branche Werkzeugbau stark eingeschränkt wird. So können die Inhalte der meisten Ansätze nicht direkt auf den Werkzeugbau übertragen werden und bieten allenfalls Hilfestellungen in einzelnen Bereichen der Organisationsgestaltung.

Die Bewertung der **zielbezogenen Anforderungen** basiert auf den Anforderungen hinsichtlich der Stabilität, der Variabilität und der Ambidextrie. Dabei wird weitgehend die Entwicklung organisationaler Stabilität unterstützt, jedoch häufig nicht explizit adressiert. Die Erhöhung der Variabilität wird ebenfalls von den meisten der betrachteten Ansätze unterstützt. Hingegen weisen die Ansätze nach SPENNEMANN und KLOTZBACH eine geringe Ausprägung dieser Anforderung auf, da sich diese Ansätze auf die Erhöhung der Stabilität fokussieren. Die Minimierung des Zielkonflikts zwischen Stabilität und Variabilität unterstützen die Ansätze nach KLOTZBACH, ŌNO und DOHMS lediglich in geringem Maße, die Ansätze nach SPENNEMANN und HENSEN gar nicht. Hingegen fokussieren die Ansätze nach ADLER ET AL., WOLLERSHEIM und KOTTER die Minimierung dieses Zielkonflikts im Sinne einer ambidextrischen Gestaltung. Die Ansätze nach GOLD und DUWE dienen speziell der Minimierung des Konflikts zwischen organisationaler Stabilität und Variabilität.

Die Bewertung der **organisationstheoretischen Anforderungen** geschieht anhand der Anforderungen an die Unternehmensrahmenbedingungen, die Organisationsarchitektur und die befähigenden Faktoren. Die Unternehmensrahmenbedingungen werden lediglich von den Ansätzen nach SPENNEMANN, KLOTZBACH, HENSEN und DOHMS im hohen Maße berücksichtigt. Die meisten der betrachteten Ansätze weisen keinerlei Anhaltspunkt hinsichtlich der Berücksichtigung unternehmensspezifischer Gegebenheiten auf. Dies trifft insbesondere auf die Ansätze nach GOLD und DUWE zu. Hinsichtlich der Organisationsarchitektur ist festzustellen, dass die Mehrheit der Ansätze eine niedrige Bewertung erreichen. Dies liegt vor allem daran, dass sich die Betrachtung der Ansätze auf einzelne Komponenten der Organisationsarchitektur beschränkt. Meist steht die Gestaltung der Organisationsstruktur im Vordergrund, während die Anreizstruktur vernachlässigt wird. Dabei variieren die Gestaltungsdimensionen der einzelnen Ansätze stark. Während SPENNEMANN, DOHMS, ŌNO und KOTTER vor allem aufbauorganisatorische Maßnahmen darstellen, thematisieren KLOTZBACH, GOLD und DUWE hauptsächlich ablauforganisatorische Initiativen. Hinsichtlich der befähigenden Faktoren werden die Anforderungen ebenfalls nur in geringem Maße erfüllt. Wesentliche Wechsel-Wirkungs-Beziehungen zwischen den Gestaltungsdimensionen der Organisationsarchitektur und den befähigenden Faktoren werden nicht oder nur in geringem Maße berücksichtigt. Auffällig ist zudem die Beschränkung auf nur einzelne befähigende Faktoren, bspw. im Ansatz nach ŌNO oder GOLD.

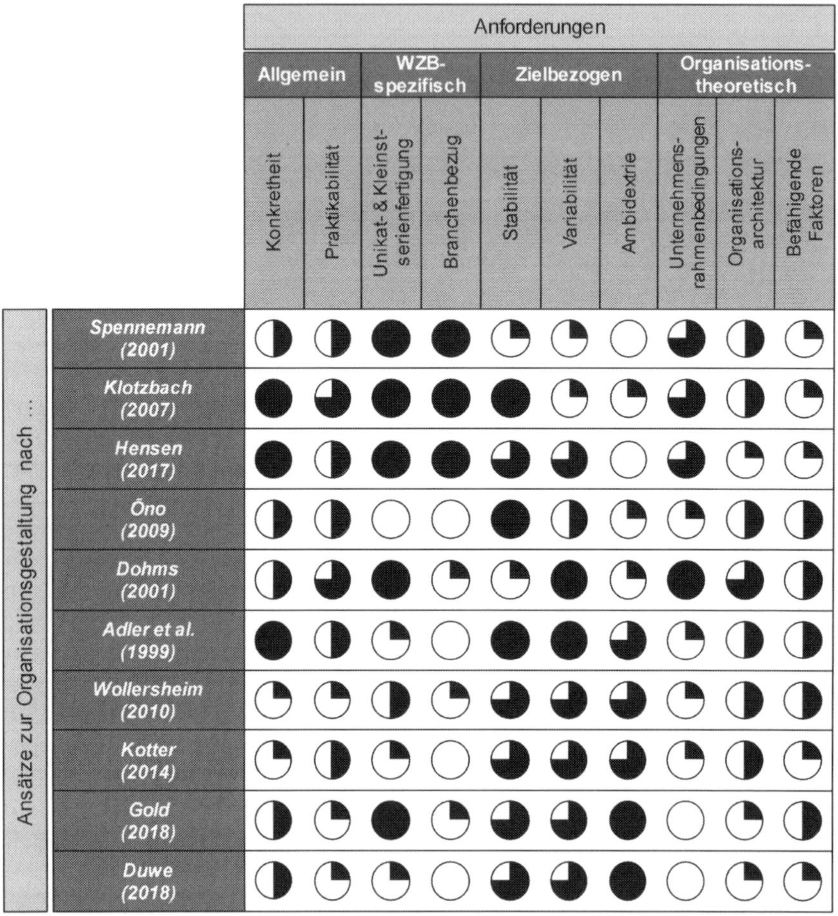

Abbildung 3-12: Aggregierte Bewertung der vorgestellten bestehenden Ansätze

Abschließend ist festzustellen, dass sich fünf systematische Defizite der bewerteten Ansätze identifizieren lassen. Diese Defizite stellen dar, warum die definierten Anforderungen an die Gestaltung einer ambidextren Organisationsarchitektur im industriellen Werkzeugbau nicht ausreichend erfüllt werden:

- **Wesentliche Gestaltungsdimensionen der Organisationsarchitektur** werden nur unzureichend und nicht unter der Berücksichtigung der befähigenden Faktoren ausgelegt
- Die simultane Adressierung der Zieldimensionen **Stabilität** und **Variabilität** durch Ambidextrie wird in den Ansätzen nur ansatzweise thematisiert

- Eine Anwendbarkeit in der **Branche Werkzeugbau** ist nicht gegeben
- Die **Konkretisierung organisatorischer Maßnahmen** findet nur unzureichend statt
- **Unternehmensspezifische Rahmenbedingungen** werden nicht in ausreichendem Maße berücksichtigt

3.4 Handlungsbedarf aus der Theorie

Der in Kapitel 2.4 aufgezeigte Handlungsbedarf aus der Praxis führte zu der Forderung nach einer systematischen Vorgehensweise zur Organisationsgestaltung im industriellen Werkzeugbau. Eine derartige Vorgehensweise soll Werkzeugbaubetriebe in die Lage versetzen, ihre Organisationsarchitektur so zu gestalten, dass sie unternehmensoptimal die simultane Ausrichtung auf Stabilität und Variabilität unterstützt. Ausgehend von dem Praxisdefizit wurden zehn Anforderungen an eine Methodik zur Gestaltung einer ambidextren Organisationsarchitektur im industriellen Werkzeugbau definiert. Die Anforderungen wurden anschließend für die Bewertung relevanter organisationstheoretischer Ansätze aus der wissenschaftlichen Literatur genutzt.

Die Analyse der Ansätze hat verdeutlicht, dass in der wissenschaftlichen Literatur eine Vielzahl verschiedener Konzepte für die Gestaltung einer ambidextren Organisation existieren. Die Ansätze unterscheiden sich jedoch alle hinsichtlich ihres Fokus, wodurch sie die definierten Anforderungen in unterschiedlicher Weise erfüllen. In diesem Zusammenhang konnten fünf systematische Defizite (vgl. Kapitel 3.3) identifiziert werden, die eine Eignung der Ansätze für den Anwendungsfall Werkzeugbau einschränken.

Wesentliche Gestaltungsdimensionen zur Anpassung der Organisation werden durch die Ansätze sofern vorhanden häufig nur indirekt thematisiert. Zusätzlich werden Wechselwirkungen zwischen den Gestaltungsdimensionen sowie die Notwendigkeit der Anpassung befähigender Faktoren kaum betrachtet. Die Ansätze weisen unterschiedliche Ambidextrietypen auf, deren Auswirkungen auf die Organisationsarchitektur in den Unternehmen nicht ganzheitlich betrachtet wird. Wesentliche Kriterien für die unternehmensspezifische Auswahl der Ambidextrietypen sind in keinem der betrachteten Ansätze vorhanden.[373] Ferner ist nicht zu erkennen, wie die wesentlichen Gestaltungsdimensionen für einzelne Ambidextrietypen unternehmensspezifisch effizient und effektiv zu gestalten sind.

---

[373] Durch die Ansätze wird höchstens eine grobe Assoziation zwischen Unternehmensgröße und Ambidextrietyp vorgenommen. Vgl. hierzu bspw. Gold (2018), Ambidextrous organization, S. 31f.

Die Bewertung der bestehenden Ansätze aus der wissenschaftlichen Literatur hat gezeigt, dass keiner der betrachteten Ansätze zur Gestaltung einer ambidextren Organisationsarchitektur im Werkzeugbau die zuvor definierten Anforderungen vollständig erfüllt. **Somit besteht Handlungsbedarf aus der Theorie.**

3.5 Konkretisierung der Forschungsfrage

In den Kapiteln 2.4 sowie 3.4 wurden die Handlungsbedarfe aus der Praxis und der Theorie im Rahmen der Themenstellung „Organisationsgestaltung im industriellen Werkzeugbau" aufgezeigt. Auf Grundlage der Handlungsbedarfe kann der in der Zielsetzung dargestellte Forschungsbedarf begründet und im Folgenden die in Kapitel 1.2 vorgestellte zentrale Forschungsfrage durch weitere Fragen ergänzt werden. Die zentrale Forschungsfrage lautet:

Wie lässt sich eine Organisationsarchitektur im Werkzeugbau so gestalten, dass Stabilität und Variabilität unternehmensoptimal verbunden werden?

Die abzuleitenden **weiteren Fragen** unterstützen die Beantwortung der übergeordneten Forschungsfrage.[374] Der Fokus auf der Gestaltung der Aufbauorganisation im Werkzeugbau zur simultanen Ausrichtung auf Stabilität und Variabilität resultiert in der Frage:

„Welche strukturellen Elemente der Organisation sind zu adressieren, um die Stabilität und die Variabilität zu fördern?"

Um eine ambidextre Organisationsarchitektur gestalten zu können, muss die Frage beantwortet werden:

„Welche Ambidextrietypen der Organisationsgestaltung existieren im Werkzeugbau, die eine optimale Verbindung von Stabilität und Variabilität erlauben?"

Die Berücksichtigung der Unternehmensrahmenbedingungen bei der ambidextren Gestaltung der Organisationsarchitektur führt zu der Frage:

„Wie lassen sich die optimalen Ambidextrietypen für einen Werkzeugbaubetrieb identifizieren?"

Bei der Ausgestaltung der Elemente der Organisationsarchitektur muss ebenfalls die folgende Frage beantwortet werden:

„Wie sind die Ambidextrietypen im Hinblick auf die Organisationsarchitektur unternehmensspezifisch auszugestalten?"

---

[374] Vgl. Kubicek (1977), Heuristischer Bezugsrahmen, S. 17ff.

Um eine hohe Praktikabilität der Methodik für die Branche Werkzeugbau sicherzustellen, ist die folgende Frage zu beantworten:

„Wie kann ein hohes Nutzen-Aufwand-Verhältnis der Methodik zur Gestaltung einer ambidextren Organisationsarchitektur sichergestellt werden?“

Im Zuge der folgenden Konzeption der Methodik zur Gestaltung einer ambidextren Organisationsarchitektur im industriellen Werkzeugbau sollen die aufgezeigten Fragestellungen berücksichtigt und beantwortet werden.

4 Konzeption einer Methodik

Durch die Vorstellung und Bewertung bestehender Ansätze der Organisationsgestaltung wurde in Kapitel 3 aufgezeigt, dass keiner der existierenden Lösungsansätze die definierten Anforderungen zur Gestaltung einer ambidextren Organisationsarchitektur im industriellen Werkzeugbau hinreichend erfüllt. Auf Grundlage des dargestellten Handlungsbedarfs aus der Praxis (vgl. Kapitel 2.4) sowie des Handlungsbedarfs aus der Theorie (vgl. Kapitel 3.4) wird daher nachfolgend eine Methodik konzipiert, die die **Forschungsfragen beantwortet** (vgl. Kapitel 3.5) und zusätzlich die **festgelegten Anforderungen** (vgl. Kapitel 3.1.2) in vollem Umfang erfüllt.

Nachfolgend werden zunächst die Grundlagen der Systemtechnik und der Modellierung zur Entwicklung einer Methodik vorgestellt (vgl. Kapitel 4.1). Anschließend wird ein geeigneter Ordnungsrahmen abgeleitet, der die systematische Strukturierung der relevanten Sachverhalte ermöglicht (vgl. Kapitel 4.2). Der Ordnungsrahmen unterstützt die Konzeption der Methodik, die den zentralen Inhalt des Kapitels darstellt (vgl. Kapitel 4.3). Die Methodikbausteine werden anschließend in Kapitel 5 detailliert.

4.1 Grundlagen der Systemtechnik und der Modellierung

Der vorliegenden Arbeit liegt das Verständnis einer Methodik als System von definierten Modellen, Methoden und Hilfsmitteln zugrunde.[375] Systemtechnik und Modellierung haben sich in wissenschaftlichen Auseinandersetzungen als Lösungsansätze komplexer Problemstellungen etabliert und sollen folglich in der zu entwickelnden Methodik angewendet werden.[376]

4.1.1 Systemtechnik

Im folgenden Kapitel wird zunächst der Systembegriff eingefürt, bevor anschließend die Grundlagen der Systemtechnik erläutert werden.

[375] Vgl. Neuhausen (2002), Modulare Produktionssysteme, S. 6
[376] Vgl. Neemann (2007), Produktimitationen, S. 32

System

Die Systemtechnik stellt Beschreibungsmodelle, Ansätze und Vorgehensweisen bereit, die bei der **Bearbeitung komplexer Problemstellungen** innerhalb von Systemen verwendet werden.[377] In der Systemtheorie wird ein System als Gesamtheit verschiedener Elemente verstanden. Diese Elemente weisen eine wechselseitige, beeinflussbare und zeitlich variable Beziehung zueinander auf.[378] Sofern diese Beziehungen nur innerhalb des Systems beobachtbar sind, wird von geschlossenen Systemen gesprochen. Offene Systeme schließen hingegen ebenfalls Beziehungen zu Elementen der Umwelt ein. Innerhalb eines Systems sind die Beziehungen stärker ausgeprägt als die Beziehungen, die über die Segmentgrenzen hinausgehen.[379] Ein System kann Subsysteme aufweisen, aber auch selbst Bestandteil eines übergeordneten Systems sein. Die kleinste Einheit eines Systems wird als Systemelement bezeichnet.[380] Abbildung 4-1 stellt Struktur und Elemente von Systemen zusammenfassend dar.

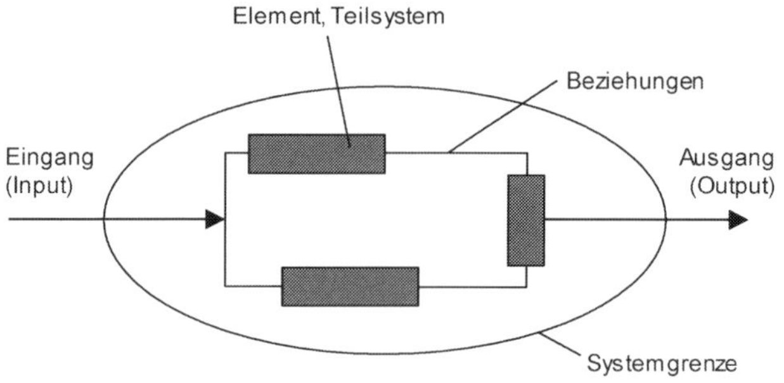

Abbildung 4-1: Struktur und Elemente eines Systems[381]

Grundlagen der Systemtechnik

Neben den vorausgehend beschriebenen Grundlagen der Systemtechnik legen HABERFELLNER & DE WECK der Systemtechnik vier Vorgehensprinzipien des Systemdenkens zugrunde:[382]

- Das **Vorgehensprinzip vom Groben zum Detail** beschreibt die schrittweise Eingrenzung und Konkretisierung des Problemfeldes. Auf diese

[377] Vgl. Patzak (1982), Systemtechnik, S. 15
[378] Vgl. Bruns (1991), Systemtechnik, S. 31
[379] Vgl. Haberfellner et al. (2002), Systems engineering, S. 6
[380] Vgl. Ulrich (1968), Unternehmung, S. 107f.
[381] Vgl. Paulukuhn (2005), Typologisierung von Entwicklungsprojekten, S. 84; vgl. Haberfellner et al. (2002), Systems engineering, S. 5
[382] Vgl. Haberfellner/Weck (2012), Systems Engineering, S. 58ff.

Weise soll vermieden werden, dass einzelne Systemelemente zu detailliert bzw. zu frühzeitig betrachtet werden.

- Das **Vorgehensprinzip der Variantenbildung** legt fest, dass Lösungsansätze für ein Problem erst identifiziert und strukturiert werden, bevor die Menge an alternativen Lösungsansätzen schrittweise reduziert wird.
- Das **Vorgehensprinzip der Gliederung in Projektphasen** sieht vor, den Lösungsweg in logisch abgrenzende und zeitlich handhabbare Schritte zu separieren.
- Das **Vorgehensprinzip des Problemlösungsprozesses** beschreibt ein schematisches, problemneutrales Vorgehen zur Behandlung von Problemstellungen. Ausgehend von der Zielsuche umfasst das Vorgehen eine Lösungssuche bis hin zur Lösungsauswahl.

Die Nutzung der vorausgehend beschriebenen Prinzipien der Systemtechnik ermöglicht die Übertragung ingenieurwissenschaftlicher Methoden auf benachbarte Fachgebiete und umgekehrt.[383] Die Systemtechnik stellt somit eine Grundlage für die interdisziplinäre Problemlösung dar. Zusätzlich schafft die Systemtechnik durch ihren Abstraktionsgrad die Grundlage für die Konzeptionierung und Detaillierung einer Methodik.[384]

4.1.2 Modelltheorie

Im folgenden Kapitel werden, ausgehend von der Einführung des Begriffs Modell, die Grundsätze ordnungsgemäßer Modellierung dargestellt.

Modellbegriff

Die Modelltheorie umfasst die Generierung, Pflege und Deutung von Modellen. Ein **Modell** (ital. modello = Form, Muster, Entwurf, Vorbild)[385] ist ein vereinfachtes, abstraktes Abbild eines realen Systems.[386] Das Modell kann sich auf einen Zustand in der Vergangenheit, in der Gegenwart oder in der Zukunft beziehen.[387] Es dient dem Zweck des Erkenntnisgewinns über Zusammenhänge der Realität sowie der Komplexitätsbeherrschung.[388] Nach STACHOWIAK lassen sich Modelle durch drei Merkmale charakterisieren:

- **Abbildungsmerkmal:** Modelle sind Abbilder von natürlichen oder künstlichen Originalen.

---

[383] Vgl. Bruns (1991), Systemtechnik, S. 1f.
[384] Vgl. Brandenburg (2002), Technologische Produktinnovationen, S. 38
[385] Vgl. Ludewig (2002), Modelle im Software Engineering, S. 8
[386] Vgl. Ludewig/Lichter (2013), Modelle im Software Engineering, S. 8
[387] Vgl. Patzak (1982), Systemtechnik, S. 307
[388] Vgl. Ludewig/Lichter (2013), Modelle im Software Engineering, S. 29f.

- **Verkürzungsmerkmal:** Modelle erfassen einzelne Aspekte des Originals, die für den Betrachtungskontext relevant sind. Irrelevante Aspekte werden vernachlässigt.
- **Pragmatisches Merkmal:** Modelle werden im Hinblick auf einen Verwendungszweck geschaffen.

In der wissenschaftlichen Literatur existiert eine Vielzahl unterschiedlicher Konzepte, durch die Modelle klassifiziert werden können.[389] Nachfolgend wird zwischen den vier grundlegenden Modelltypen Beschreibungsmodelle, Erklärungsmodelle, Gestaltungsmodelle und Meta-Modelle unterschieden (s. Abbildung 4-2). Für eine ausführliche Darstellung der einzelnen Modelltypen sei auf LEHNER verwiesen. Bei der Klassifizierung der einzelnen Modelltypen ist zu beachten, dass eine eindeutige Zuordnung nicht immer möglich ist.[390]

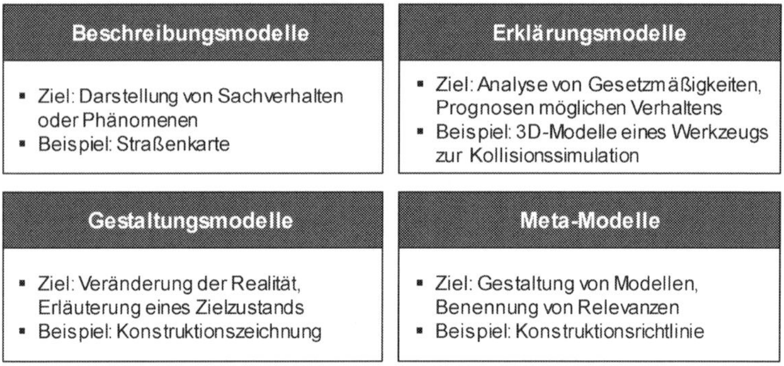

Abbildung 4-2: Grundlegende Modelltypen[391]

Grundsätze ordnungsgemäßer Modellierung

Die Erstellung von Modellen wird als **Modellierung** bezeichnet und sollte bestimmten Konventionen folgen. In diesem Zusammenhang bieten die Grundsätze ordnungsgemäßer Modellierung einen in der wissenschaftlichen Literatur verbreiteten Orientierungsrahmen.[392] Nach BECKER, PROBANDT ET AL. existieren die folgenden sechs Grundsätze:

---

[389] Vgl. Stachowiak (1973), Allgemeine Modelltheorie, S. 157ff.; vgl. Patzak (1982), Systemtechnik, S. 313ff.

[390] Vgl. Lehner (1995), Modelle und Modellierung, S. 63f.; LEHNER fasst Ansätze, die den vorgestellten Modelltypen nicht zugeordnet werden können, als separaten Typ „Sonstige Modelle" zusammen

[391] Vgl. Giehler (2010), Planungsproduktivität, S. 78

[392] Vgl. Becker et al. (2013), Prozessorientierte Organisationsgestaltung, S. 49f.; vgl. Becker et al. (2014), Modellierung, S. 31f.

- Der **Grundsatz der Richtigkeit** soll die semantische und syntaktische Richtigkeit des Modells sicherstellen.[393]
- Der **Grundsatz der Relevanz** fordert, alle relevanten Aspekte im Modell aufzunehmen und gleichzeitig sämtliche Aspekte nicht zu berücksichtigen, die ohne Verlust des Anwendernutzens außen vor gelassen werden können.[394]
- Ziel des **Grundsatzes der Wirtschaftlichkeit** ist ein angemessenes Kosten-Nutzen-Verhältnis der Modellierung.[395]
- Die Berücksichtigung des **Grundsatzes der Klarheit** stellt sicher, dass das Modell für den Anwender verständlich ist, indem es strukturiert, übersichtlich und intuitiv lesbar ist.[396]
- Durch den **Grundsatz der Vergleichbarkeit** wird eine modellübergreifend konforme Anwendung der Modellierungsempfehlungen ermöglicht.[397]
- Der **Grundsatz des systematischen Aufbaus** fordert definierte Schnittstellen zu korrespondierenden Modellen.[398]

4.1.3 Nutzung von System- und Modelltheorie zur Methodenentwicklung

Im Folgenden wird zunächst der Methodikbegriff eingeführt. Anschließend wird die Modelltheorie in einem anwendungsbezogenen Rahmen dargestellt.

Methodikbegriff

Die beschriebenen Grundlagen der System- und Modelltheorie ermöglichen, ein genaueres Verständnis des Methodikbegriffs zu erlangen. Nach dem dieser Arbeit zugrunde liegenden Verständnis ist eine **Methodik** ein Gebilde definierter Modelle, Methoden und Hilfsmittel (s. Abbildung 4-3).[399] Modelle dienen in diesem Verständnis der Abbildung der Realität. Sie bieten die Grundlage für die Entwicklung von Methoden. Methoden stellen Verfahren zur Erkenntnisgewinnung dar und können somit als Anwendung der Modelle aufgegriffen werden. Bei der Entwicklung von Modellen und Methoden wird auf verschiedene Hilfsmittel zurückgegriffen. Zu diesen zählen bspw. Matrizen und Berechnungsfor-

---

393 Vgl. Becker et al. (2014), Modellierung, S. 32f.
394 Vgl. Becker et al. (2014), Modellierung, S. 33f.
395 Vgl. Becker et al. (2014), Modellierung, S. 34f.
396 Vgl. Becker et al. (2014), Modellierung, S. 35f.
397 Vgl. Becker et al. (2014), Modellierung, S. 36
398 Vgl. Becker et al. (2014), Modellierung, S. 36
399 Vgl. Neuhausen (2002), Modulare Produktionssysteme, S. 6f.

meln, physische und digitale Prototypen sowie Kommunikationshilfsmittel und EDV-Werkzeuge.[400]

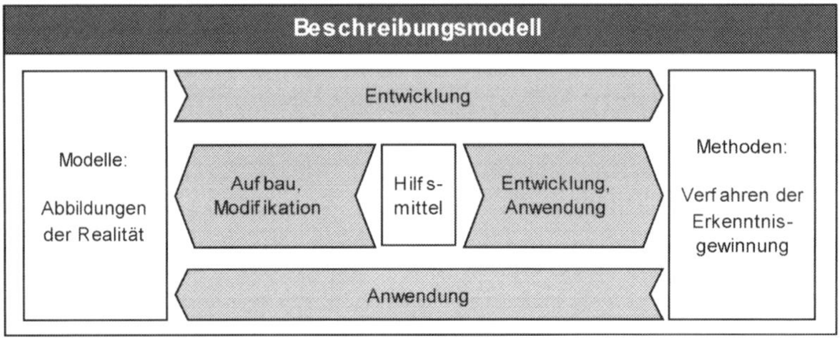

Abbildung 4-3: Methodik als Gebilde definierter Modelle, Methoden und Hilfsmittel[401]

Als **System** von Elementen erlaubt es eine Methodik, die Möglichkeiten der einzelnen Bestandteile auszuschöpfen und zu kombinieren.[402] Die Methodik greift dabei auf die vier Vorgehensprinzipien der Systemtechnik (vgl. Kapitel 4.1.1) zurück. So nutzt eine Methodik das Vorgehensprinzip vom Groben ins Detail, indem eine erste umfassende Betrachtung den Einbezug aller relevanten Aspekte sicherstellt, um anschließend eine zielgerichtete Detailbetrachtung durchzuführen. Das Vorgehensprinzip ermöglicht die Umsetzung einer Typologisierung innerhalb der Methodik und die darauffolgende typenabhängige Ableitung von Handlungsempfehlungen. Gemäß dem Vorgehensprinzip der Phasengliederung setzt sich ein System aus mehreren, abgeschlossenen Schritten mit festgelegter Schrittfolge zusammen. Das Vorgehensprinzip des Problemlösungsprozesses stellt die reproduzierbare Anwendung der einzelnen zu durchlaufenden Schritte sicher und ermöglicht damit die aufeinander abgestimmte Verwendung der Bestandteile der Methodik.

Modelltheorie

Die **Modelltheorie** ermöglicht, für konkrete Schritte der Methodik geeignete Modelle einzusetzen und hierdurch die Entwicklung der Methodik zu unterstützen. Werden komplexe soziotechnische Systeme wie Unternehmen betrachtet, sind zielgerichtete bzw. pragmatische Verkürzungen erforderlich. Derartige Verkürzungen ermöglichen die Fokussierung auf Aspekte bedeutender komplexer Sachverhalte.[403] Eine Methode beschreibt ein Verfahren, mit dem über-

[400] Vgl. Neuhausen (2002), Modulare Produktionssysteme, S. 7
[401] Vgl. Neuhausen (2002), Modulare Produktionssysteme, S. 7
[402] Vgl. Giehler (2010), Planungsproduktivität, S. 79
[403] Vgl. Bachthaler (2000), Systemtechnik, S. 24f.; vgl. Giehler (2010), Planungsproduktivität, S. 80

schaubare Aufgaben gelöst werden können[404] und das dem Erkenntnisgewinn dient.[405] Hilfsmittel werden zur Erstellung, zum Aufbau, zur Modifikation und zur Anwendung von Modellen und Methoden verwendet.[406]

Bedingt durch die vorausgehend dargestellten Eigenschaften der System- und Modelltheorie eignen diese sich für den Aufbau einer Methodik im Sinne des Forschungsziels der vorliegenden Arbeit. Aus diesem Grund werden sie in der Folge zur Konzeptionierung verwendet.

4.2 Ordnungsrahmen der Methodik

In der wissenschaftlichen Forschung hat es sich als sinnvoll erwiesen, für die Konzeption einer Methodik oder eines Systems einen geeigneten **Ordnungsrahmen** zu gestalten.[407] Auf diese Weise können einzelne Elemente in einem logischen Zusammenhang, bspw. in einer Reihe, einer Rangordnung oder einer Rangfolge angeordnet werden.[408] Der Ordnungsrahmen beschreibt Zusammenhänge auf einem hohen Abstraktionsgrad und wirkt sich strukturfördernd aus.

4.2.1 Auswahl eines geeigneten organisationstheoretischen Konzepts

Im Folgenden werden die Unterschiede verschiedener Organisationstheorien untersucht. Anschließend wird das leitende organisationstheoretische Konzept der vorliegenden Arbeit abgeleitet.

Unterschiede verschiedener Organisationstheorien

Organisationstheorien dienen allgemein dazu, den Zweck, das Entstehen, das Bestehen, den Wandel und die Funktionsweise von Organisationen zu verstehen bzw. zu erklären.[409] In der wissenschaftlichen Literatur existiert **keine Einigkeit** über den konkreten Gegenstand, das methodische Grundverständnis oder eine inhaltliche Perspektive der Organisationstheorie.[410] Die in der wissenschaftlichen Literatur existierenden Konzepte variieren insbesondere in Bezug auf den Fokus der Anwendung, die Annahmen zur Erklärung systemtechnischer bzw. verhaltenstechnischer Probleme, das zugrunde liegende

[404] Vgl. Teubner (1999), Organisationsgestaltung, S. 101
[405] Vgl. Neuhausen (2002), Modulare Produktionssysteme, S. 7
[406] Vgl. Hensen (2017), Strategische Auslegung, S. 104
[407] Vgl. Becker et al. (2013), Prozessorientierte Organisationsgestaltung, S. 86
[408] Vgl. Meise (2001), Prozessorientierte Organisationsgestaltung, S. 59ff.
[409] Vgl. Kieser/Ebers (2014), Organisationstheorien, S. 15
[410] Vgl. Schreyögg/Geiger (2016), Organisation, S. 437f.; vgl. Adam (op. 1990), Integration und Flexibilität, S. 184

Wertesystem, das methodische Vorgehen sowie den Praxisbezug. In Bezug auf die Gestaltung der formalen Struktur eines Unternehmens und der damit verbundenen Ausrichtung des Handelns und Verhaltens der Organisationsmitglieder auf die Ziele der Organisation kann eine Eingrenzung der in diesem Kontext relevanten Ansätze vorgenommen werden.

Nach KIESER UND EBERS zeichnet sich die Beziehung zwischen den verschiedenen Ansätzen grundsätzlich durch eine **Inkommensurabilität**[411] aus, wodurch eine eindeutige Auswahl eines Ansatzes gefordert wird.[412] Häufig lassen sich organisationstheoretische Ansätze jedoch nicht eindeutig einem Ansatz zuordnen. Dieses Inkommensurabilitätsproblem wird durch moderne Ansätze entschärft bzw. aufgelöst, indem die Anwendung der organisationsgestalterischen Lösungen in der betrieblichen Praxis als bindendes Element zwischen den Strömungen betrachtet wird.[413] Auf der Grundlage des Praxisproblems kann entschieden werden, inwiefern unterschiedliche wissenschaftliche Ansätze dem konkreten Problem gerecht werden.[414]

Leitendes organisationstheoretisches Konzept

Zielsetzung dieser Arbeit ist die unternehmensoptimale Gestaltung einer ambidextren Organisationsarchitektur im industriellen Werkzeugbau. Dabei steht das Zusammenwirken der unternehmensspezifischen, dynamischen Situation des Unternehmens einerseits und der Organisationsstrukturen andererseits im Fokus.[415] Für die Untersuchung von Situation-Struktur-Konstellationen im Kontext der Organisationsgestaltung wird in der Wissenschaft häufig auf den **situativen Ansatz** zurückgegriffen.[416] Dieser soll als leitendes organisationstheoretisches Konzept für die vorliegende Arbeit gewählt werden. Der Ansatz wurde maßgeblich durch die Arbeiten von KIESER UND KUBICEK geprägt.[417] Mit Auswahl des situativen Ansatzes wird ein Rahmen geschaffen, der den Anwender dabei unterstützt, eine unternehmensspezifische Lösung zu entwickeln. Entstanden aus der Kritik am Bürokratieansatz und an der klassischen Organisationslehre sind die Hauptaussagen des Ansatzes, dass keine allgemeingültigen Organisationsprinzipien existieren können, die für alle Organisationen gleichermaßen gelten. Stattdessen wird die Aufbauorgani-

---

[411] *Inkommensurabilität* bedeutet, dass Konzepte radikal verschieden sind, sich in einem Konkurrenz verhältnis zueinander befinden und dass kein objektiver Vergleichsmaßstab existiert; vgl. Kieser/Ebers (2014), Organisationstheorien, S. 34
[412] Vgl. Kieser/Ebers (2014), Organisationstheorien, S. 34
[413] Vgl. Kieser/Ebers (2014), Organisationstheorien, S. 34f.
[414] Vgl. Kieser/Ebers (2014), Organisationstheorien, S. 42
[415] Vgl. Kieser/Ebers (2014), Organisationstheorien, S. 215f.
[416] Vgl. Kieser (2006), Organisationstheorien, S. 22f.
[417] Vgl. Kieser (2006), Organisationstheorien, S. 22f.

sation maßgeblich von der Situation beeinflusst, in der sich ein Unternehmen befindet.[418]

In der vorliegenden Arbeit soll diesem Verständnis des **Konstruktivismus** entsprochen werden. So soll der situative Ansatz lediglich als Ausgangs- bzw. Orientierungspunkt ausgewählt werden. Dieser wird insbesondere von Inhalten der Human-Relations-Bewegung ergänzt, der genauso wie der situative Ansatz auf der Grundlage des Subjekt-Objekt-Modells basiert. Während z. B. die Bürokratietheorie, die verhaltenswissenschaftliche Entscheidungstheorie oder die neoinstitutionalistische Organisationstheorie die Erklärung oder das Verstehen formaler Organisationen anstreben, ist das primäre Ziel des Human-Relations-Ansatzes, als Teil des übergeordneten situativen Ansatzes, eine starke Gestaltungsorientierung.[419]

Während der vergangenen Jahrzehnte hat sich das Leitbild für die Gestaltung der betrieblichen Organisation gewandelt.[420] So rückte in der Organisationstheorie vor allem der **Mitarbeiter** ins Zentrum der Betrachtung. Resultierende motivationsorientierte Organisationsmodelle betonen zum einen stärker das Gesamtsystem als eine Art Großgruppe. Das bedeutet, dass Prinzipien der Zusammenarbeit innerhalb eines Teams auf die ganze Organisation ausgedehnt werden. Andererseits wird zunehmend die Selbstabstimmung zwischen den Mitarbeitern bei gleichzeitigem Rückbau formaler Regelungen angestrebt. Dabei sollen die individuellen Kompetenzen der Mitarbeiter die Strukturrationalität teilweise ersetzen.[421]

Im Fokus des situativen Ansatzes steht das Ziel, die **Wirkzusammenhänge** zwischen der Aufbauorganisation, dem Verhalten der Organisationsmitglieder, der Effizienz der Organisation und der unternehmensspezifischen Situation darzustellen. Das Forschungsprogramm des situativen Ansatzes wird durch zwei Grundthesen beschrieben:[422]

1. Verschiedene Ausprägungen struktureller Organisationsmerkmale und des Verhaltens der Organisationsmitglieder sind auf Unterschiede der **unternehmensspezifischen Situation** zurückzuführen.

2. Aufbauorganisationen und Verhaltensweisen unterscheiden sich in ihrer **Effizienz** in Abhängigkeit von der unternehmensspezifischen Situation.

---

[418] Vgl. Wunderlich (1998), Qualitätsorientierte Organisationsstrukturen, S. 51

[419] Vgl. Kieser/Walgenbach (2010), Organisation, S. 60

[420] Vgl. Schreyögg/Geiger (2016), Organisation, S. 437f.; vgl. Adam (1990), Integration und Flexibilität, S. 184

[421] Vgl. Schreyögg/Geiger (2016), Organisation, S. 164

[422] Vgl. Wunderlich (1998), Qualitätsorientierte Organisationsstrukturen, S. 52; vgl. Burton et al. (2011), Organizational Design, S. 11

Durch den situativen Ansatz werden somit keine generellen Organisationstypen festgelegt. Stattdessen werden die Aufbauorganisationen als Variablen mit unterschiedlichen Ausprägungen betrachtet. Statt einer einzigen Strukturform können prinzipielle Orientierungen im Sinne von Handlungsempfehlungen aufgezeigt werden, die die Entwicklung des Unternehmens determinieren.[423]

Für den situativen Ansatz können zwei unterschiedliche Perspektiven unterschieden werden. Während die **analytische Variante** ein theoretisches Wissenschaftsziel verfolgt, steht bei der **pragmatischen** oder **handlungsorientierten Perspektive** ein technologisches Wissenschaftsziel im Vordergrund. Im Rahmen der vorliegenden Arbeit wird letztere Perspektive gewählt, da die Formulierung von Gestaltungsmöglichkeiten bzw. -empfehlungen und deren Begründung im Vordergrund stehen sollen.[424]

Das übergeordnete Ziel der vorliegenden Arbeit ist die Erreichung von organisationaler Ambidextrie durch Anpassung der Organisationsarchitektur. Diese Anpassung muss unternehmensspezifisch erfolgen, da die genaue Ausprägung der ambidextren Organisationsarchitektur von den unternehmensindividuellen Rahmenbedingungen abhängt. Die Rahmenbedingungen sind gemäß dem situativen Ansatz veränderlich. Ausgehend von der Erfassung situativer Rahmenbedingungen müssen demnach **unternehmensindividuelle Anpassungen** an der Organisationsarchitektur abgeleitet werden. Diese Anpassungen dienen der Erlangung bzw. Aufrechterhaltung von organisationaler Ambidextrie.

Die Herausforderung besteht darin, dass das Verhalten der Organisationsmitglieder nur sehr eingeschränkt vorhergesehen werden kann (vgl. Kapitel 2.1.3). Wird die Organisationsarchitektur angepasst, kann die Wirkung dieser Anpassung ebenfalls nur abgeschätzt werden. Dies geht vor allem auf die Individualität der Organisationsmitglieder zurück sowie auf ihre Beeinflussung durch die situativen Rahmenbedingungen. Im Rahmen des situativen Ansatzes wird also die erwartete Wirkung organisatorischer Strukturmerkmale auf das Verhalten der Organisationsmitglieder als eine Kombination von Struktur- und Situationseffekten begriffen.[425]

4.2.2 Aufbau eines anwendungsbezogenen Unternehmensmodells

Ausgangspunkt des folenden Kapitels ist die Konkretisierung der Unternehmensumwelt. Darauf aufbauend werden im Anschluss die Kontextfaktoren der

423 Vgl. Wunderlich (1998), Qualitätsorientierte Organisationsstrukturen, S. 52
424 Vgl. Wunderlich (1998), Qualitätsorientierte Organisationsstrukturen, S. 52
425 I. A. a. Wunderlich (1998), Qualitätsorientierte Organisationsstrukturen, S. 53

Unternehmung vorgestellt. Abschließend erfolgt die Einführung der für die vorliegende Arbeit verwendeten Gestaltungsdimensionen.

Konkretisierung der Unternehmensumwelt

Infolge zunehmender Komplexität ist es für Organisationen erforderlich, einen effizienten und effektiven Weg im Umgang mit der Vielfalt und der Wechselhaftigkeit der verfügbaren Informationen zu finden.[426] Im Kontext der vorliegenden Arbeit ist es entscheidend, die Komplexität durch Unterscheidung von relevanten und nicht relevanten Eigenschaften einer Unternehmensumwelt zu reduzieren. Es handelt sich um eine **Abstraktion im Sinne einer Modellbildung**, die die Anforderungen hinsichtlich der Anwendbarkeit der Methodik sicherstellen soll.[427] Eine **anwendungsgerechte Abstraktion** soll im Folgenden durch die Konkretisierung der Unternehmensumwelt sowie der Organisationsarchitektur erfolgen.

Ausgangspunkt für die Gestaltung einer unternehmensoptimalen ambidextren Organisationsarchitektur bildet die Erfassung der **spezifischen Unternehmensumwelt**. Allgemein kann die Unternehmensumwelt in eine innere und eine äußere Umwelt gegliedert werden (vgl. Kapitel 2.1). Die Beziehungen, die zwischen der Organisation und der inneren Umwelt herrschen, werden im Folgenden als **Außenverhältnis** bezeichnet. In der vorliegenden Methodik zielt die Analyse des Außenverhältnisses darauf ab, die spezifischen Anforderungen zu ermitteln, die sich vonseiten des Umfelds an das Unternehmen stellen. Die Analyse der inneren Umwelt erfasst hingegen relevante Anforderungen und Eigenschaften der organisatorischen Gestaltung des anwendenden Unternehmens, die im Folgenden als **Innenverhältnis** bezeichnet werden. Sowohl bei der Analyse des Außen- als auch bei der Analyse des Innenverhältnisses sollen zusätzlich die Restriktionen der Organisationsgestaltung erhoben werden.

Kontextfaktoren der Unternehmensumwelt

Die relevanten Eigenschaften der Unternehmensumwelt werden im Folgenden als **Kontextfaktoren** bezeichnet. Die Bestimmung der Kontextfaktoren schafft den Rahmen für vergleichende Analysen und bildet die Grundlage für ein **Unternehmensmodell**. Dieses soll optimal auf den Themenkontext der vorliegenden Arbeit ausgerichtet werden und erhebt keinen Anspruch auf umfängliche, dauerhafte Vollständigkeit. Stattdessen beruhen die zu treffenden Annahmen hinsichtlich der Gestaltung des Unternehmensmodells auf den Erfahrungen des Autors sowie seinen subjektiv gewonnenen Erkenntnissen im Verlauf der Forschungsarbeit. Die kontroverse Diskussion und Erweiterung

---

[426] Vgl. Fojcik (2015), Ambidextrie und Unternehmenserfolg, S. 45
[427] Vgl. Kieser/Walgenbach (2010), Organisation, S. 70

bestimmer Gestaltungsdimensionen entspricht im Sinne von KUBICEK einem Erkenntniszuwachs und damit einer Verbesserung der **Beherrschung** der **Realität** und ist somit gewünscht.[428]

Durch das Unternehmensmodell werden kontextbezogen sowohl die **umweltseitigen Anforderungen** an das Unternehmen als auch die **organisatorischen Eigenschaften** des Unternehmens ganzheitlich erfasst. Hierzu werden die Kontextfaktoren Strategie, Leistungsangebot, Ablauforganisation und Organisationsarchitektur als Analyseobjekte bewertet, wodurch die betriebliche Situation ganzheitlich erfasst werden kann. Die betriebliche Situation der Organisation wird als gegeben betrachtet, wodurch dem situativen Verständnis der Organisationsgestaltung entsprochen wird.[429] Im Fokus dieser Arbeit steht die Gestaltung von Organisationsarchitekturen, weshalb die Organisationsarchitektur zusätzlich ein veränderliches Gestaltungsobjekt darstellt (s. Abbildung 4-4). Die Kontextfaktoren Strategie und Leistungsangebot dienen einer ganzheitlichen Erfassung des Außenverhältnisses.

Der Strategiebegriff wird in der wissenschaftlichen Literatur unterschiedlich definiert. Ein weit verbreiteter Ansatz nach CHANDLER sieht die Strategie als langfristige Ziele einer Unternehmung und den Weg zu deren Erreichung.[430] Nach SCHUH ET AL ist „eine **Strategie** eine grundsätzlich und langfristig ausgerichtete Verhaltensweise eines Unternehmens [...] gegenüber der Umwelt mit der Absicht, die angestrebten Ziele zu realisieren.“[431] Diesem Verständnis soll in der vorliegenden Arbeit entsprochen werden. Die strategischen Absichten eines Unternehmens müssen durch eine Gestaltung der Organisationsarchitektur unterstützt werden, da diese die Rahmenstruktur für sämtliche Aktivitäten bietet.[432] Sowohl die Festlegung einer Strategie als auch die einer Organisationsarchitektur kann als zentrale Aufgabe des Managements gesehen werden.[433]

---

[428] Vgl. Kubicek (1977), Heuristischer Bezugsrahmen, S. 193
[429] Vgl. Spennemann (2001), Gestaltung von Organisationsstrukturen, S. 21
[430] Vgl. Chandler (1962), Strategy and Structure, S. 23
[431] Vgl. Schuh (2011), Strategie und Management, S. 66
[432] Vgl. Bleicher/Abegglen (2017), Integriertes Management, S. 316. Die Erfassung der Beziehung zwischen der strategischen Ausrichtung eines Unternehmens und ihrer Wechselwirkung mit der organisatorischen Strukturierung wurde insbesondere durch Arbeiten von CHANDLER geprägt. Nach CHANDLER hat die Unternehmensstruktur der bewusst gewählten Strategie zu folgen; vgl. Chandler (1962), Strategy and Structure, S. 22ff.
[433] Vgl. Keuper et al. (2018), Digital Leadership, S. 250

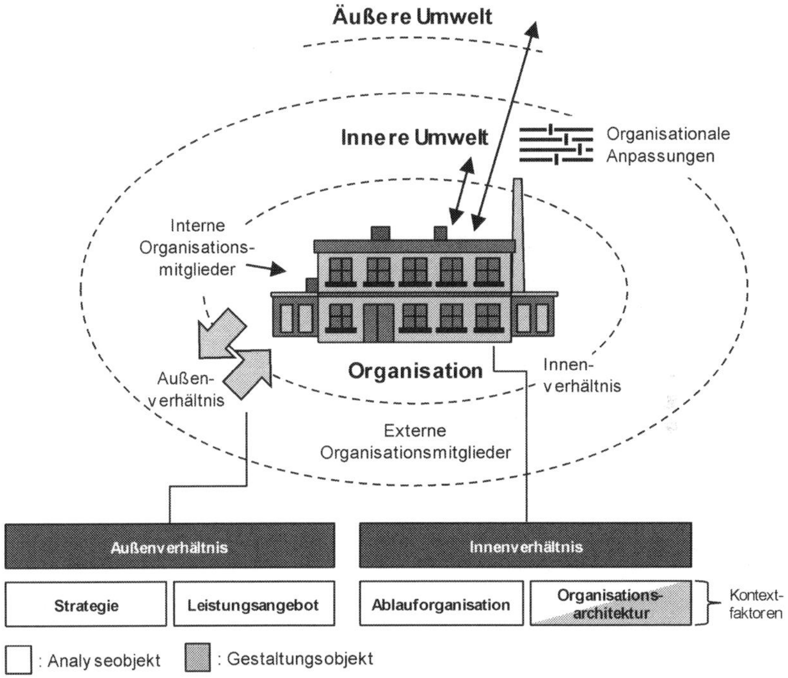

Abbildung 4-4: Erweiterung des Unternehmensmodells um konkrete Kontextfaktoren

Das **Leistungsangebot** umfasst das Angebot von Produkten und Dienstleistungen. Nach FRICK treten in der Branche Werkzeugbau vier zentrale Kundennutzenpotenziale auf, die durch das Leistungsangebot erfolgreicher Werkzeugbaubetriebe adressiert werden. Dabei handelt es sich um die Potenziale Innovationsbeitrag, Komplexitätsreduktion, Zeitersparnis und Einstandskosten.[434] Das Leistungsangebot ist das Ergebnis der Leistungserstellung. Zur Leistungserstellung sind Aufgabenerfüllungsprozesse erforderlich, für die die Organisationsarchitektur die Rahmenstruktur bildet. Insbesondere vor dem Hintergrund begrenzter Ressourcen besteht eine starke Wechselwirkung zwischen den Kontextfaktoren Strategie und Leistungsangebot.

Die **Ablauforganisation** und die Organisationsarchitektur bilden die Kontextfaktoren des Innenverhältnisses und stellen dieses in einer kontextuell geeigneten Weise dar. Die Ablauforganisation bezeichnet die Gesamtheit aller in einem Unternehmen abzuwickelnden Aufgabenerfüllungsprozesse (vgl.

Kapitel 2.1.1).[435] Eine im Kontext der vorliegenden Arbeit sinnvolle Abstraktion ist die Betrachtung der Prozesse, die direkt oder indirekt an der Leistungserstellung beteiligt sind.

Gestaltungsdimensionen der Unternehmensumwelt

Ziel der vorliegenden Arbeit ist die unternehmensoptimale Anpassung einer bestehenden ambidextren **Organisationsarchitektur**. Eine im Kontext der vorliegenden Arbeit sinnvolle Erfassung der Organisationsarchitektur muss somit geeignet sein, diese als Analyse- und Gestaltungsobjekt ganzheitlich zu erfassen. Die in diesem Zusammenhang als relevant zu betrachtenden Eigenschaften der Organisationsarchitektur werden im Folgenden als **Gestaltungsdimensionen** beschrieben.

In ihrer Gesamtheit schaffen die Gestaltungsdimensionen einen Merkmalsraum, in dem die entsprechenden Eigenschaften realer Organisationsarchitekturen abgebildet und Architekturen voneinander unterschieden werden können. Die Gestaltung einer ambidextren Organisationsarchitektur im industriellen Werkzeugbau gemäß der Zielsetzung dieser Arbeit erfordert eine ganzheitliche, integrierende Betrachtung der vorgestellten Gestaltungsdimensionen. Hierzu müssen die Gestaltungsdimensionen nicht nur inhaltlich gestaltet, sondern auch in Bezug auf ihre gegenseitige Beeinflussung untersucht werden.

Die Frage, wie die Organisationsarchitektur gestaltet werden muss, um die Anforderungen und die Restriktionen des Außenverhältnisses und der Ablauforganisation optimal zu adressieren, wird in der wissenschaftlichen Literatur als **Organisationsproblem** bezeichnet.[436] Nach PICOT ET AL. geht es bei der Lösung des Organisationsproblems darum, „[...] Strukturen der Arbeitsteilung, der Spezialisierung, des Tausches und der Abstimmung zu realisieren, die einen möglichst großen Beitrag zur Knappheitsbewältigung[437] leisten, indem sie die Differenz zwischen den ausgeschöpften Produktivitätspotenzialen und den

[434] Vgl. Kühn (2016), Lebenszyklusorientierte Leistungssysteme, S. 96; vgl. Frick (2006), Geschäftsmodelle im Werkzeugbau, S. 185ff.

[435] Vgl. Frese/Graumann et al. (2012), Organisation, S. 68; vgl. Schuh (2011), Strategie und Management, S. 135

[436] Vgl. Jost (2000), Organisation und Koordination, S. 23. JOST bezieht diese Frage in erster Linie auf die organisatorischen Ziele und teilt der betrieblichen Situation des Unternehmens nur eine sekundäre Rolle zu; ebenfalls vgl. Picot et al. (1999), Organisation, S. 5ff.

[437] Unter *Knappheit* wird das subjektive Empfinden von Menschen beschrieben, das durch den Vergleich zwischen ihren Bedürfnissen und den zu ihrer Befriedigung verfügbaren Gütern resultiert. Der Begriff der Knappheitsbewältigung beschreibt wiederum das Bestreben, den vorhandenen Ressourcenbestand so einzusetzen, dass ein Höchstmaß an Bedürfnisbefriedigung realisiert wird. Vgl. Picot et al. (1999), Organisation, S. 1

für Tausch und Abstimmung wieder verbrauchten Produktivitätsgewinnen maximieren."[438] Ausgangspunkt der Betrachtung ist das Koordinationsproblem.

Der Schlüssel zur Erreichung der Ziele innerhalb einer Organisation liegt aufgrund begrenzter Kapazitäten der produktiven Elemente und der Möglichkeit, Spezialisierungsvorteile nutzen zu können, in der arbeitsteiligen Aufgabenerfüllung.[439] Voraussetzung für eine sinnvolle Arbeitsteilung ist nach KRIEG zum einen die Differenzierung des Gesamtsystems in Subsysteme und zum anderen die Integration der Teile zu einem einheitlich zielorientiert handelnden Ganzen. Die **Differenzierung** umfasst die Arbeitsteilung, Aufgabenselektion und Untergliederung komplexer Probleme in überschaubare Einheiten. Durch diese Vereinfachung werden Lernprozesse und Erwartungsbildungen gefördert. Dies verbessert die Kontinuität der Subsystemleistungen, was die für dispositive Eingriffe erforderliche Varietät reduziert und somit die Führungssysteme entlastet.[440] **Integrationsmechanismen** bezeichnen die Initiativen, die die verschiedenen Subsysteme zu einem zielgerichtet handelnden Ganzen zusammenfassen.[441]

Die geeignete Gestaltung der Differenzierung und der Integration innerhalb einer Organisation wird in der wissenschaftlichen Literatur als Lösung des **Koordinationsproblems** bezeichnet.[442] Die Gestaltungsdimensionen **Konfiguration** und **Koordination** stellen die Koordinationsinstrumenten zur Lösung des Koordinationsproblems dar und ergeben die Organisationsstruktur.[443] Die Konfiguration legt die in einer Organisation angewendeten **Differenzierungs-** und **Integrationsbeziehungen** der Organisationseinheiten fest.[444] Die Koordination beinhaltet die Aktivierung der organisatorisch festgelegten Integrationsbeziehungen.[445]

Das Koordinationsproblem beruht auf der Annahme zur Bereitschaft der Organisationsmitglieder zur selbstständigen und optimalen Umsetzung formal vorgegebener Strukturen. Diese Annahme verliert in der Realität ihre Gültigkeit (vgl. Kapitel 2.1.1). Somit ist es notwendig, die Organisationsmitglieder zu einer optimalen Umsetzung im Sinne der Unternehmensziele zu motivieren. Diese Notwendigkeit wird nach PICOT ET AL. und im Einklang mit JOST als das **Motiva-**

---

[438] Vgl. Picot et al. (1999), Organisation, S. 6
[439] Vgl. Laux/Liermann (2005), Organisation, S. 1f.; vgl. Vahs (2007), Organisation, S. 96
[440] Vgl. Krieg (1971), Kybernetik, S. 22f.
[441] Vgl. Krieg (1971), Kybernetik, S. 22f.
[442] Vgl. Laux/Liermann (2005), Organisation, S. 1f.
[443] Vgl. Hoffmann (2017), Organisationale Resilienz, S. 17
[444] Vgl. Krieg (1971), Kybernetik, S. 23
[445] Vgl. Krieg (1971), Kybernetik, S. 23

tionsproblem bezeichnet.[446] Die Gestaltungsdimensionen Führung sowie Unternehmenskultur stellen geeignete Motivationsinstrumente zur Bewältigung des Motivationsproblems dar und bilden zusammen die Anreizstruktur. Im Unterschied zur Organisationsstruktur greift die Anreizstruktur vor allem auf eine informale Einflussnahme zurück, um das Verhalten der Organisationseinheiten zu beeinflussen. Die Anreizstruktur ist als Erweiterung der Organisationsstruktur betrachten, die diese konstruktiv bei der Einhaltung und Umsetzung ihrer Vorgaben unterstützt (s. Abbildung 4-5).

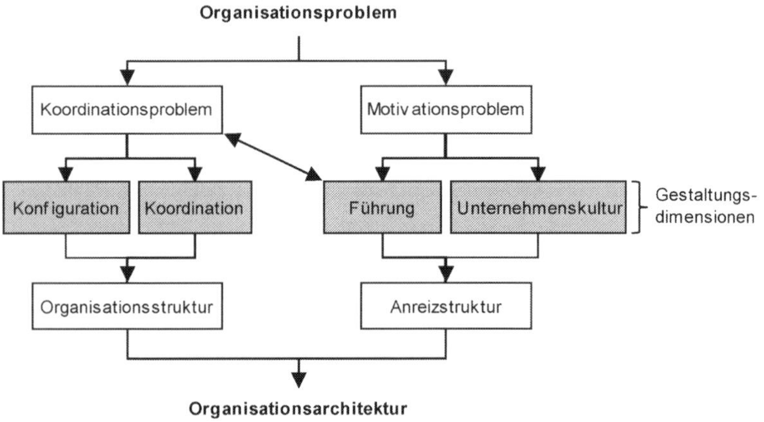

Abbildung 4-5: Einordnung der Gestaltungsdimensionen der Organisationsarchitektur im Hinblick auf das Organisationsproblem[447]

Wesentliches Merkmal des Organisationsbegriffs ist die Ausrichtung auf die Unternehmensziele (vgl. Kapitel 2.1.1). Die primäre Führungsaufgabe der Unternehmensführung besteht darin, das Unternehmen zu einem System im Sinne eines zielorientiert handlungsfähigen Ganzen zu gestalten und zu erhalten.[448] Die **Führung** umfasst sämtliche Steuerungs-, Kontroll- und Anreizmechanismen. Sie trägt damit in erster Linie zur Lösung des Motivationsproblems bei, unterstützt jedoch gleichzeitig die Einhaltung der Koordinationsinstrumente durch die Organisationseinheiten. Aufgabe der Führung ist es zusätzlich, die Unternehmenskultur zu formen und zu fördern. In Anlehnung an SCHEIN soll die **Unternehmenskultur** als die abstrakte, unternehmensindividuelle Identität eines Unternehmens verstanden werden, die auf geteilten und als selbstverständlich erachteten Grundannahmen beruht und durch gemeinsame Lerner-

[446] Vgl. Picot et al. (1999), Organisation, S. 8; vgl. Jost (2000), Organisation und Koordination, S. 25
[447] Vgl. Jost (2000), Organisation und Koordination, S. 26
[448] Vgl. Vahs (2007), Organisation, S. 97ff.

fahrungen weiterentwickelt wird.[449] Sie stellt somit eine abstrakte, individuelle Unternehmensidentität dar und ist mit einer vereinheitlichenden Wirkung der arbeitsteiligen Aufgabenerfüllung verbunden.

Wie in Kapitel 2.1.1 beschrieben, ergeben Organisationsstruktur und Anreizstruktur die Organisationsarchitektur. Aufgabe der Gestaltung der Organisationsarchitektur ist die Bewältigung des Koordinations- und Motivationsproblems. Die hierfür verwendeten Koordinationsinstrumente sowie Motivationsinstrumente spiegeln die Gestaltungsdimensionen der Organisationsarchitektur wider.

Durch die Beziehungen und Wechselwirkungen zwischen den Gestaltungsdimensionen und der betrieblichen Situation lässt sich ein Netzwerk erstellen, das den **Gesamtzusammenhang** verdeutlicht. Gemäß der Abbildung 4-6 und in Anlehnung an WUNDERLICH lassen sich die Wechselbeziehungen zwischen den Gestaltungsdimensionen in verstärkende oder reduzierende Wirkungen unterteilen.[450]

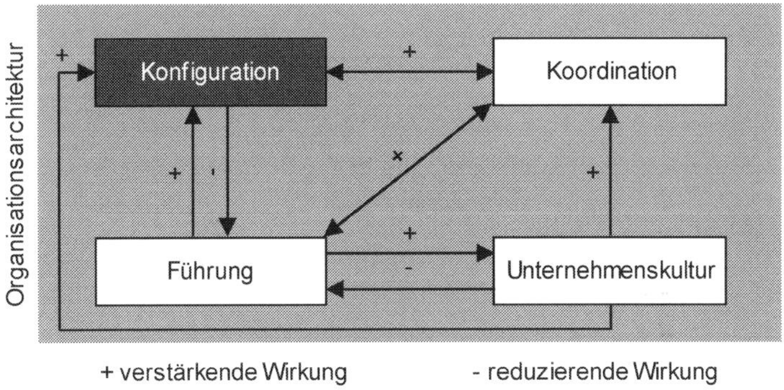

Abbildung 4-6: Schematische Darstellung der Wirkungsbeziehungen zwischen den Gestaltungsdimensionen[451]

Durch die inhaltliche Beschreibung der Gestaltungsdimensionen unter Berücksichtigung der gegenseitigen Wechselbeziehungen kann eine Organisationsarchitektur mit ihren Eigenschaften und Zusammenhängen im Kontext dieser Arbeit ganzheitlich erfasst werden. Der **Merkmalraum der Organisationsarchitektur** wird im Einklang mit FOJCIK, KIESER und WUNDERLICH durch die Eigenschaften Konfiguration, Koordination, Führung und Unternehmenskultur aufgespannt.[452] Es handelt sich um vier Arten der organisatorischen Regelun-

[449] Vgl. Schein (2010), Organizational Culture and Leadership, S. 13f.
[450] Vgl. Wunderlich (1998), Qualitätsorientierte Organisationsstrukturen, S. 52
[451] Vgl. Wunderlich (1998), Qualitätsorientierte Organisationsstrukturen, S. 57
[452] Vgl. Fojcik (2015), Ambidextrie und Unternehmenserfolg, vgl. Kieser/Ebers (2014), Organisationstheorien; vgl. Wunderlich (1998), Qualitätsorientierte Organisationsstrukturen

gen, die im Zusammenhang mit der Analyse von Einflussgrößen und Wirkungen der Aufbauorganisation relevant sind. Sie erlauben zusätzlich die Unterscheidung realer Aufbauorganisationen im Hinblick auf die Art oder den Umfang des Einsatzes der Regelungsarten. Somit ermöglicht der Merkmalraum, reale Aufbauorganisationen zu beschreiben, mehrere Strukturen als gleich oder ungleich zu charakterisieren sowie Art und Ausmaß der Unterschiede konkret anzugeben.[453]

4.3 Grobkonzept der Methodik

Gemäß den in Kapitel 4.2 definierten Kontextfaktoren und Gestaltungsdimensionen, die gesamtheitlich den Ordnungsrahmen der Methodik widerspiegeln, wurde der inhaltliche Bezugsrahmen definiert. Im Folgenden soll nun ein Grobkonzept der Methodik abgeleitet werden. Im Fokus steht die Festlegung einer sinnvollen Abfolge der Methodikschritte.

4.3.1 Konzeption des Phasenmodells der Methodik

Die Ausgestaltung des Ablaufs des innerhalb der Methodik vorgesehenen Ablaufmodells erfolgt anhand eines Phasenmodells, das aus verbreiteten Ansätzen der Organisationsgestaltung im Werkzeugbau abgeleitet wird.[454] Diese gliedert sich in eine Analyse- und eine Gestaltungsphase.

Im ersten Teil der Methodik zur Gestaltung einer ambidextren Organisationsarchitektur im industriellen Werkzeugbau erfolgt eine **Analysephase**. Ziel der Analysephase ist es, die Grundlagen für die unternehmensoptimale Organisationsgestaltung im anwendenden Werkzeugbaubetrieb zu schaffen. Hierzu wird die betriebliche Situation des Werkzeugbaubetriebs analysiert (vgl. Kapitel 4.2.2).

Aufbauend auf der Analysephase zielt die **Gestaltungsphase** auf die eigentliche Gestaltung der Organisationsarchitektur ab und bietet eine Unterstützung für ihre Durchführung in der Praxis. Dabei bezieht sich die Gestaltung einer ambidextren Organisationsarchitektur in Kongruenz zu dem im vorausgehenden Kapitel abgeleiteten Unternehmensmodellen auf die Anpassung der Gestaltungsdimensionen Konfiguration, Koordination, Führung und Unternehmenskultur. Die einzelnen Gestaltungsdimensionen werden den Phasen bzw. Methodikschritten in einer sinnvollen Weise zugeordnet (s. Abbildung 4-7).

---

[453] Vgl. Kieser/Walgenbach (2010), Organisation, S. 65

[454] Vgl. Kuhlmann (2011), Gestaltung von Geschäftsprozessen; vgl. Rittstieg (2012), Prozesssynchronisierung; vgl. Kühn (2016), Lebenszyklusorientierte Leistungssysteme; vgl. Kuhlmann (2017), Corporate Tooling; vgl. Hensen (2017), Strategische Auslegung, S. 33

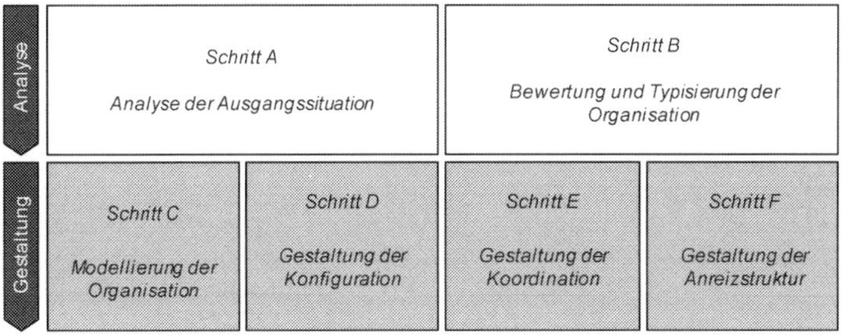

Abbildung 4-7: Grobkonzept der Methodik zur Gestaltung einer ambidextren Organisationsarchitektur im industriellen Werkzeugbau

Das Phasenmodell der Methodik ist in **sechs Hauptschritte** unterteilt. Dabei sind die ersten zwei Hauptschritte der Analysephase und die vier folgenden Hauptschritte der Gestaltungsphase zuzuordnen. Nachfolgend werden die Hauptschritte der Methodik detailliert.

4.3.2 Konzeption der Analysephase der Methodik

Innerhalb der Analysephase werden sowohl das Außenverhältnis als auch das Innenverhältnis des anwendenden Werkzeugbaubetriebs analysiert und hinsichtlich des Ambidextriepotenzials und des organisatorischen Fits bewertet (vgl. Kapitel 4.2.1). Darauf aufbauend wird Anpassungsbedarf zur Erreichung des organisatorischen Fits identifiziert und eine Zuteilung des Unternehmens zu Ambidextrietypen vorgenommen.

Dazu sind innerhalb der Analysephase der Methodik die zwei Schritte „Analyse der Ausgangssituation" und „Bewertung und Typisierung der Organisation" vorgesehen.

Schritt A: Analyse der Ausgangssituation

Im ersten Schritt der Methodik erfolgt zunächst eine Analyse der **betrieblichen Situation des Außenverhältnisses** im anwendenden Werkzeugbaubetrieb. Dazu werden sämtliche kontextrelevante Anforderung aus dem Unternehmensumfeld erfasst, mit denen der Werkzeugbaubetrieb konfrontiert wird. Das in Kapitel 4.2 abgeleitete Unternehmensmodell sieht zu diesem Zweck die Kontextfaktoren Strategie und Leistungsangebot vor und wird in Anlehnung an SPENNEMANN spezifiziert.[455] Dabei wird sichergestellt, dass die für die spätere

[455] Vgl. Spennemann (2001), Gestaltung von Organisationsstrukturen, S. 34

Gestaltung der Organisationsarchitektur relevanten unternehmerischen Rahmenbedingungen berücksichtigt werden.[456]

Anschließend erfolgt die Analyse der **betrieblichen Situation des Innenverhältnisses** des anwendenden Werkzeugbaubetriebs. Gemäß dem in Kapitel 4.2 abgeleiteten Unternehmensmodell sind dazu die Ablauforganisation und die Organisationsarchitektur zu untersuchen (vgl. Kapitel 4.2.2), die ebenfalls weiter zu spezifizieren sind. Das resultierende Unternehmensmodell soll sämtliche Aspekte umfassen, die die unternehmensspezifischen Charakteristika der Aufbauorganisation wiedergeben und die im Rahmen der zu entwickelnden Methodik umgestaltet werden sollen.

Schritt B: Bewertung und Typisierung des Werkzeugbaubetriebs

Der durch die vorausgehenden Methodikschritte erfasste unternehmensspezifische Merkmalraum ist die Eingangsgröße für die Bewertung und Typisierung des Werkzeugbaubetriebs im dritten Schritt der Methodik. Aus dem Merkmalraum wird ein **ganzheitliches organisatorisches Anforderungsprofil** spezifisch für den anwendenden Werkzeugbaubetrieb abgeleitet. Die genaue Kenntnis der organisatorischen Anforderungen ist notwendige Voraussetzung für die Gestaltung der Organisationsarchitektur. Dazu wird der Merkmalraum zu einem Bewertungssystem transformiert. Auf Basis dieses Bewertungssystems werden das **Ambidextriepotenzial** sowie der **organisatorische Fit** zwischen den aufbauorganisatorischen Anforderungen und der vorhandenen Organisationsarchitektur bewertet. Auf Basis dieser Bewertung erfolgt abschließend eine Zuordnung des Unternehmens bzw. einzelner Unternehmensbereiche zu einzelnen Ambidextrietypen. Diese werden innerhalb der Methodik definiert und zueinander abgegrenzt.

4.3.3 Konzeptionierung der Gestaltungsphase der Methodik

Ziel der Gestaltungsphase der Methodik ist die Gestaltung einer ambidextren Organisationsarchitektur im industriellen Werkzeugbau. Dies erfolgt auf Grundlage der vorausgehenden Analysephase und unter Berücksichtigung der in Kapitel 3.2 definierten Anforderungen.

Dazu sind innerhalb der Gestaltungsphase die vier Schritte „Modellierung der Organisation“, „Gestaltung der Konfiguration“, „Gestaltung der Koordination“ und „Gestaltung der Anreizstruktur“ zu durchlaufen.

---

[456] Hierdurch wird der Anforderung zur Berücksichtigung der spezifischen Unternehmensrahmenbedingungen als Teil der organisationstheoretischen Anforderungen nachgekommen (vgl. Kapitel 3.1.2.4)

Schritt C: Modellierung der Organisation

Ausgangspunkt der Gestaltungsphase und damit der Gestaltung einer ambidextren Organisationsarchitektur ist die Modellierung der Organisation. Dabei werden sowohl die Aufbau- als auch die Ablauforganisation im problemrelevanten Kontext analysiert. Ziel der Analyse ist vor allem die Identifizierung und transparente Abbildung von **Zielkonflikten der stabilen und variablen Ausrichtung**. Zusätzlich wird die **Affinität** zwischen den wesentlichen Organisationseinheiten aufgezeigt, die die wesentlichen Wechselbeziehungen darstellt.

Schritt D: Gestaltung der Konfiguration

Abhängig von der in Schritt B erfolgten Typisierung wird die Konfiguration des anwendenden Werkzeugbaubetriebs derart angepasst, dass **eine strukturelle, sequenzielle oder kontextuelle Separierung der Ambidextriedimensionen** ermöglicht wird. Diese Separierung kann nur in der Gestaltungsdimension Konfiguration als strukturelles Element erfolgen, weshalb diese den Ausgangspunkt der Anpassung darstellen muss. Bei der Separierung gilt es, sinnvolle Strukturierungsvarianten zu entwickeln und die Differenzierungs- und Integrationsbeziehungen festzulegen.[457] Dabei müssen die Folgen der Strukturierungsanpassung, insbesondere die neu entstehenden Schnittstellen sowie neue bzw. bestehende Interdependenzbeziehungen, berücksichtigt und durch die Gestaltungsdimensionen Koordination, Führung und Unternehmenskultur gezielt adressiert werden. Im Fokus steht die harmonische Koexistenz der Ambidextriedimensionen Stabilität und Variabilität innerhalb der Unternehmensgrenzen.

Schritt E: Gestaltung der Koordination

Die vorhandenen Vorgaben, Regelungen und Mechanismen des Gestaltungselements Koordination müssen derart angepasst werden, dass sie eine **Ausrichtung der arbeitsteiligen Aufgabenerfüllung auf die Unternehmensziele unterstützen**. Diese Ausrichtung muss im Einklang mit der angepassten Konfiguration stehen. Gleichzeitig können erst durch die Anpassung der Koordination die durch die Konfiguration organisatorisch festgelegten Differenzierungs- und Integrationsbeziehungen wirksam werden.[458] Als Konsequenz muss die Gestaltungsdimension Koordination auf die Dimension Konfiguration folgen. Auf Basis der in Schritt D betrachteten Interdependenzbeziehungen werden diese gezielt durch die Anpassung der Koordination adressiert, um eine harmonische Koexistenz der Ambidextriedimensionen zu ermöglichen.

---

[457] Vgl. Krieg (1971), Kybernetik, S. 23
[458] Vgl. Krieg (1971), Kybernetik, S. 23

Schritt F: Gestaltung der Anreizstruktur

Die Anreizstruktur gliedert sich in die Gestaltungsdimensionen Führung und Unternehmenskultur. Die **Führung** determiniert die Fähigkeit des Unternehmens zur Anpassung, Integration und Rekonfiguration von organisationalen Fähigkeiten im Kontext der Ambidextrie.[459] Es ist Aufgabe der Führung, ein **ambidextrieförderliches Umfeld zu gestalten**, das in Abstimmung mit der angepassten Konfiguration und Koordination die Koexistenz der diametralen Konzepte Stabilität und Variabilität organisatorisch gewährleistet. Die im Zuge der Umgestaltung der Konfiguration und Koordination veränderten Differenzierungs- und Integrationsbeziehungen sind durch die Führung in unterstützender Weise zu adressieren. So ist die homogene Führungsausprägung über die gesamte Organisation hinweg durch eine vielschichtigere Führung zu ersetzen. In diesem Zusammenhang ist als ein Kernelement der ambidextren Organisationsarchitektur das Prinzip der Selbststeuerung unterschiedlicher insbesondere variabel ausgerichteter Organisationseinheiten zu nennen. Aufgabe der **Unternehmenskultur** als weitgehend informelles Instrument der Organisationsgestaltung ist es, diejenigen organisatorischen Mechanismen zu aktivieren, die durch die restlichen Gestaltungsdimensionen nicht aktiviert werden können. Im Vordergrund steht zum einen die Ausrichtung der Unternehmensaktivitäten auf die Unternehmensziele sowie zum anderen die Förderung der Koexistenz der Ambidextriedimensionen Stabilität und Variabilität. Dazu muss die **stabilisierende Wirkung der Unternehmenskultur** gezielt eingesetzt werden. Im Fokus steht der Mitarbeiter, dessen Verhalten durch eine von Sicherheit, Verlässlichkeit und Vertrauen gekennzeichnete Atmosphäre beeinflusst werden soll.

Die allgemein gehaltene, stark abstrahierende Darstellung der Schritte der Analyse- sowie der Gestaltungsphase soll im Folgenden mit konkreten, anwendungsbezogenen Inhalten gefüllt bzw. spezifiziert werden. Im Vordergrund steht die maximale Erfüllung der in Kapitel 3.1.2 hergeleiteten Anforderungen. Auf diese Weise sollen durch die vorliegende Arbeit Möglichkeiten bei der Gestaltung ambidextrer Organisationsarchitekturen aufgezeigt werden. Dabei kann nicht eine einzige ambidextre Struktur existieren, die durch die Arbeit vorgegeben wird. Vielmehr gilt es, Zusammenhänge und Regelmäßigkeiten aufzuzeigen, die die Gestaltung einer unternehmensoptimalen, ambidextren Organisationsarchitektur unterstützen.

---

[459] Vgl. O'Reilly/Tushman (2011), Organizational Ambidexterity, S. 20

5 Detaillierung der Methodik

In Kapitel 4.3 wurde die Grobkonzeption der Methodik zur Gestaltung einer ambidextren Organisationsarchitektur im industriellen Werkzeugbau vorgenommen. Ein Überblick über die Methodikschritte sowie über den vorgesehenen Ablauf ihrer Durchführung wird durch Abbildung 5-1 vermittelt.

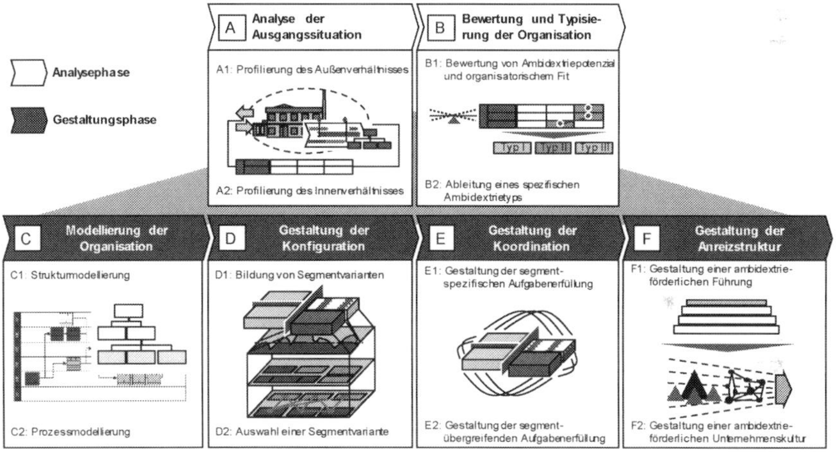

Abbildung 5-1: Methodik zur Gestaltung einer ambidextren Organisationsarchitektur im industriellen Werkzeugbau

Die Detaillierung der Methodikschritte erfolgt entsprechend der in Kapitel 4.3 eingeführten Gliederung separat für die **Analyse-** und die **Gestaltungsphase**. Im Folgenden werden die sechs Methodikbausteine der Analyse- und Gestaltungsphase detailliert.

5.1 Detaillierung der Analysephase

In Kapitel 5.1 werden zunächst die Prämissen der Analysephase eingeführt. Anschließend erfolgt die Detaillierung der Methodikschritte der Analysephase. Die **Analysephase** umfasst die Untersuchung der betrieblichen Situation des Unternehmens. In Schritt A erfolgt die Analyse der Ausgangssituation. Einerseits wird das **Außenverhältnis** und damit die Anforderungen an die Organisationsarchitektur im Kontext der organisationalen Ambidextrie dargestellt. Andererseits wird das **Innenverhältnis** charakterisiert, das die gegenwärtigen Eigenschaften der Organisationsarchitektur beinhaltet. Auf dieser Grundlage wird in Methodikschritt B in einer **Bewertung** abgeleitet, welche organisatorischen Anpassungen an der bestehenden Organisationsarchitektur vorgenommen werden sollten. Zusätzlich wird ein geeigneter **Ambidextrietyp** definiert, der als Grundlage für eine unternehmensspezifische Anpassung der Organisationsarchitektur in der folgenden Gestaltungsphase der Methodik dient.

5.1.1 Prämissen der Analysephase

Das folgende Unterkapitel stellt die Prämissen dar, die bei der Gestaltung der Methodikschritte berücksichtigt werden.

In Kapitel 4.2.2 wurden für das Außenverhältnis die Kontextfaktoren Strategie und Leistungsangebot sowie für das Innenverhältnis die Kontextfaktoren Ablauforganisation und Organisationsarchitektur eingeführt. Die Bestimmung der Kontextfaktoren schafft den Rahmen für die Ermittlung der **relevanten unternehmensspezifischen Eigenschaften**.

Für den Kontextfaktor Organisationarchitektur wurden in Kapitel 4.2.2 die Gestaltungsdimensionen Konfiguration, Koordination, Führung und Unternehmenskultur eingeführt. Im Anschluss sollen entsprechend für die übrigen Kontextfaktoren Strategie, Leistungsangebot und Ablauforganisation die jeweiligen Gestaltungsdimensionen festgelegt werden, durch deren Bewertung ein Anforderungsprofil für die Organisationsarchitektur abgeleitet werden kann (s. Abbildung 5-2). Anschließend wird der organisatorische Fit zwischen diesem Anforderungsprofil und der derzeitigen Gestaltung der Organisationsarchitektur bewertet (vg. Kapitel 4.3.1).

In Anlehnung an BURTON ET AL. sowie BLEICHER ET AL. soll diese Bewertung durch Einzelausprägungen der Bewertungsdimensionen erfolgen, die in ein Verhältnis zueinander gestellt werden. Dabei werden Paarungen von Extrempositionen der Einzelausprägungen miteinander verglichen, die in einem diametralen Verhältnis zueinander stehen, wodurch ein Spannungsfeld entsteht.[460]

[460] Vgl. Burton et al. (2011), Organizational Design; vgl. Bleicher/Abegglen (2017), Integriertes Management. BURTON ET AL. verwenden einen tabellarischen Vergleich der Einzelausprägungen der Bewertungsdimensionen. BLEICHER ET AL. verwenden hingegen eine grafische Darstellung.

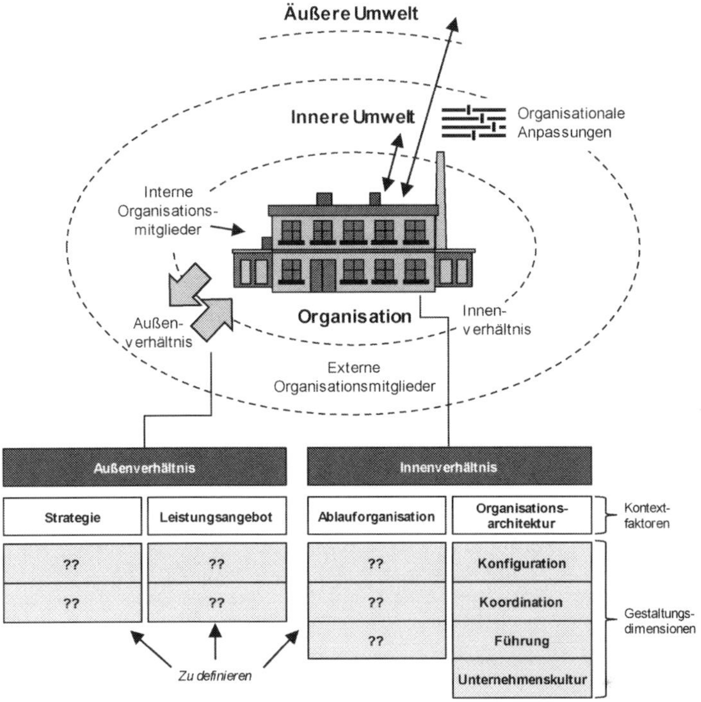

Abbildung 5-2: Unternehmensmodell zur Profilierung der Organisation eines Werkzeugbaubetriebs

Zur Bewertung der Gestaltungsdimensionen soll ein **morphologischer Kasten** verwendet werden. Diese Bewertungsmethode ist insbesondere in der praxisorientierten Organisationstheorie stark verbreitet.[461] Es handelt sich um eine Methode zur Zerlegung eines Problems in zueinander abgegrenzte Teilaspekte sowie zur systematischen Variierung von Merkmalausprägungen.[462]

Für die vorliegende Arbeit sollen ebenfalls **Spannungsfelder zwischen konfliktären Extrempositionen** als Grundlage der Bewertung dienen. Dabei werden den Gestaltungsdimensionen des Unternehmensmodells jeweils vier Merkmalausprägungen zugeordnet (s. Abbildung 5-3). Durch die jeweilige Zuordnung von Merkmalausprägungen zu den Gestaltungsdimensionen werden

[461] Vgl. Ulrich (1978), Unternehmenspolitik, S. 56. ULRICH nutzt einen morphologischen Kasten zur Profilierung von Wertvorstellungen; vgl. Wöhe (1986), Betriebswirtschaftslehre, S. 119. WÖHE nutzt einen morphologischen Kasten zur Bewertung des Führungsstils

[462] Vgl. Mittelmann (2011), Werkzeugkasten Wissensmanagement, S. 171

die organisationalen Anforderungen und Eigenschaften eines Werkzeugbaubetriebs im kontextuellen Zusammenhang hinreichend genau abgebildet.[463]

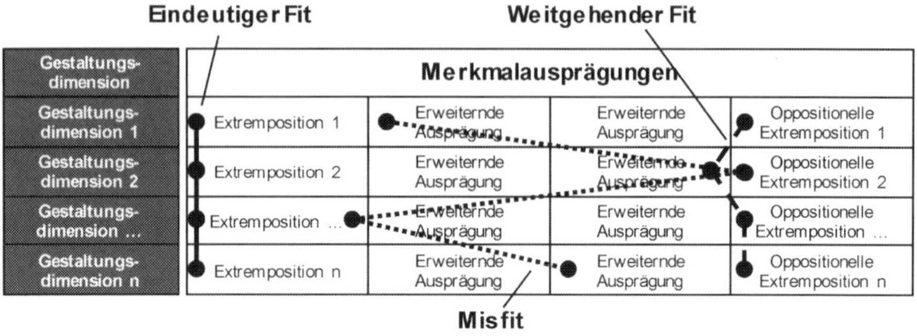

Abbildung 5-3: Bewertung anhand eines morphologischen Kastens unter Berücksichtigung des Fits

Für die systematische Erfassung der Merkmalausprägungen der verschiedenen Gestaltungsdimensionen zur Charakterisierung der Werkzeugbaubetriebe ist der morphologische Kasten **problemspezifisch** zu entwickeln.[464]

Kern des Problems bei der Entwicklung der vorliegenden Methodik ist die **Minimierung des Zielkonflikts** zwischen den komplementären Zieldimensionen Stabilität und Variabilität, die gleichzeitig die Parameter der Problemstellung darstellen. Zusätzlich zu dieser problemspezifischen Perspektive sind bei der Ableitung der Merkmalausprägungen weitere Faktoren zu beachten, um eine Anwendbarkeit der Methodik sicherzustellen. In Anlehnung an ZOHM sollen die Merkmalausprägungen den folgenden Kriterien genügen:[465]

1. Die Merkmalausprägungen müssen **bedeutende Fragestellungen** bei der Gestaltung der Organisationsarchitektur zum Erreichen von Ambidextrie aufgreifen.

2. Für die Extrempositionen der Merkmalausprägungen muss ein **exakt gegensätzlicher Sinngehalt** gefunden werden; dies ermöglicht die Vermeidung einer statischen Betrachtungsweise.

3. Die einzelnen Merkmalausprägungen müssen mit den Ausprägungen anderer Bewertungsdimensionen **in Beziehung stehen**.

---

[463] I. A. a. Kieser/Walgenbach (2010), Organisation, S. 70f.
[464] Vgl. Zwicky (1966), Morphologie, S. 116
[465] Vgl. Zohm (2013), Diskontinuitäten, S. 47

4. Die sich durch die Extremposition der Merkmalausprägungen ergebenen Spannungsfelder dürfen **keine inhaltlichen Überschneidungen** zu anderen Spannungsfeldern aufweisen, müssen sich jedoch lückenlos ergänzen.

5. Eine **eindeutige Einordnung** in die Merkmalausprägungen zwischen den dichotomen Extrempositionen der Ausprägungen muss möglich sein.

Im Folgenden werden die Gestaltungsdimensionen der Kontextfaktoren Strategie, Leistungsangebot und Ablauforganisation spezifiziert. Sowohl die Merkmalausprägungen der Gestaltungsdimensionen des Außenverhältnisses als auch die des Innenverhältnisses werden anschließend unter Berücksichtigung dieser Kriterien hergeleitet.

5.1.2 Schritt A: Analyse der Ausgangssituation

Der erste Schritt der Methodik zur Gestaltung einer ambidextren Organisationsarchitektur im industriellen Werkzeugbau (Schritt A) besteht aus zwei Teilschritten. In **Schritt 1** erfolgt die Analyse des Außenverhältnisses des anwendenden Werkzeugbaubetriebs. Die Analyse ist eine notwendige Voraussetzung zur Festlegung der unternehmensspezifischen Anforderungen, die sich an die Organisation eines Unternehmens stellen. Diese werden durch die Kontextfaktoren Strategie und Leistungsangebot dargestellt.

In **Schritt 2** erfolgt eine Analyse des Innenverhältnisses des anwendenden Werkzeugbaubetriebs. Die Analyse dient der unternehmensspezifischen Charakterisierung der Organisation im anwendenden Unternehmen. Im Fokus stehen die Kontextfaktoren Ablauforganisation und Organisationsarchitektur.

5.1.2.1 Vorüberlegungen

Die Kontextfaktoren sowie die detaillierenden Gestaltungsdimensionen des Außen- und des Innenverhältnisses werden im Folgenden detailliert dargestellt.

In Kapitel 4.2.2 wurde die **Strategie** als Kontextfaktor des Unternehmensmodells abgeleitet. Die Strategie wurde als eine grundsätzlich und langfristig ausgerichtete Verhaltensweise eines Unternehmens gegenüber der Umwelt definiert, die die Absicht verfolgt, die angestrebten Ziele zu realisieren.[466] Gemäß dem Grundsatz der Kundenorientierung wird in der vorliegenden Methodik die Strategie als angemessene Ausrichtung auf die spezifischen Kundenanforderungen eines Unternehmens verstanden.

Der sinnvolle Ausgangspunkt einer Organisationsgestaltung ist die Betrachtung der Unternehmensziele. Strategiebasierte Ansätze der Organisationsgestaltung

[466] Vgl. Schuh (2011), Strategie und Management, S. 66

greifen die Unternehmensziele zwar auf, fokussieren im Vergleich zu zielorientierten Ansätzen jedoch eher die Betrachtung der Strategie: Eine grundlegende Eigenschaft strategiebasierter Ansätze ist das Abwägen zwischen mehreren Entscheidungsalternativen. Diese stehen häufig in einer konfliktären Beziehung zueinander, sodass die Entscheidung für eine Entscheidungsalternative eine Entscheidung gegen eine Alternative impliziert. Für die vorliegende Arbeit ist dies gegenüber einem zielorientierten Vorgehen mit zwei Vorteilen verbunden. Einerseits wird die Qualität der Lösung erhöht. Der Anwender muss bewusst Entscheidungsalternativen forcieren und gleichzeitig andere vernachlässigen, wodurch die Auswirkungen seiner Entscheidungen im Vergleich zu einem zielorientierten Ansatz stärker in sein Bewusstsein gelangen. Andererseits ist es das Ziel der Methodik, die Zielkonflikte zwischen bestimmten konfliktären Zieldimensionen zu minimieren, weshalb eine detaillierte Auseinandersetzung mit diesen Zielkonflikten sinnvoll erscheint. Zur ganzheitlichen Betrachtung des Kontextfaktors Strategie werden nachfolgend die Gestaltungsdimensionen Marktumfeld und strategische Ausrichtung eingeführt.

Gestaltungsdimension Marktumfeld

Verschiedenartige Beziehungen, die zwischen einem Unternehmen und seiner Umwelt bestehen, führen dazu, dass das Unternehmen ständig durch seine Umwelt beeinflusst wird und gleichzeitig auch diese beeinflusst.[467] Multiple, sich teilweise widersprechende Zustände, Informationen und Ereignisse im **Marktumfeld** eines Unternehmens erschweren die Entscheidungsfindung, indem sie Klarheit, Konsistenz und Vorhersagbarkeit möglicher Handlungsalternativen der Organisationsmitglieder verschwimmen lassen.[468] Gleichzeitig etablieren sich vom Marktumfeld geprägte Mechanismen, die insbesondere das Handeln der Organisationsmitglieder determinieren. Aus diesem Grund muss das unternehmensspezifische Marktumfeld analysiert und bewertet werden, um eine sinnvolle organisatorische Gestaltung der Organisation zu ermöglichen. Der Fokus der Analyse des Umfelds liegt darauf, einen kontextbezogenen, kompakten Überblick über die Marktsituation des anwendenden Werkzeugbaubetriebs zu gewinnen. Neben der aktuellen Marktsituation sind dabei ebenfalls sich abzeichnende Entwicklungen in der näheren Zukunft (bis zu drei Jahren) zu betrachten. Wesentlicher Bestandteil der Analyse des Marktumfelds ist die Identifizierung der organisatorisch relevanten Erfolgsfaktoren. Zeichnet sich das betrachtete Umfeld bspw. zunehmend durch unvorhersehbare kurzfristige

467 Vgl. Thommen et al. (2017), Allgemeine Betriebswirtschaftslehre, S. 12
468 Vgl. Fojcik (2015), Ambidextrie und Unternehmenserfolg, S. 45

Kundenanforderungen aus, so führt dies zu Variabilitätsanforderungen, die bei der Organisationsgestaltung berücksichtigt werden müssen.

Gestaltungsdimension strategische Ausrichtung

Die **strategische Ausrichtung** soll als geplantes und entscheidungsdeterminierendes Verhaltensmuster verstanden werden.[469] Dabei wird die im Unternehmen vorherrschende Komplexität zielführend reduziert, indem Möglichkeiten und Alternativen in praktikable Handlungslinien transformiert und dadurch in umsetzbare Aktionen überführt werden.[470]

Vor dem Hintergrund einer zunehmenden Ambiguität und der damit einhergehenden herausfordernden Entscheidungsfindung kommt der strategischen Ausrichtung eine wichtige strukturgebende Funktion zu. Dieser strukturelle Rahmen soll Unternehmen in Form einer Entscheidungsunterstützung helfen, den insbesondere durch das Marktumfeld induzierten komplexitäts- bzw. ambiguitätsbedingten Herausforderungen zielführend begegnen zu können.

In Kapitel 4.2.2 wurde das **Leistungsangebot** als Kontextfaktor des Unternehmensmodells eingeführt. Die Analyse des Leistungsangebots des anwendenden Werkzeugbaubetriebs hat zwei Aufgaben. Sie soll einerseits das Anforderungsprofil sinnvoll ergänzen, das dem Status Quo der Organisationsarchitektur entgegengestellt wird. Andererseits soll die Analyse des Leistungsangebots die unternehmensspezifischen Restriktionen erfassen, die die Organisationsgestaltung einschränken. Zu diesem Zweck werden die Gestaltungsdimensionen Leistungsspektrum und Auftragsspektrum eingeführt, welche im Folgenden detailliert werden.

Gestaltungsdimension Leistungsspektrum

Ein wesentlicher Schlüssel branchentypischer Industrialisierungsbestrebungen ist das eigene **Leistungsspektrum**[471] zu fokussieren, um Vorteile aus Wiederholhäufigkeiten zu erlangen. Das fokussierte Leistungsspektrum determiniert in hohem Maße die Leistungserstellung in dem anwendenden Werkzeugbaubetrieb. Aufgabe der Organisationsgestaltung ist es, organisatorische Strukturen zu realisieren, die die Leistungserstellung unternehmensoptimal unterstützen. Vor diesem Hintergrund eignet sich die Analyse des fokussierten Leistungsspektrums, um die Organisation eines Unternehmens im Kontext der vorliegenden Arbeit zu charakterisieren. Im Fokus stehen die leistungsbezogenen Anforderungen sowie die sich ergebenen

---

[469] Vgl. Zohm (2013), Diskontinuitäten, S. 53
[470] Vgl. Fojcik (2015), Ambidextrie und Unternehmenserfolg, S. 45
[471] Für eine branchenspezifische Einführung des Begriffs „Leistungsspektrum" soll an dieser Stelle auf Kapitel 2.3.2 verwiesen werden.

Restriktionen hinsichtlich der Organisationsgestaltung für das zu analysierende Unternehmen.

Gestaltungsdimension Auftragsspektrum

Das Auftragsspektrum variiert sehr stark von Unternehmen zu Unternehmen. Bedingt durch die typischen, eher langfristigen Kunden-Lieferantenbeziehungen im Werkzeugbau ist die Zusammensetzung der einzelnen Auftragsarten innerhalb eines Werkzeugbaubetriebs eher stetig. Diese Zusammensetzung bietet einen geeigneten Indikator, um die Planbarkeit der Organisationsgestaltung zu bewerten. Durch die kundenindividuelle Unikatfertigung liegt im Werkzeugbau eine vergleichsweise geringe Planbarkeit vor. Diese führt zu anspruchsvollen Anforderungen an die Organisation und muss daher innerhalb der Methodik berücksichtigt werden.

Eine für den Kontext der vorliegenden Arbeit geeignete Charakterisierung der **Ablauforganisation** umfasst die Betrachtung der Gestaltungsdimensionen Kapazitätsgestaltung, Standardisierung und Synchronisierung, die im Folgenden beschrieben werden.

Gestaltungsdimension Kapazitätsgestaltung

Aufgabe der **Kapazitätsgestaltung** ist es, das Leistungsvermögen des Unternehmens in Bezug auf die Nutzung der eigenen Ressourcen für einen bestimmten Zeitraum festzulegen. Die Herausforderung liegt darin, der nur sehr eingeschränkt vorhersehbaren Kundennachfrage zu entsprechen.[472] Eine zu niedrig ausgelegte Kapazität führt dazu, dass vom Kunden angefragte Leistungen nicht erbracht werden können, wodurch Opportunitätskosten entstehen. Im Werkzeugbau, der sich durch langjährige Anbieter-Kunden-Beziehungen auszeichnet und sich am zeitkritischen Pfad zwischen Produktentwicklung und Serienproduktion befindet, kann dies zum Kundenverlust führen. Zusätzlich wird eine gewisse kurzfristig abrufbare Verfügbarkeit insbesondere von Kapazitäten der mechanischen Fertigung für Reparaturleistungen von Werkzeugen im Serieneinsatz gefordert, die sehr schwierig zu prognostizieren sind. Aus diesem Grund wird im Werkzeugbau bei der Kapazitätsauslegung typischerweise auf Erfahrungswerte zurückgegriffen. Die Herausforderung besteht in dem Kompromiss zwischen den Opportunitätskosten aus entgangenen Kundenaufträgen und den Kapazitätskosten.

Gestaltungsdimension Standardisierung und Synchronisierung

Die Analyse der Ausgangssituation berücksichtigt die Elemente zur Schaffung der Industrialisierungsvoraussetzungen nach dem Gestaltungsmodell nach

[472] Vgl. Seiter (2016), Industrielle Dienstleistungen, S. 65f.

KLOTZBACH. Auf diese Weise und in Anlehnung an RITTSTIEG soll der Bezug zum übergeordneten Konzept der Industrialisierung im Werkzeugbau hergestellt werden (s. Abbildung 5-4).[473]

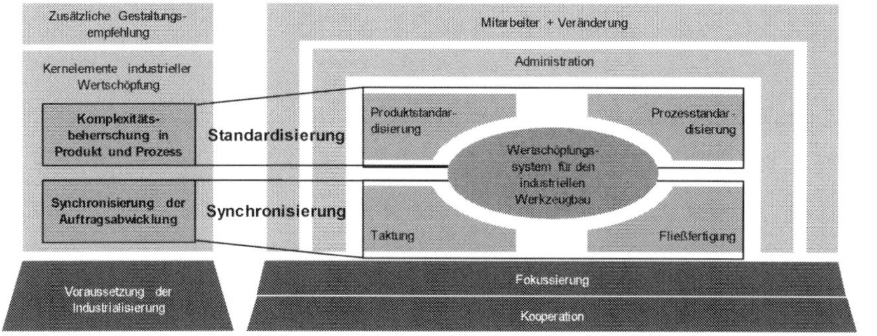

Abbildung 5-4: Konzeptionelle Einordnung der Gestaltungsdimensionen[474]

Die Industrialisierung als handlungsleitendes Paradigma der Branche Werkzeugbau in Deutschland wird in den einzelnen Werkzeugbaubetrieben in unterschiedlichem Maße umgesetzt. Die unternehmensspezifische Ausprägung hat starken Einfluss auf die ambidextre Gestaltung der Organisationsarchitektur der Unternehmen. Wesentliche Aufgabe der Organisationsarchitektur ist es, die Ablauforganisation optimal zu unterstützen (vgl. Kapitel 2.1.1). Zu diesem Zweck ist die Ablauforganisation hinsichtlich wesentlicher Anforderungen an die Organisationsarchitektur zu untersuchen. Diese Anforderungen werden durch die Kernelemente der industriellen Wertschöpfung berücksichtigt. Hierzu werden die Kernelemente Produkt- und Prozessstandardisierung, die der Komplexitätsbeherrschung dienen, durch die Gestaltungsdimension **Standardisierung** zusammengefasst. Aufgabe der Kernelemente Fließfertigung und Taktung ist die Förderung der Prozesssynchronisierung der Auftragsabwicklung, weshalb diese Kernelemente in der Gestaltungsdimension **Synchronisierung** subsumiert werden.

Die Frage, wie die **Organisationsarchitektur** gestaltet werden muss, um die Anforderungen und die Restriktionen des Außenverhältnisses und der Ablauforganisation optimal zu adressieren, wird in der wissenschaftlichen Literatur auch als Organisationsproblem bezeichnet (vgl. Kapitel 4.2.2).[475] Dies lässt sich

[473] Vgl. Rittstieg (2012), Prozesssynchronisierung, S. 109
[474] Vgl. Rittstieg (2012), Prozesssynchronisierung, S. 53
[475] Vgl. Jost (2000), Organisation und Koordination, S. 23. JOST bezieht diese Frage in erster Linie auf die organisatorischen Ziele und teilt der betrieblichen Situation des Unternehmens nur eine sekundäre Rolle zu; ebenfalls vgl. Picot et al. (1999), Organisation, S. 5ff.

dem Koordinations- und dem Motivationsproblem zuordnen, die durch die Gestaltungsdimensionen **Konfiguration, Koordination, Führung und Unternehmenskultur** adressiert werden. Die Gestaltungsdimensionen des Kontextfaktors Organisationsarchitektur sowie ihre Wechselwirkung wurden in Kapitel 4.2 für den kontextbezogenen Zweck im ausreichenden Maße dargestellt.

5.1.2.2 Vorgehen zur Analyse der Ausgangssituation

Aufbauend auf den vorausgehend vermittelten Vorüberlegungen sollen im Folgenden die problemrelevanten Eigenschaften des anwendenden Werkzeugbaubetriebs systematisch erfasst werden. Dazu erfolgt zunächst die **Profilierung des Außenverhältnisses des Unternehmens**, bevor anschließend das **Innenverhältnis** betrachtet wird.

Schritt 1: Profilierung des Außenverhältnisses

Zur Profilierung des Außenverhältnisses erfolgt die Charakterisierung der Strategie des Unternehmens durch die Analyse der Gestaltungsdimensionen Marktumfeld und strategische Ausrichtung. Anschließend werden die Gestaltungsdimensionen Leistungs- sowie Auftragsspektrum untersucht, die das Leistungsangebot des Werkzeugbaubetriebs charakterisieren.

Analyse des Marktumfelds

Für die Analyse des **Marktumfelds** erfolgt eine Analyse der auf das Unternehmen wirkenden Wettbewerbskräfte („Five Forces“), die nach PORTER die Profitabilität des Unternehmens bestimmen (s. Abbildung 5-5). Die Wettbewerbskräfte bieten einen Überblick über den brancheninternen Wettbewerb sowie Informationen über neue Wettbewerber, Lieferanten, Substitutionsprodukte und Kunden.[476] Die Methodik ermöglicht eine ganzheitliche Sicht auf das aktuelle sowie auf das zukünftige Marktumfeld des betrachteten Unternehmens.[477]

---

[476] Für eine ausführliche Darlegung der Methode: Vgl. Porter (1985), Competitive advantage; vgl. Porter (1998), Competitive strategy

[477] Vgl. Schawel/Billing (2018), Management Tools, S. 141f.

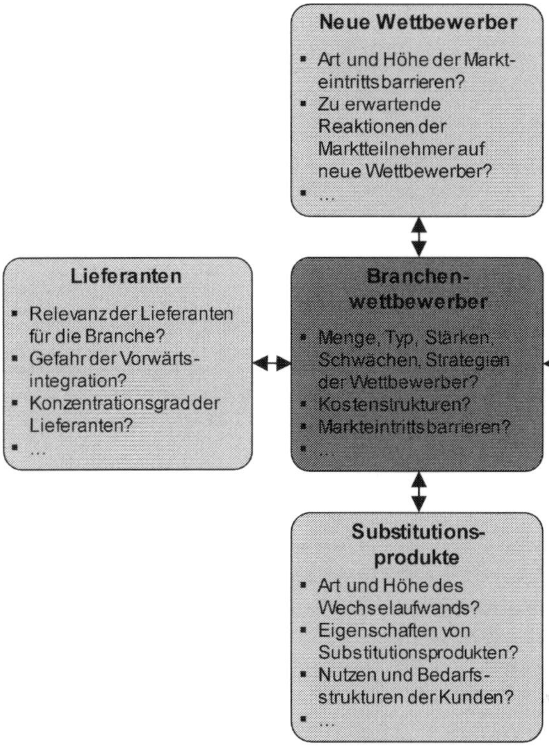

Abbildung 5-5: Elemente und Kernfragen des Five-Forces-Modells[478]

Abbildung 5-5 stellt die Elemente und Kernfragen des Five-Forces-Modell dar. Auf Basis der Untersuchung der vorgestellten Wettbewerbskräfte sowie der Beantwortung der abgebildeten Kernfragen soll die ganzheitliche, systematische Bewertung des Marktumfelds des anwendenden Werkzeugbaubetriebs erfolgen. Im Fokus steht die Beurteilung der Veränderlichkeit des Marktumfelds.

Für ein kontinuierliches Marktumfeld ist eine stabile organisatorische Ausrichtung gefordert, um optimal Spezialisierungsvorteile nutzen zu können. Gleichzeitig wirken sich enge Vorgaben der Mitarbeiter weniger negativ aus. Gegensätzlich verhält es sich bei einem turbulenten Marktumfeld. Hier bietet sich eine variable organisatorische Ausrichtung an, um die geforderte Systemvariabilität insbesondere durch große Lösungsräume der Mitarbeiter bereitstellen zu können. Vorteile aus Spezialisierungen kommen nur in geringem Umfang zum Tragen.

Mögliche Ausprägungen für die Charakterisierung des Merkmals Marktumfeld im zu erstellenden morphologischen Kasten sind:

- **Kontinuierlich:** Kontinuierliches Marktumfeld, in dem Wettbewerbskräfte regelmäßige, inkrementelle Anpassungen der Organisationsarchitektur erfordern.
- **Eher kontinuierlich:** Eher kontinuierliches Marktumfeld, in dem Wettbewerbskräfte regelmäßige, moderate Anpassungen der Organisationsarchitektur erfordern.
- **Eher turbulent:** Eher turbulentes Marktumfeld, in dem Wettbewerbskräfte regelmäßig deutliche Anpassungen der Organisationsarchitektur erfordern.
- **Turbulent:** Turbulentes Marktumfeld, in dem disruptive Veränderungen der Wettbewerbskräfte fundamentale Anpassungen der Organisationsarchitektur erfordern.

Analyse der strategischen Ausrichtung

Im zweiten Schritt der Analyse des Außenverhältnisses erfolgt die Charakterisierung der **strategischen Ausrichtung** des anwendenden Werkzeugbaubetriebs. Dazu werden die unternehmensspezifischen Strategischen Erfolgspositionen (SEP) ermittelt. PÜMPIN definiert diese als die wettbewerbsbezogenen Fähigkeiten eines Unternehmens, durch die bewusst Voraussetzungen geschaffen werden, die dem Unternehmen ermöglichen, im Vergleich zur Konkurrenz längerfristig überdurchschnittliche Ergebnisse zu erzielen.[479]

Ausgangspunkt der Bewertung der SEP stellt die Definition der branchenspezifisch wichtigsten Erfolgspositionen dar. Diese richten sich nach dem Kundennutzen. Die Anforderungen des Kunden lassen sich den verschiedenen Phasen des Werkzeuglebenszyklus von der Anfrage bis zur Werkzeugnutzung in neun Subziele gliedern.

Im Zuge der Werkzeuganfrage des Kunden stellt sich zunächst die Frage, inwieweit es dem Werkzeugbaubetrieb möglich ist, vom Kunden gewünschte Liefertermine zusagen zu können. Ein Subziel des Kundennutzens ist somit das Leistungsmerkmal **Lieferfähigkeit**. Eine ausgeprägte Lieferfähigkeit erfordert eine hohe planerische Transparenz, da das Vorhalten umfassender freier Kapazitäten bedingt durch starken Wettbewerbsdruck keine Option darstellt. Organisatorisch wird eine derartige Transparenz durch eine stabile Ausrichtung

---

[478] Vgl. Schawel/Billing (2018), Management Tools, S. 142
[479] Vgl. Pümpin/Amann (2005), Strategische Erfolgspositionen, S. 30f.

begünstigt. Hingegen führt eine variable Ausrichtung durch Freiheitsgrade und Entscheidungsräume zu einer niedrigeren Transparenz.

Bei der Auftragsvergabe spielt die für die Werkzeugerstellung angesetzte Durchlaufzeit eine wesentliche Rolle für den Erhalt eines Zuschlags. Das Leistungsmerkmal **Schnelligkeit** besitzt daher für Werkzeugbaubetriebe als Differenzierungsmöglichkeit eine herausragende Bedeutung. Bedingt durch sich verkürzende Entwicklungszyklen sinkt die Zeitspanne, die für die Werkzeugerstellung zur Verfügung steht. Vor diesem Hintergrund nimmt die Bedeutung des Subziels Schnelligkeit zu. Eine niedrige Durchlaufzeit setzt die Beherrschung der Prozesse voraus und wird durch eine stabile organisatorische Ausrichtung im Allgemeinen begünstigt, während sich eine variable Ausrichtung als ungünstig erweist.

Die Fähigkeit zur Einhaltung von Lieferterminen, die dem Kunden zugesagt wurden, wird als **Termintreue** bezeichnet. Während eine hohe Termintreue ein erhebliches Differenzierungspotenzial im Werkzeugbau bietet, führt eine niedrige Termintreue zu ungeplanten Produktionsverzögerungen auf Kundenseite und damit Wettbewerbsnachteilen. Eine hohe Termintreue bei gleichzeitig marktgerechten Durchlaufzeiten bedingt stabile Durchlaufzeiten der Prozesse der Leistungserstellung. Diese werden durch eine stabile Ausrichtung der Organisationsarchitektur begünstigt.

Die **Preisgünstigkeit** der Leistungen des Werkzeugbaus besitzt eine zentrale Rolle. Insbesondere die Einstandskosten eines Werkzeugs stellen häufig eines der wichtigsten Kriterien bei der Auftragsvergabe dar. In den vergangenen Jahren hat die Betrachtung der Lebenszykluskosten des Werkzeugs, also die aggregierten Beschaffungs-, Besitz- und Entsorgungskosten gegenüber dem Einstandspreis an Bedeutung gewonnen.[480] Die genaue Kenntnis der Art und Höhe der im Werkzeugbaubetrieb anfallenden Kosten stellt die Grundvoraussetzung für eine erfolgreiche Geschäftstätigkeit dar. Diese Kostentransparenz wird neben leistungsfähigen IT-Systemen und Disziplin der bedienenden Mitarbeiter vor allem durch strukturierte organisatorische Prozesse und damit eine stabile organisatorische Ausrichtung begünstigt.[481] Neben der Kostentransparenz werden die Prozesse planbarer, wodurch die Optimierung der Auslastung unterstützt wird. Eine hohe Auslastung ist eine wichtige Herausforderung für die Erreichung marktfähiger Preise.

Während der Auftragsabwicklung ergeben sich häufig Änderungen an den Werkzeugspezifikationen vonseiten des Kunden (vgl. Kapitel 2.3.2). Die Fähigkeit eines Werkzeugbaubetriebs, kundeninduzierte Änderungen einzuarbeiten,

[480] Vgl. Kühn (2016), Lebenszyklusorientierte Leistungssysteme, S. 109

soll als systemische **Änderungsflexibilität** bezeichnet werden. Gemäß der dieser Arbeit zugrunde liegenden Flexibilitätsdefinition impliziert dies, dass die Durchführung der Änderungen innerhalb des Organisationsystems möglichst aufwandsarm bearbeitetet werden kann. Die Realisierung einer hohen Änderungsflexibilität ist auf eine variable organisatorische Ausrichtung angewiesen.

Nach der Auslieferung des Werkzeugs ist für den Kunden dessen **Einsatzqualität** von zentraler Bedeutung. Werkzeugreparaturen sind mit hohen Kosten verbunden und können zu Ausfällen der Serienproduktion führen. Aus Kundenperspektive ist darum die Verfügbarkeit des Produktionsmittels entscheidend. Zusätzlich wünscht sich der Kunde eine optimale Fertigungsqualität über die komplette Einsatzzeit des Werkzeugs. Die Einsatzqualität wird eher durch eine stabile organisatorische Ausrichtung gefördert. Dies geht vor allem auf eine höhere Spezialisierung der Mitarbeiter zurück.

Über die Werkzeugerstellung bis hin zum Werkzeugeinsatz wird der Kundennutzen von der **Reaktionsfähigkeit** entscheidend determiniert. Insbesondere bei Ausfällen des Werkzeugs verlangt der Kunde eine möglichst kurzfristige Reaktion, um die hohen Kosten eines Produktionsausfalls zu minimieren. Die Reaktionsfähigkeit wird durch eine variable organisatorische Ausrichtung begünstigt.

Die Werkzeugtechnologie bestimmt maßgeblich die Leistungsfähigkeit eines Werkzeugs. Innovative Werkzeugtechnologien können die Leistungsfähigkeit eines Werkzeugs erhöhen. Die **werkzeugtechnologische Innovationskraft** stellt ein erhebliches Differenzierungspotenzial im Werkzeugbau dar.[482] Die Leistungsfähigkeit eines Werkzeugs bestimmt in hohem Maße die Leistungsfähigkeit der Serienproduktion, in der das Werkzeug eingesetzt wird. Die Leistungsfähigkeit des Werkzeugs wird von der jeweiligen Verfahrenstechnologie determiniert.[483] Die **verfahrenstechnologische Innovationskraft** stellt somit ebenfalls ein zentrales Subziel des Werkzeugbaus dar. Sie erfordert, genauso wie die werkzeugtechnologische Innovationskraft, ein großes spezifisches Know-how und viel Erfahrungswissen der beteiligten Mitarbeiter.[484] Um die Innovationskraft zu erhöhen, bieten sich variabel gestaltete Organisationsarchitekturen an. Dies geht vor allem auf den höheren Handlungsspielraum der Mitarbeiter zurück.

Der Markt für Leistungen des Werkzeugbaus unterliegt starken, kurzzyklischen und kaum voraussehbaren Schwankungen (vgl. Kapitel 2.3.5). Ein Teil der

---

[481] Vgl. Kühn (2016), Lebenszyklusorientierte Leistungssysteme, S. 109f.
[482] Vgl. Kühn (2016), Lebenszyklusorientierte Leistungssysteme, S. 110
[483] Vgl. Schleyer (2006), Kooperationsmanagement, S. 34ff.
[484] Vgl. Kühn (2016), Lebenszyklusorientierte Leistungssysteme, S. 110

Schwankungen wirkt sich als Änderungsimpulse auf die Aufbauorganisation aus. Häufig reicht die durch den Werkzeugbaubetrieb vorgesehene Anpassungsfähigkeit nicht aus, um die Änderungsimpulse ohne Systemanpassungen zu verarbeiten. Hieraus ergibt sich die Notwendigkeit struktureller Anpassungen, um angemessen auf die Änderungsimpulse reagieren zu können. Die systemische Fähigkeit, diese strukturellen Anpassungen zielgerichtet und effizient umsetzen zu können, wird als **Wandlungsfähigkeit** bezeichnet.

Die vorausgehenden Definitionen der Subziele stellen die Grundlage für die Charakterisierung der Bedeutung der SEP dar. So können die neun Subziele direkt als SEP übernommen werden. Die Bedeutung der SEP ist dabei nicht statisch und muss demnach regelmäßig hinterfragt werden. Für die vorliegende Methodik wird ein mittelfristiger Zeithorizont von drei Jahren vorgeschlagen. Die Bewertung sollte in erster Linie durch das Führungspersonal von Werkzeugbaubetrieben erfolgen.

Um die Bedeutung der SEP für ein Unternehmen systematisch zu bewerten, wird die Methodik des Paarweisen Vergleichs verwendet. Diese findet häufig Verwendung bei der Bewertung qualitativer Kriterien.[485] Dazu werden alle SEP nach dem in Abbildung 5-6 dargestellten Schema jeweils in die Zeilen und Spalten einer Dominanzmatrix eingetragen. Anschließend wird die SEP einer Zeile mit den anderen SEP in den Spalten der Dominanzmatrix in Bezug auf ihre Bedeutung bewertet. Dabei wird unterschieden, ob die SEP der Zeile mittelfristig von höherer (Eintragung einer „1") oder von niedrigerer Bedeutung (Eintragung einer „0") ist als die jeweilige SEP in der Spalte. Eine indifferente Bewertung wird durch die verwendete Binärlogik vermieden, wodurch die Aussagekraft der Analyse begünstigt wird. Nach Abschluss der Bewertung ergibt die Zeilensumme einer SEP ihre aggregierte Bedeutung. Um ein intuitives Verständnis der Bewertung zu unterstützen, wird abschließend eine Normierung der Zeilensummen vorgenommen.

Die Bedeutung der einzelnen SEP variiert entsprechend den spezifischen Rahmenbedingungen, weshalb ihre Gewichtung unternehmensspezifisch bestimmt werden muss. Dabei empfiehlt es sich, soweit dies möglich ist, die Kundenperspektive durch die Einbindung von Hauptkunden zu berücksichtigen.

Für die vorliegende Methodik ist die unternehmensspezifische Priorisierung der SEP entscheidend. Diese Priorisierung ist die Folge begrenzter Ressourcen sowie erforderlicher Fokussierungen bei diametralen SEP. Ein häufiges Merkmal in deutschen Werkzeugbaubetrieben ist in diesem Zusammenhang die

[485] Vgl. Kühn (2016), Lebenszyklusorientierte Leistungssysteme, S. 111

Priorisierung einer Kombination aus SEP, die einer monotonen Ausrichtung entweder auf Stabilität oder auf Variabilität entspricht.

Leseart: Zeilenelement → Spaltenelement

	Lieferfähigkeit	Schnelligkeit	Termintreue	Preisgünstigkeit	Einsatzqualität	Reaktionsfähigkeit	Änderungsflexibilität	Innovationskraft	Wandlungsfähigkeit	Zeilensumme	Normierte Zeilensumme
Lieferfähigkeit		0	0	1	0	1	0	1	1	4	0,11
Schnelligkeit	1		1	1	0	0	0	1	1	5	0,14
Termintreue	1	0		1	0	0	0	1	1	4	0,11
Preisgünstigkeit	0	0	0		0	0	0	1	1	2	0,06
Einsatzqualität	1	1	1	1		1	1	1	1	8	0,22
Reaktionsfähigkeit	0	1	1	1	0		0	0	0	3	0,08
Änderungsflexibilität	1	1	1	1	0	1		1	1	7	0,19
Innovationskraft	0	0	0	0	0	1	0		0	1	0,03
Wandlungsfähigkeit	0	0	0	0	0	1	0	1		2	0,06
Spaltensumme										36	1,0

Abbildung 5-6: Dominanzmatrix zur Bewertung der SEP (beispielhaft ausgefüllt)

Werden die untersuchten SEP hinsichtlich ihrer Beeinflussung durch organisatorische Ausrichtungen bewertet, ist eine klare Unterscheidung zu erkennen: Die SEP Lieferfähigkeit, Schnelligkeit, Termintreue und Einsatzqualität werden durch stabile organisatorische Ausrichtungen eher begünstigt und durch variable organisatorische Ausrichtungen eher reduziert. Eine gegensätzliche Beziehung gilt für die SEP Servicequalität, Änderungsflexibilität, Innovationskraft und Wandlungsfähigkeit (s. Abbildung 5-7).

Diese Zuteilung kann in Verbindung mit der vorherigen Gewichtung der SEP genutzt werden, um eine globale Auswertung zu erhalten, die darstellt, welche organisatorische Ausrichtung bevorzugt werden sollte. Hierzu wird jeweils die Summe der stabilitätsbefähigenden normierten Zeilensummen und der variabilitätsbefähigenden normierten Zeilensummen gebildet (s. Abbildung 5-6).

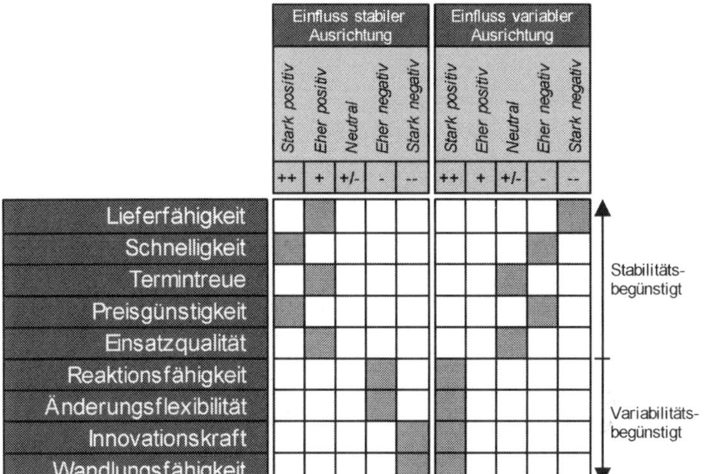

Abbildung 5-7: Auswirkungen der organisatorischen Ausrichtungen auf die SEP (beispielhaft ausgefüllt)

Für die quantitative Bewertung mittels morphologischem Kasten wird eine **Skala** vorgesehen. Ausgehend von dem Zahlenwert 0,5 wird jeweils ein Bereich bis 1,0 für beide Ausrichtungen vorgenommen. Ausgenommen von dem Zahlenwert 0,5 existiert durch die direkt-lineare Beziehung zwischen den Summen der normierten Zeilensummen stets ein Summenwert, der über dem Wert 0,5 liegt. Dieser dominante Wert wird in der Skala eingetragen, wodurch die qualitative Bewertung der strategischen Ausrichtung durch die Zuordnung zu den Merkmalausprägungen stabilitätsorientiert, eher stabilitätsorientiert, eher variabilitätsorientiert und variabilitätsorientiert erfolgt (s. Abbildung 5-8).

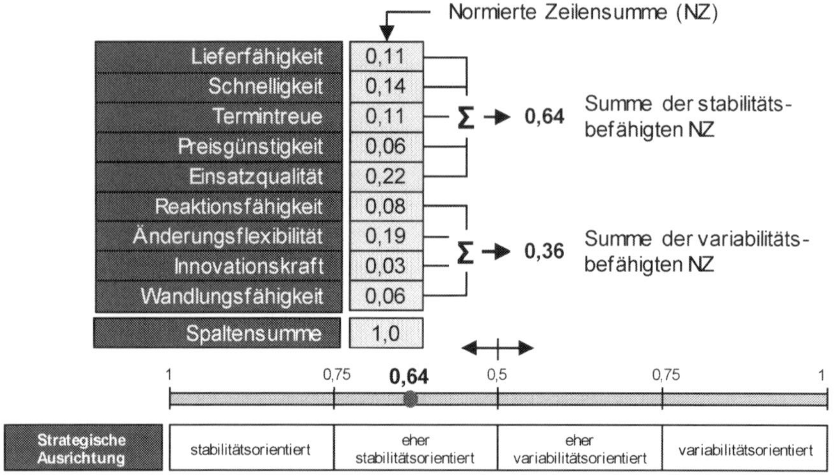

Abbildung 5-8: Ausprägungen des Merkmals strategische Ausrichtung (beispielhaft ausgefüllt)

Analyse des Leistungsspektrum

Im Zuge der Industrialisierungsbestrebungen haben deutsche Werkzeugbaubetriebe sich in unterschiedlichen Ausprägungen fokussiert. Dabei hängen die Möglichkeiten zur Fokussierung von vielfältigen Umfeldfaktoren, bspw. der Kundenstruktur oder der Planbarkeit der Kundenanforderungen ab. Als Folge variiert der Grad der Fokussierung stark zwischen den Werkzeugbaubetrieben. Aufgrund der Bedeutung der Fokussierung für die organisatorische Gestaltung ist der spezifische Fokussierungsgrad möglichst exakt zu erfassen. Zu diesem Zweck werden im Folgenden auf Basis der Erfahrungen und Einschätzungen des Autors dieser Arbeit Merkmalausprägungen definiert.

Ein fokussiertes Leistungsspektrum entspricht einer stabilen organisatorischen Ausrichtung, während ein nicht fokussiertes, breites Leistungsspektrum eher einer variablen organisatorischen Ausrichtung zuzuordnen ist. Mögliche Ausprägungen für das Merkmal Leistungsspektrum sind:

- **Hoch fokussiert:** Angebot einer geringen Anzahl von Werkzeugtypen und Dienstleistungsarten für eine spezifische Industrie.
- **Fokussiert:** Angebot einer moderaten Anzahl von Werkzeugtypen und Dienstleistungsarten für verschiedene Industrien.
- **Kaum fokussiert:** Angebot verschiedener Werkzeugtypen und Dienstleistungsarten für eine spezifische Industrie.

- **Nicht fokussiert:** Umfassendes Angebot von verschiedenen Werkzeugtypen und Dienstleistungsarten für verschiedene Industrien.

Analyse des Auftragsspektrums

Die Analyse des spezifischen Auftragsspektrums wurde vorausgehend als geeignetes Kriterium eingeführt, um die Planbarkeit der Organisationsgestaltung zu bewerten. Gemäß der Einteilung nach EVERSHEIM UND KLOCKE lässt sich das Auftragsspektrum im Werkzeugbau in vier verschiedene Auftragsarten unterteilen.[486] Für die Beurteilung des Planbarkeitsgrads entscheidend ist der Anteil der Reparatur- und Änderungsaufträge. Um die Planbarkeit vereinfachend zu erfassen, wird diese in der Methodik durch die anteiligen Kosten für unplanbare Auftragsumfänge bewertet. Dabei werden die spezifischen Kostenanteile an den gesamt anfallenden Kosten quantifiziert.[487] Die quantitative Bewertung der Planbarkeit des Auftragsspektrums lässt sich anschließend in den morphologischen Kasten überführen.

Eine weitgehende Planbarkeit wirkt sich günstig auf eine stabile organisatorische Ausrichtung aus. Eine niedrige Planbarkeit erfordert hingegen eine variable organisatorische Ausrichtung. Mögliche Ausprägungen für das Merkmal Planbarkeit sind:

- **Weitgehend planbar:** Der relative Kostenanteil von Änderungs- und Reparaturaufträgen beträgt weniger als 20%.
- **Bedingt planbar:** Der relative Kostenanteil von Änderungs- und Reparaturaufträgen beträgt mehr als 20% und weniger als 40%.
- **Kaum planbar:** Der relative Kostenanteil von Änderungs- und Reparaturaufträgen beträgt mehr als 40% und weniger als 60%.
- **Nicht planbar:** Der relative Kostenanteil von Änderungs- und Reparaturaufträgen beträgt mehr als 60%.

Integration der Gestaltungsdimensionen des Außenverhältnisses

Aus den vorgenommenen Profilierungen anhand der definierten Bewertungsdimensionen ergibt sich ein Gesamtprofil (s. Abbildung 5-9). Dieses Gesamtprofil bietet eine für den Kontext dieser Arbeit gesamtheitliche Bewertung des Außenverhältnisses des anwendenden Werkzeugbaubetriebs.

---

[486] Vgl. Eversheim (2012), Werkzeugbau mit Zukunft, S. 20

[487] Vgl. Rittstieg (2012), Prozesssynchronisierung, S. 116

Außenverhältnis	Strategie	Marktumfeld	kontinuierlich	eher kontinuierlich	eher turbulent	turbulent
		Strategische Ausrichtung	stabilitätsorientiert	eher stabilitätsorientiert	eher variabilitätsorientiert	variabilitätsorientiert
	Leistungsangebot	Leistungsspektrum	hoch fokussiert	fokussiert	kaum fokussiert	nicht fokussiert
		Auftragsspektrum	weitgehend planbar	bedingt planbar	kaum planbar	nicht planbar

Abbildung 5-9: Bewertungsschema zur Profilierung des Außenverhältnisses eines Werkzeugbaubetriebs

Schritt 2: Analyse des Innenverhältnisses

Zur Profilierung des Innenverhältnisses wird die Ablauforganisation durch die Analyse der Gestaltungsdimensionen Kapazitätsgestaltung, Standardisierung und Synchronisierung charakterisiert. Im Anschluss erfolgt die unternehmensspezifische Darstellung der Organisationsarchitektur durch Betrachtung der Gestaltungsdimensionen Konfiguration, Koordination, Führung und Unternehmenskultur.

Analyse der Kapazitätsgestaltung

Die **Kapazitätsgestaltung** beschreibt die Auslegung der Produktionsressourcen und ist gekennzeichnet durch den Zielkonflikt der Dimensionen Auslastung und Versorgungssicherheit. Innerhalb dieses Zielkonflikts ist die Produktion eines Werkzeugbaubetriebs zu positionieren. Dabei dürfen Werkzeugbaubetriebe für beide Zieldimensionen eine Mindestausprägung nicht unterschreiten. Die Mindestausprägung der Auslastung der Produktionsressourcen resultiert aus der Forderung nach Rentabilität bzw. Wirtschaftlichkeit. Die Mindestausprägung der Versorgungssicherheit ergibt sich aus dem Umstand, dass kurzfristige und eilige Reparaturaufträge abgearbeitet werden müssen. Typischerweise werden diese Umfänge von dem Werkzeugbaubetrieb verrichtet, der das Werkzeug hergestellt hat. Dies geht vor allem auf den Unikatcharakter des Werkzeugs zurück, der spezifisches Wissen zu dem einzelnen Werkzeug erforderlich macht.

Die Maximierung der Auslastung entspricht der Positionierung einer stabilen organisatorischen Ausrichtung und setzt diese voraus. Eine hohe Auslastung entspricht dabei einer hohen Effizienz der Auftragsabwicklung. Die vorgehaltenen Kapazitäten der Produktionsressourcen orientieren sich dabei am Minimalbedarf, um eine hohe Auslastung zu gewährleisten. Dabei wird in Kauf genommen, dass unplanbare, eilige Reparaturaufträge nicht direkt bearbeitet werden können. Die Maximierung der Versorgungssicherheit entspricht hingegen einer variablen organisatorischen Ausrichtung und bedingt diese. Eine Priorisierung der Versorgungssicherheit und damit der Verfügbarkeit wirkt sich negativ auf die Auslastung der Produktionsressourcen aus. Die vorgehaltenen Kapazitäten der Produktionsressourcen werden auf den Maximalbedarf ausgerichtet, um unplanbare, eilige Reparaturaufträge ohne Zeitverzug bearbeiten zu können. Mögliche Ausprägungen für das Merkmal Kapazitätsgestaltung sind:

- **Auslastungsorientiert:** Systematische Kapazitätsgestaltung, die die Maximierung der Auslastung der Produktionsressourcen der Versorgungssicherheit des Kunden vorzieht. Die Auslegung der Kapazitäten orientiert sich am Minimalbedarf. Es werden nur minimale Kapazitäten für dringende Reparaturaufträge vorgehalten.
- **Eher auslastungsorientiert:** Bei der Kapazitätsgestaltung wird projektspezifisch zwischen den Zielgrößen Auslastung und Versorgungssicherheit entschieden. Das Ziel einer hohen Auslastung und damit der Begünstigung der Effizienz wird der Versorgungssicherheit des Kunden in den meisten Fällen vorgezogen.
- **Eher verfügbarkeitsorientiert:** Bei der Kapazitätsgestaltung wird projektspezifisch zwischen den Zielgrößen Auslastung und Versorgungssicherheit entschieden. Die Versorgungssicherheit des Kunden wird dem Ziel einer hohen Auslastung und damit der Begünstigung der Effizienz in den meisten Fällen vorgezogen.
- **Verfügbarkeitsorientiert:** Systematische Kapazitätsgestaltung, die die Maximierung der Versorgungssicherheit des Kunden der Auslastung der Produktionsressourcen vorzieht. Die Auslegung der Kapazitäten orientiert sich am Maximalbedarf. Es werden umfassende Kapazitäten für dringende Reparaturaufträge vorgehalten.

Analyse der Standardisierung

Charakteristisches Merkmal des Werkzeugbaus ist eine hohe Komplexität, die vor allem aus dem Unikatcharakter der Werkzeuge sowie aus der Vielfalt der Auftragsarten resultiert (vgl. Kapitel 2.3.1). Wesentliche Bestrebungen der handlungsleitenden Industrialisierung im Werkzeugbau zielen auf die Reduzierung der internen Komplexität ab. Die **Standardisierung** von Produkt und Prozess spielt dabei eine zentrale Rolle. Aufbauend auf systematisch erhöhten Wiederholhäufigkeiten in der Fertigung von Werkzeugkomponenten sieht das Konzept die Prozessstandardisierung vor. Diese verfolgt das Ziel, die vorhandene Prozessvarianz zu senken, um insbesondere Effizienzvorteile und eine verbesserte Planung zu ermöglichen (vgl. Kapitel 2.3.4).

Sowohl die Produktkomplexität als auch der Grad der Prozessstandardisierung variieren stark im Werkzeugbau. Für die Analyse und Bewertung dieser Größen wird der Standardisierungsgrad der Prozesse genutzt, der die Produktstandardisierung bedingt und entscheidend für die Charakterisierung der Auftragsabwicklung im Rahmen dieser Arbeit ist. So wirkt sich ein hoher Standardisierungsgrad positiv auf die Stabilität aus. Projektübergreifend werden die gleichen

Arbeitsabläufe verwendet, die sich in der Vergangenheit bewährt haben bzw. stetig optimiert wurden. Hierdurch wird die Auftragsabwicklung transparenter und weniger anfällig für individuelle Fehler von Mitarbeitern. Gleichzeitig wird der Gestaltungs- bzw. Entscheidungsraum der beteiligten Mitarbeiter eingeschränkt, wodurch die Variabilität maßgeblich verringert wird. Mögliche Ausprägungen für das Merkmal Standardisierung sind:

- **Hoch standardisiert:** Maximale Prozessstandardisierung mit vollständiger Anwendung auf den Leistungserstellungsprozess. Bestehende Prozesse werden kontinuierlich verbessert.
- **Standardisiert:** Hoher Prozessstandardisierungsgrad mit hoher Umsetzung im Leistungserstellungsprozess.
- **Kaum standardisiert:** Vereinzelte Prozessstandards mit geringer Umsetzung im Leistungserstellungsprozess.
- **Nicht standardisiert:** Keine Prozessstandards, die im Leistungserstellungsprozess umgesetzt werden.

Analyse der Synchronisierung

Die inhaltliche und zeitliche Abstimmung verteilt vorgenommener Arbeitsinhalte innerhalb eines technischen Systems wird als **Prozesssynchronisierung** bezeichnet. Das Ziel ist dabei die höchstmögliche Effizienz unter Vermeidung von Verschwendung und zeitlichem Verzug.[488] Die Synchronisierung der Auftragsabwicklung lässt sich genauso wie die Produkt- und die Prozessstandardisierung den Kernelementen industrieller Wertschöpfung zuordnen (vgl. Kapitel 2.3.4). Sie verfolgt das Ziel, synchrone Wertschöpfungsprozesse in der Auftragsabwicklung des industriellen Werkzeugbaus zu realisieren und lässt sich den Elementen Fließfertigung und Taktung zuordnen.

Eine synchrone Auftragsabwicklung unterstützt die Vermeidung von Liegezeiten sowie die Verkürzung von Rüst- und Nebenzeiten, wodurch die Durchlaufzeit reduziert wird. Dazu erfolgen eine inhaltliche und zeitliche Abstimmung simultan ablaufender bzw. aufeinanderfolgender Prozessschritte und die Etablierung des Flussprinzips. Hierdurch werden die Durchlaufzeiten konstanter und dadurch vorhersagbarer. Die Effizienz wird vor allem dadurch erhöht, dass unproduktive Eingriffe in die Prozesse reduziert werden. Dazu zählen Abläufe zur Feinsteuerung und Koordination sowie Such- und Abstimmungsaufwände. Durch die verbesserte Planung im Vorfeld der Werkzeugerstellung werden unnötige Steuerungsaufwendungen wie z. B. Umpriorisierungen, Reihenfolgeänderungen und Neuterminierungen von Bearbeitungsumfängen verringert. Insgesamt

[488] Vgl. Rittstieg (2012), Prozesssynchronisierung, S. 13

bewirkt eine Synchronisierung der Auftragsabwicklung im Werkzeugbau eine sprunghafte Steigerung der Produktivität bei reduzierten Durchlaufzeiten und erhöhter Termintreue. Synchrone Prozessflüsse erfordern eine Intensivierung der Planungsaktivitäten, um den Prozessfluss vorwegzunehmen und unnötige Steuerungsaufwände zu minimieren. In diesem Zusammenhang kommt der Planungsqualität eine besondere Bedeutung zu. Als Folge müssen kurzfristige Änderungen an Abläufen aktiv unterbunden werden, wodurch die Flexibilität zur kurzfristigen Reaktion eingeschränkt wird.[489] In diesem Zusammenhang wird ebenfalls die Wandlungsfähigkeit eingeschränkt. Die Synchronisierung baut auf einem schrittweisen Vorgehen auf, das den Lösungsraum des einzelnen Mitarbeiters durch statische Vorgaben eingrenzt. Hierdurch werden sowohl die Wandlungsfähigkeit des Unternehmens als auch die Innovationsbereitschaft der Mitarbeiter zugunsten von Wiederholhäufigkeiten und Spezialisierungsvorteilen stark eingeschränkt. Die Synchronisierung der Auftragsabwicklung begünstigt somit die Stabilität, während die Variabilität reduziert wird. Mögliche Ausprägungen für das Merkmal Synchronisierung sind:

- **Hoch synchronisiert:** Hohe Synchronisierung aller wesentlichen Prozesse der Leistungserstellung nach Fertigungsplan. Ein Teil der Leistungserstellung erfolgt innerhalb einer getakteten Fließfertigung.
- **Synchronisiert:** Synchronisierung wesentlicher Prozesse der Leistungserstellung nach Fertigungsplan. Vereinzelt wird auf Steuerungsmechanismen wie bspw. das Pull-Prinzip zurückgegriffen.
- **Kaum synchronisiert:** Niedrige Synchronisierung der Prozesse der Leistungserstellung. Es wird vor allem auf Steuerungsmechanismen wie das Push-Prinzip zurückgegriffen.
- **Nicht synchronisiert:** Keine Synchronisierung der Prozesse der Leistungserstellung. Die Fertigungsprozessfreigabe erfolgt unsystematisch.

Analyse der Konfiguration

Die Differenzierung des Gesamtsystems in Segmente und die Integration der Teile zu einem einheitlich zielorientiert handelnden Ganzen bilden die zentralen Prinzipien, die allen Organisationsarchitekturen zugrunde liegen. Ihre Gestaltung führt zu einer Rahmenstruktur der Unternehmensaktivitäten, die gleichzeitig die äußere Form des Stellengefüges widerspiegelt. Diese Rahmenstruktur wird als **Konfiguration** bezeichnet. Sie umfasst sämtliche Elemente und Beziehungen der Organisationsarchitektur, die die Entscheidungs- und Weisungsbefugnisse innerhalb der Organisation formalisiert festlegen.

---

[489] Vgl. Rittstieg (2012), Prozesssynchronisierung, S. 57

Bei der Auf- bzw. Zuteilung der zur Leistungserstellung notwendigen Aktivitäten auf entsprechende Segmente sind sowohl bestehende als auch neu entstehende Interdependenzen und Schnittstellen zu beachten. **Interdependenzen** bezeichnen arbeitsbezogene Abhängigkeiten, während Schnittstellen Berührungspunkte zwischen den Segmenten darstellen. Schnittstellen sind eine Folge der Spezialisierung von Subsystemen bzw. der sich daraus ergebenden Übergänge zwischen den einzelnen Aufgaben- und Verantwortungsbereichen. Hieraus entstehen Herausforderungen, wie z. B. ein ungenügender Informationsfluss, eine unterbrochene Prozessabwicklung mit zeitlichen Verzögerungen oder nicht eindeutig bestimmte Verantwortlichkeiten und Kompetenzen. Ferner können emotionale Barrieren entstehen und Informationen bewusst oder unbewusst zurückgehalten werden.[490] Wird diesen Herausforderungen nicht in geeigneter Weise begegnet, steigt der Koordinationsaufwand an.

Eine stabile organisatorische Ausrichtung wird vor dem Hintergrund der Konfiguration durch eine Zentralisierung der Entscheidungs- und Weisungsgewalt umgesetzt. Im Fokus steht die Schaffung von Einheitlichkeit, woraus wenig Freiraum für einzelne Mitarbeiter resultiert. Als Folge sind einzelne Teilleistungen vorhersagbarer und weniger fehleranfällig. Gleichzeitig werden redundante Arbeitsinhalte bzw. Aufgabenbereiche durch Zentralisierung aufgehoben. Eine variable organisatorische Ausrichtung durch die Gestaltung der Konfiguration erfolgt durch die Dezentralisierung der Entscheidungs- und Weisungsgewalt. Dabei führt das Streben nach Flexibilität zu Freiraum für einzelne Mitarbeiter, wobei redundante Arbeitsinhalte bzw. Aufgabenbereiche bewusst geduldet werden. Durch eine weitgehend partizipative Organisationsgestaltung werden die Abläufe von den Mitarbeitern situationsabhängig optimiert bzw. ausgeführt. Mögliche Ausprägungen für das Merkmal Konfiguration sind:[491]

- **Monozentrische Fremdorganisation:** Zentralistisches Streben nach Spezialisierungsvorteilen und Synergien durch Zentralisation von Funktionen; Entscheidungsgewalt konzentriert sich auf wenige Führungspersonen an der Spitze des Unternehmens.
- **Klassisch hierarchisch:** Verteilung der Entscheidungs- und Weisungsbefugnisse strebt eher die Erschließung von Spezialisierungsvorteilen und Synergien an.
- **Flache Hierarchien:** Verteilung der Entscheidungs- und Weisungsbefugnisse strebt eher die Maximierung des Kundennutzens an.

---

[490] Vgl. Vahs (2007), Organisation, S. 106f.
[491] Vgl. Thommen et al. (2017), Allgemeine Betriebswirtschaftslehre, S. 517f.

- **Polyzentrisch:** Streben nach maximaler Befriedigung der Kundenbedürfnisse durch Dezentralisiation von Funktionen, Entscheidungsgewalt ist in der Struktur breit verteilt.

Analyse der Koordination

Die **Koordination** bezeichnet die Abstimmung von Einzelaktivitäten im Hinblick auf ein übergeordnetes Gesamtziel der Unternehmung. Auf diese Weise beinhaltet sie die situationsabhängige Aktivierung der durch die Konfiguration organisatorisch festgelegten Integrationsbeziehungen.[492]

Der Bedarf für die Koordination der arbeitsteiligen Aufgabenerfüllung korreliert mit dem Grad der Arbeitsteilung.[493] Insbesondere der Werkzeugherstellungsprozess lässt sich durch einen stark arbeitsteiligen Prozess mit hoher Leistungsverflechtung und hoch spezialisierten Mitarbeitern charakterisieren. Der Gesamtprozess besteht aus vielen aufeinander folgenden Schritten, deren Ablauf (Prozesszeiten, Prozessdurchführung etc.) häufig nur bedingt vorhersehbar ist. Zusätzlich erfordert die Durchführung der Schritte einen intensiven, wechselseitigen Austausch zwischen den involvierten organisatorischen Einheiten. Um den Ansprüchen, die aus den Unternehmenszielen und den kundenseitigen Anforderungen resultieren, gerecht zu werden, ist eine leistungsstarke Koordination erforderlich. Dies ist insbesondere von Bedeutung, da die zur Werkzeugerstellung notwendigen Schritte statt sequenziell mehr und mehr simultan bzw. zeitlich überschneidend ablaufen. Hierdurch ergibt sich ein ständiger wechselseitiger Austausch zwischen den unternehmensinternen organisatorischen Einheiten, aber auch mit Mitarbeitern des Kunden.

Für eine funktionierende Koordination ist eine **unternehmensspezifisch angepasste Planungsstruktur** aus Grob- und Feinplanung sowie Steuerung erforderlich.[494] Insbesondere die Grob- und die Feinplanung werden durch Systeme unterstützt. Die Planung erfordert die Gestaltung und konsequente Einhaltung einer spezifischen Planungsstruktur, die bspw. die Priorisierungsregeln bei Zeitkonflikten zwischen verschiedenen Projekten regelt. Bei der Gestaltung der Planung wird zwischen Aufwand und Nutzen der planerischen Aktivitäten und des Systemeinsatzes abgewogen. Ein gewisser Steueraufwand bleibt dabei stets erhalten und wird durch das Führungspersonal vor Ort auf dem Shopfloor übernommen.

Wird der Freiraum der Mitarbeiter gezielt durch weitgehend starre Vorgaben eingeschränkt, wirkt sich die Koordination stabilitätsfördernd aus. In Aufgaben-

---

[492] Vgl. Krieg (1971), Kybernetik, S. 23
[493] Vgl. Vahs (2007), Organisation, S. 107
[494] Für eine ausführliche Beschreibung der Gestaltung einer unternehmensindividuellen Planung: Vgl. Boos et al. (2015), Planen im Werkzeugbau, S. 12

feldern, die von einer geringen Komplexität sowie Ungewissheit geprägt sind, führt dies zu Effizienzvorteilen und einem verminderten Koordinationsbedarf. Gegenteiliges trifft für ein komplexes, veränderliches Arbeitsumfeld zu. Hier wirkt sich ein bewusst geschaffener Freiraum der Mitarbeiter positiv auf die Schaffung der notwendigen Handlungsfreiheit aus. Somit entspricht dies einer variablen organisatorischen Ausrichtung. Mögliche Ausprägungen für das Merkmal Koordination sind:

- **Fremdbestimmte Aufgabenerfüllung:** Kaum Freiraum zur Eigengestaltung der Aufgabenerfüllung, klar abgegrenzte Verantwortungsbereiche, operative Mitarbeiter sind in einem vorgegebenen Prozessschema eingepasst.
- **Eher fremdbestimmte Aufgabenerfüllung:** Standards und Vorgaben zur Aufgabenerfüllung bieten einen Rahmen, von dem nur in Ausnahmefällen abgewichen werden darf.
- **Eher eigenbestimmte Aufgabenerfüllung:** Standards und Vorgaben zur Aufgabenerfüllung bieten einen Rahmen, der situationsbezogen in Teilen angepasst werden kann.
- **Eigenbestimmte Aufgabenerfüllung:** Großer Freiraum zur Eigengestaltung der Aufgabenerfüllung, grob abgegrenzte Aufgabenbreiche, zweckbezogene Rahmenregelungen dienen den Mitarbeitern als Orientierung.

Analyse der Führung

Im Kontext dieser Arbeit umfassen die Führungsmechanismen die Steuerungs-, Kontroll- und Anreizmechanismen. Wesentliches Ziel der **Führung** ist die Ausrichtung der arbeitsteiligen Aufgabenbewältigung auf die Unternehmensziele. Im Fokus steht die Erreichung vom unternehmerischen Gesamtoptimum. Im Werkzeugbau dienen dezentrales und technologiespezifisches Führungspersonal in geschlossenen Verantwortungsbereichen vor allem der Entlastung der Unternehmensführung. Die dezentrale Führung führt häufig zur Überbewertung der Bereichsoptima gegenüber dem unternehmerischen Gesamtoptimum und somit zu Maßnahmen der Organisationsgestaltung, die auf die Ziele des Funktionsbereichs statt auf die Unternehmensziele ausgerichtet sind. Aufgrund der engen wechselseitigen Abhängigkeiten in der Auftragsabwicklung wirkt sich dies stark nachteilig aus und führt insgesamt zu einem wesentlich höheren Abstimmungs- und damit Führungsaufwand sowie einem hohen Konfliktpotenzial.

Zusätzlich ist der Einfluss der Führung in Werkzeugbaubetrieben auf die organisatorische Ausrichtung sehr hoch. Die Umsetzung organisatorischer Gestaltungsmaßnahmen erfordert die Unterstützung durch das Führungspersonal. Bedingt durch enge Beziehungen und eine hohe Vertrautheit zwischen dem Führungspersonal und den Mitarbeitern beeinflusst die Führung häufig durch ihr Verhalten maßgeblich das Verhalten der Mitarbeiter. Nicht zuletzt besitzt das Führungspersonal eine Vorbildfunktion, die es systematisch nutzen muss.[495]

Zwischen den Freiheitsgraden der Aufgabenbewältigung und der Mitarbeitermotivation besteht ein starker Zusammenhang. Starke Einschränkungen durch Vorgaben und konkrete Arbeitsanweisungen können sich stark demotivierend auswirken. Neben den Steuerungsmechanismen sind ebenfalls Kontroll- und Anreizmechanismen erforderlich, um die Umsetzung der Aufgaben sicherzustellen. Abhängig von der Unternehmensgröße erfolgt die Kontrolle der Mitarbeiter im Werkzeugbau häufig verbal durch direkte Vorgesetzte oder durch das Ausfüllen von Arbeitszeitnachweisen. Gleichzeitig wird typischerweise auf extrinsische monetäre Motivation gesetzt, während intrinsische Motivationsinstrumente weitgehend vernachlässigt werden. Die Herausforderung sowohl für die Kontroll- als auch für die Anreizmechanismen liegt bei der eingeschränkten Vergleichbarkeit wesentlicher Arbeitsgänge, die eine objektive Bewertung der Leistung des einzelnen Mitarbeiters erschwert.

Insgesamt lässt sich feststellen, dass stabile Führungsmechanismen durch dokumentierte oder verbale aufgabenspezifische Vorgaben die systemische Stabilität begünstigen, während lose und offene Zeit- und Budgetvorgaben bzw. umfassende Freiheitsgrade die systemische Variabilität fördern. Mögliche Ausprägungen für das Merkmal Führungsmechanismen sind:[496]

- **Despotisch, fordernd:** Entscheidungen werden weitgehend durch Vorgesetzte getroffen und in Form von Anweisungen an die ausführende Stelle weitergegeben, die kein Mitspracherecht besitzt; Folgeleistung von Anweisungen durch den ausführenden Mitarbeiter wird eingefordert.
- **Patriarchalisch, drängend:** Entscheidungen werden in erster Linie durch den Vorgesetzten getroffen, der jedoch die Mitarbeiter von seinen Entscheidungen zu überzeugen versucht und ein geringes Maß an Mitsprache zulässt; Folgeleistung von Anweisungen durch den Mitarbeiter wird erwartet.
- **Partizipativ, motivierend:** Entscheidungen erfolgen durch den Vorgesetzten, der aus den gemeinsam mit ausführenden Mitarbeitern gefundenen Lösungsalternativen eine Alternative auswählt; Folgeleistung von Anweisungen durch den ausführenden Mitarbeiter wird durch

[495] Vgl. Wiegand (2018), Organisationsgestaltung, S. 25f.
[496] Vgl. Thommen et al. (2017), Allgemeine Betriebswirtschaftslehre, S. 517f.

Maßnahmen unterstützt, die die intrinsische und extrensische Motivation adressieren.

- **Demoktratisch, inspirierend:** Entscheidungen erfolgen durch die Gruppe, nachdem der Vorgesetzte das Problem darstellt und die Grenzen des Entscheidungsspielraumes aufgezeigt hat; Folgeleistung von Anweisungen durch den ausführenden Mitarbeiter wird durch Begeisterung für die Wirkung der Erledigung intrinsisch getrieben.

Analyse der Unternehmenskultur

In Kapitel 4.2.2 wurde die **Unternehmenskultur** als die abstrakte, unternehmensindividuelle Identität eines Unternehmens definiert, die auf geteilten und als selbstverständlich erachteten Grundannahmen beruht und durch gemeinsame Lernerfahrungen weiterentwickelt wird. Sie bestimmt damit als kollektives Selbstverständnis der Organisationsmitglieder einen Großteil des Verhaltens dieser.[497]

Die Unternehmenskultur ist von den formalen Aspekten der Organisationsgestaltung abzugrenzen. Zu dieser rationalen, beobachtbaren Ebene sind Instrumente der Organisationsgestaltung zu zählen, die unmissverständlich dokumentiert werden können, wie zum Beispiel ein Organigramm oder eine Stellenbeschreibung.[498] Im Unterschied dazu umfasst die Unternehmenskultur insbesondere informale Aspekte. Zu dieser affektiven, verdeckten Ebene sind alle Instrumente der Organisationsgestaltung zu zählen, die nicht eindeutig dokumentiert werden können, sondern sich im Kollektiv über einen Zeitraum ausbilden bzw. auswirken (s. Abbildung 5-10). Im Unterschied zu den formalen Aspekten sind die informalen Aspekte schwieriger zu beeinflussen, da insbesondere Ursache-Wirkungs-Relationen organisatorischer Maßnahmen kaum zu erkennen sind.

In der betriebswirtschaftlichen Forschung hat sich jedoch die Auffassung durchgesetzt, dass die Unternehmenskultur zumindest in Teilen steuerbar ist.[499] Im dieser Arbeit zugrunde liegenden Verständnis wird das Gestaltungsobjekt Organisationsarchitektur angepasst, um das Wirkobjekt „Organisationsmitglieder" in ihren Tätigkeiten zu beeinflussen. Die Ursache-Wirkungs-Beziehungen in diesem Zusammenhang sind unternehmensindividuell. So ist die Untersuchung der Unternehmenskultur erforderlich, um einerseits die richtigen Anpas-

---

[497] Vgl. Schein (2010), Organizational Culture and Leadership, S. 13f.

[498] In diesem Zusammenhang sprechen KIESER und KUBICEK von nicht-strukturellen Koordinationsinstrumente; vgl. Kieser/Kubicek (1992), Organisation, S. 7; vgl. Wunderlich (1998), Qualitätsorientierte Organisationsstrukturen, S. 71f.

[499] Vgl. Hoffmann et al. (2016), Business Innovation, S. 12

sungen abzuleiten und andererseits die Auswirkungen von organisatorischen Änderungsprozessen abschätzen zu können.

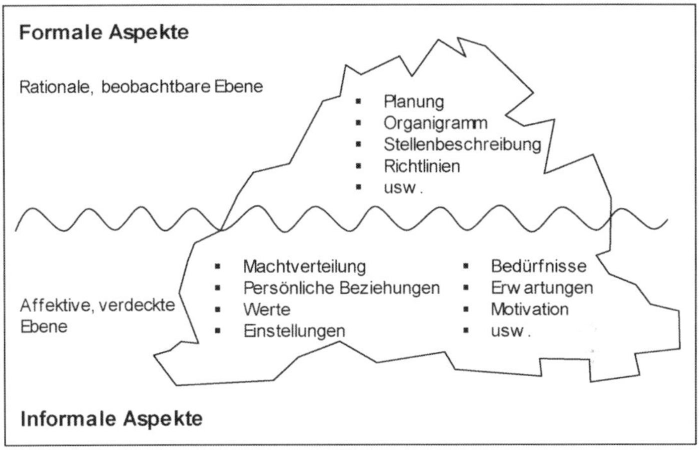

Abbildung 5-10: Formale und informale Aspekte der Organisationsgestaltung illustriert anhand des „Beziehungs-Eisbergs"[500]

Die Ausrichtung der Mitarbeiter auf die Unternehmensziele besitzt für den Werkzeugbau eine zentrale Bedeutung. Im Vergleich zu anderen Branchen liegt eine hohe Anzahl unterschiedlicher Fachdisziplinen vor, die eher ein Bereichsoptimum statt Gesamtoptimum anstreben. Resultierende Missstände werden häufig dadurch ausgeglichen, dass einzelne Mitarbeiter (häufig Führungspersonal) im Rahmen von Personalunionen mehrere Aufgaben übernehmen, woraus eine hohe Personenabhängigkeit resultiert.

Die Unternehmenskultur hat zunächst eine stabilisierende Wirkung auf das Unternehmen. In den vergangenen Jahren wurde sie jedoch zunehmend als Schlüssel zur Umsetzung einer variablen bzw. sogar ambidextren Organisation entdeckt.[501] Im Zentrum steht dabei die Fähigkeit der Unternehmenskultur, ein gemeinsames Werte- und Normenset im Unternehmen zu etablieren. Dieses beeinflusst die Einzelentscheidungen der Organisationsmitglieder im Sinne der Erreichung der Unternehmensziele, ohne den Entscheidungsraum direkt einzugrenzen.

[500] Vgl. Vahs (2007), Organisation, S. 109
[501] Vgl. Fieseler et al. (2016), Innovationskultur, S. 329

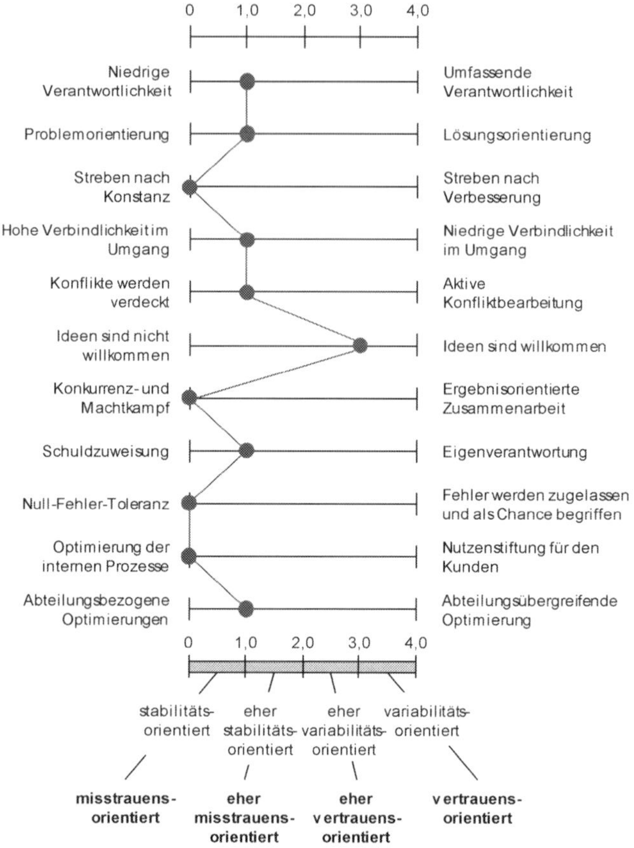

Abbildung 5-11: Bewertung der Unternehmenskultur in Unternehmen (beispielhaft ausgefüllt)[502]

In Anlehnung an BALTES ET AL. wird eine quantitative Analyse anhand der Bewertung zwischen zwei konfliktären Zieldimensionen in elf Kategorien vorgenommen.[503] Bei der Bewertung der einzelnen Kategorien wird auf eine fünfstufige Skala zurückgegriffen. Die gemittelte Summe der Einzelbewertungen lässt sich auf das allgemeine Bewertungsschema übertragen.[504] Dabei wird auf

[502] I. A. a. Baltes/Freyth (2017), Veränderungsintelligenz, S. 129
[503] Baltes/Freyth (2017), Veränderungsintelligenz; vgl. Seufert et al. (2016), Lern- und Innovationsfähigkeit, S. 305, hier wird eine Sammlung von ausgewählten Diagnoseinstrumenten zur Analyse von lern- und innovationsförderlichen Rahmenbedingungen dargestellt.
[504] I. A. a. Seufert et al. (2016), Lern- und Innovationsfähigkeit, S. 33

folgende Zuordnungen zurückgegriffen: Stabilitätsorientiert und misstrauensorientiert, variabilitätsorientiert und vertrauensorientiert sowie entsprechend zwei Zwischenstufen (s. Abbildung 5-11).

Integration der Gestaltungsdimensionen des Innenverhältnisses

Aus den vorgenommenen Profilierungen anhand der definierten Bewertungsdimensionen ergibt sich ein Gesamtprofil (s. Abbildung 5-12). Dieses Gesamtprofil bietet eine für den Kontext dieser Arbeit gesamtheitliche Bewertung des Innenverhältnisses eines Werkzeugbaubetriebs.

Innenverhältnis	Ablauf-organisation	Kapazitäts-gestaltung	auslastungs-orientiert	eher auslastungs-orientiert	eher verfügbar-keitsorientiert	verfügbarkeits-orientiert
		Standardisierung	hoch standardisiert	standardisiert	kaum standardisiert	nicht standardisiert
		Synchronisierung	hoch synchronisiert	synchronisiert	kaum synchronisiert	nicht synchronisiert
	Organisations-architektur	Konfiguration	monozentrisch, fremdorganisiert	klassisch hierarchisch	flache Hierarchien	polyzentrisch, selbstorganisiert
		Koordination	fremdbestimmte Aufgabenerfüllung	eher fremdbestimmte Aufgabenerfüllung	eher eigenbestimmte Aufgabenerfüllung	eigenbestimmte Aufgabenerfüllung
		Führung	despotisch, fordernd	patriarchalisch, drängend	partizipativ, motivierend	demokratisch, inspirierend
		Unternehmens-kultur	misstrauensorientiert	eher misstrauensorientiert	eher vertrauensorientiert	vertrauensorientiert

Abbildung 5-12: Bewertungsrahmen zur Profilierung des Innenverhältnisses eines Werkzeugbaubetriebs

5.1.3 Schritt B: Bewertung und Typisierung der Organisation

Im vorausgehenden Kapitel wurde durch die Aufstellung des morphologischen Kastens ein **Bewertungsrahmen** geschaffen. Dieser wird im Folgenden genutzt, um das anwendende Unternehmen zu typisieren. Die **Typisierung** ist die Voraussetzung für eine unternehmensoptimale Gestaltung der Organisationsarchitektur, indem sie komplexitätsreduzierend wirkt und den Handlungsbedarf zur Umgestaltung bestehender organisatorischer Strukturen identifiziert.

5.1.3.1 Vorüberlegungen

Die Gestaltungsformen von Ablauf- und Aufbauorganisation in produzierenden Unternehmen zeichnen sich durch zahlreiche Gestaltungsmöglichkeiten und eine hohe Heterogenität aus. Dies trifft insbesondere auf die Unternehmen der Branche Werkzeugbau zu. Nach PORTER weisen Unternehmen einer Branche Ähnlichkeiten in Bezug auf die Wettbewerbskräfte auf, mit denen sie konfrontiert werden und die von Lieferanten, Kunden, Substituten, neuen Wettbewerbern und dem Wettbewerb innerhalb der Branche selbst ausgehen.[505] Nach

[505] Vgl. Porter (1985), Competitive advantage, S. 23

KIESER ET AL. lassen eindeutige Korrelationen erkennen, dass Organisationsgestalter in der Vergangenheit angesichts ähnlicher Ausprägungen der Situationsvariablen ähnliche Entscheidungen zur Gestaltung der Aufbauorganisation getroffen haben.[506] Hieraus resultieren **ähnliche Gestaltungsformen der Organisation** innerhalb einer Branche.

In der Branche Werkzeugbau in Deutschland weisen insbesondere Werkzeugbaubetriebe mit ähnlicher Mitarbeiteranzahl ähnliche Aufbauorganisationen auf. Auch zwingen Branchentrends die Werkzeugbaubetriebe, ihre Organisationsgestaltung in ähnlicher Weise anzupassen. In diesem Zusammenhang sind vor allem die vorgestellten Trends der Industrialisierung und Vernetzung zu nennen. Somit ergeben sich nicht nur ähnliche Organisationen, sondern ebenfalls ähnliche Initiativen der Organisationsgestaltung. Hierdurch kann die Komplexität der Betrachtung, die vor allem aus der Heterogenität der Branche Werkzeugbau resultiert, durch eine Typisierung wirksam reduziert werden, ohne eine unternehmensoptimale Lösung zu gefährden.

Ein **Typ** wird durch den DUDEN als eine durch bestimmte charakterstische Merkmale gekennzeichnete Kategorie oder Art von Dingen bzw. Personen definiert.[507] Typen werden durch stetige Merkmale chrakterisiert, die durch Skalierung oder Abstufung messbar sind und bei Betrachtung den jeweiligen Untersuchungszweck verdeutlichen. Im Sinne einer Abstraktion werden nur jene Merkmale erfasst, die hinsichtlich des Untersuchungszwecks relevant sind. Dieser Argumentation folgend kann zwischen Realtypen, Idealtypen und Allgemeintypen unterschieden werden.[508] Realtypen beziehen sich auf empirisch nachweisbare Erscheinungen. Bei Idealtypen handelt es sich um gedachte, empirisch nicht nachweisbare Gebilde, die lediglich für einen einzigen Gegenstand stehen. Hingegen erfassen Allgemeintypen eine Klasse von Erscheinungen.[509] Weiterhin kann zwischen eindimensionalen und mehrdimensionalen Typen unterschieden werden. Eindimensionale Typen werden durch ein einziges Merkmal charakterisiert, während mehrdimensionale Typen durch ein Bündel von Merkmalen beschrieben werden. Dieser Argumentation folgend können Unternehmen im Kontext der vorliegenden Arbeit als allgemeine Realtypen mehrdimensionaler Art betrachtet werden.[510]

Eine **Typologie** bezeichnet die Grundgesamtheit aller Typen eines bestimmten Untersuchungsbereiches. Eine geeignete Typologie unterstützt dabei, die Komplexität der Umwelt zu reduzieren und für den Menschen handhabbar zu

---

[506] Vgl. Kieser/Walgenbach (2010), Organisation, S. 208
[507] Vgl. o. V. (1982), Duden, S. 782
[508] Vgl. Schierenbeck/Wöhle (2016), Betriebswirtschaftslehre, S. 35
[509] Vgl. Kuhlmann (2011), Gestaltung von Geschäftsprozessen, S. 90

machen.[511] Der Begriff **Typologisierung** beschreibt die systematische Einteilung einer Grundgesamtheit in Typen.[512] Dabei müssen Gruppen mit homogenen Merkmalen zusammengefasst werden können. Die Typologie ist stets zweckbezogen zu formulieren.[513] Die **Typisierung** bezeichnet die Einordnung eines konkreten Begriffs, Gegenstandes oder einer konkreten Erscheinung in eine bestehende Typologie.

Die Ableitung von Typen ist durch sachlogische Herleitung oder statistische Methoden möglich. Statistische Methoden greifen auf eine breite Datenbasis als Ausgangspunkt der Typenbildung zurück. Bei einer sachlogischen Herleitung ist eine konstruktive, eine intuitive oder eine Kombination der beiden Vorgehensweisen möglich.[514] Bei der sachlogischen Herleitung wird zwischen einer progressiven und einer retrograden Vorgehensweise unterschieden. Die progressive Herangehensweise stellt einzelne Merkmale auf und leitet anschließend durch das vorwärts gerichtete Zusammenstellen bestimmter Ausprägungen der einzelnen Merkmale verschiedene Typen ab. Bei der retrograden Typenbildung werden hingegen existierenden Typen Ausprägungen vorab definierter Merkmale zugeordnet. Anders als bei der progressiven Typenbildung wird durch die retrograde Typenbildung nicht konstruktiv, sondern intuitiv vorgegangen.[515] Die in dieser Methodik verwendete Typologisierung folgt der **sachlogischen Herleitung** nach **progressivem Herleitungsmuster**.

Aufbauend auf den bisherigen Analyseschritten soll im Folgenden die Typologisierung der Unternehmen durch die erfassten Eigenschaften vorgenommen werden.

5.1.3.2 Vorgehen zur Bewertung und Typisierung der Organisation

Aufbauend auf der spezifischen Erfassung der Organisation in Schritt A und den vorausgehenden Vorüberlegungen wird im Folgenden eine **Bewertung des Ambidextriepotenzials** und des **organisationalen Fits** vorgenommen. Aufbauend auf dieser Bewertung erfolgt eine **Typisierung**, die geeignete Ambidextrietypen festlegt.

---

[510] Vgl. Kühn (2016), Lebenszyklusorientierte Leistungssysteme, S. 126
[511] Vgl. Kelle/Kluge (2010), Qualitative Sozialforschung, S. 10f.
[512] Vgl. Kelle/Kluge (2010), Qualitative Sozialforschung, S. 30ff.; vgl. Kühn (2016), Lebenszyklusorientierte Leistungssysteme, S. 126
[513] Vgl. Rittstieg (2012), Prozesssynchronisierung, S. 117
[514] Vgl. Knoblich (1969), Betriebswirtschaftliche Warentypologie, S. 30ff.; vgl. Große-Oetringhaus (1974), Fertigungstypologie, S. 21ff.
[515] Vgl. Knoblich (1969), Betriebswirtschaftliche Warentypologie, S. 32

Schritt 1: Bewertung von Ambidextriepotenzial und organisatorischem Fit

Für die Bewertung des anwendenden Werkzeugbaubetriebs wird auf den in Kapitel 5.1 aufgestellten morphologischen Kasten zurückgegriffen. Ausgangspunkt der Aufstellung des morphologischen Kastens war die Definition der Kontextfaktoren. Darauf basierend wurden Gestaltungsdimensionen abgeleitet und anschließend jeweils vier Merkmalausprägungen zugeordnet. Die zwei Extrempositionen wurden an den Ambidextriedimensionen Stabilität und Variabilität ausgerichtet und um jeweils zwei Merkmalausprägungen erweitert. Das Ergebnis ist der in Abbildung 5-13 dargestellte Bewertungsrahmen zur Profilierung des Werkzeugbaus.

Außenverhältnis	Strategie	Marktumfeld	kontinuierlich	eher kontinuierlich	eher turbulent	turbulent
		Strategische Ausrichtung	stabilitätsorientiert	eher stabilitätsorientiert	eher variabilitätsorientiert	variabilitätsorientiert
	Leistungsangebot	Leistungsspektrum	hoch fokussiert	fokussiert	kaum fokussiert	nicht fokussiert
		Auftragsspektrum	weitgehend planbar	bedingt planbar	kaum planbar	nicht planbar
Innenverhältnis	Ablauforganisation	Kapazitätsgestaltung	auslastungsorientiert	eher auslastungsorientiert	eher verfügbarkeitsorientiert	verfügbarkeitsorientiert
		Standardisierung	hoch standardisiert	standardisiert	kaum standardisiert	nicht standardisiert
		Synchronisierung	hoch synchronisiert	synchronisiert	kaum synchronisiert	nicht synchronisiert
	Organisationsarchitektur	Konfiguration	monozentrisch, fremdorganisiert	klassisch hierarchisch	flache Hierarchien	polyzentrisch, selbstorganisiert
		Koordination	fremdbestimmte Aufgabenerfüllung	eher fremdbestimmte Aufgabenerfüllung	eher eigenbestimmte Aufgabenerfüllung	eigenbestimmte Aufgabenerfüllung
		Führung	despotisch, fordernd	patriarchalisch, drängend	partizipativ, motivierend	demokratisch, inspirierend
		Unternehmenskultur	misstrauensorientiert	eher misstrauensorientiert	eher vertrauensorientiert	vertrauensorientiert

Abbildung 5-13: Bewertungsrahmen zur Analyse des Innen- und Außenverhältnisses von Werkzeugbaubetrieben

Die Bestimmung der einzelnen Ausprägungen erfolgt durch leitendes Personal eines Werkzeugbaubetriebs. Auf Grundlage des Wissens und der Erfahrungen des **Anwenders** wählt dieser die Merkmalausprägungen der Gestaltungsdimensionen aus, die am ehesten für den untersuchten Werkzeugbaubetrieb zutreffen.[516] Somit ergibt sich die Profilierung des Werkzeugbaubetriebs hinsichtlich der definierten Merkmale auf qualitativer Ebene.

[516] Vgl. Zwicky (1966), Morphologie, S. 129

Gegenüber einer quantitativen Ebene auf Basis eines Kennzahlenvergleichs im Rahmen eines Benchmarkings[517] ist die Methodik anwenderfreundlicher, da sie mit deutlich weniger Aufwand verbunden ist. Ferner erfordert eine quantitative Auswertung die Betrachtung von Kennzahlen, die auf Vergangenheitsdaten beruhen. Die Rahmenbedingungen eines Unternehmens bzw. eines Marktes ändern sich jedoch mit der Zeit, weshalb die organisatorische Gestaltung **zukunftsgewandt** erfolgen muss.[518] Aus diesem Grund sollen zukünftige Entwicklungen nach Möglichkeit in der Bewertung beachtet werden.

Anpassung des Bewertungsrahmens

Für die Gestaltung einer unternehmensoptimalen ambidextren Organisationsarchitektur ist der vorausgehend abgeleitete Bewertungsrahmen anzupassen. So soll die analytisch zweckmäßige Unterteilung des Bewertungsrahmens in Innen- und Außenverhältnis aufgelöst werden. Die Zuordnungen der Gestaltungsdimensionen zu den Bewertungsdimensionen Strategie, Leistungsangebot, Ablauforganisation und Organisationsarchitektur bleiben hingegen erhalten.

Der **angepasste Bewertungsrahmen** soll genutzt werden, um einerseits ein Unternehmensmodell zur Verfügung zu stellen, das sämtliche für die Organisationsgestaltung notwendige Informationen umfasst und insbesondere die Organisationsarchitektur geeignet charakterisiert. Andererseits sollen ebenfalls die Anforderungen an die Organisationsarchitektur erfasst und Handlungsbedarf zur Anpassung der Organisationsarchitektur abgeleitet werden. Die Anforderungen an die Organisationsarchitektur resultieren aus den Umfeldanforderungen, die durch die Bewertungsdimensionen des Außenverhältnisses Strategie (Marktumfeld und Strategische Ausrichtung) und Leistungsangebot (Leistungs- und Auftragsspektrum) erfasst wurden. Zusätzlich leiten sich Anforderungen ebenfalls aus den ablauforganisatorischen Eigenschaften (Kapazitätsgestaltung, Standardisierung und Synchronisierung) des anwendenden Werkzeugbaubetriebs ab (s. Abbildung 5-14).

---

[517] Ein Benchmarking beschreibt nach SCHAWEL UND BILLING den systematischen und kennzahlenbasierten Vergleich von Unternehmen, Geschäftsfeldern, Prozessen bzw. Produkten mit unternehmensinternen oder unternehmensexternen Objekten; vgl. Schawel/Billing (2018), Management Tools, S. 45f. KOZIELSKI beschreibt ein werkzeugbauspezifisches Kennzahlensystem; vgl. Kozielski (2013), Integratives Kennzahlensystem

[518] Vgl. Kühn (2016), Lebenszyklusorientierte Leistungssysteme, S. 111

Anforderungsprofil der Organisationsarchitektur	Marktumfeld	kontinuierlich	eher kontinuierlich	eher turbulent	turbulent
	Strategische Ausrichtung	stabilitätsorientiert	eher stabilitätsorientiert	eher variabilitätsorientiert	variabilitätsorientiert
	Leistungs-spektrum	hoch fokussiert	fokussiert	kaum fokussiert	nicht fokussiert
	Auftragsspektrum	weitgehend planbar	bedingt planbar	kaum planbar	nicht planbar
	Kapazitäts-gestaltung	auslastungs-orientiert	eher auslastungs-orientiert	eher verfügbar-keitsorientiert	verfügbarkeits-orientiert
	Standardisierung	hoch standardisiert	standardisiert	kaum standardisiert	nicht standardisiert
	Synchronisierung	hoch synchronisiert	synchronisiert	kaum synchronisiert	nicht synchronisiert
Eigensch. der Organi-sationsarchitektur	Konfiguration	monozentrisch, fremdorganisiert	klassisch hierarchisch	flache Hierarchien	polyzentrisch, selbstorganisiert
	Koordination	fremdbestimmte Aufgabenerfüllung	eher fremdbestimmte Aufgabenerfüllung	eher eigenbestimmte Aufgabenerfüllung	eigenbestimmte Aufgabenerfüllung
	Führung	despotisch, fordernd	patriarchalisch, drängend	partizipativ, motivierend	demokratisch, inspirierend
	Unternehmens-kultur	misstrauensorientiert	eher misstrauensorientiert	eher vertrauensorientiert	vertrauensorientiert

Abbildung 5-14: Bewertungsrahmen zur Analyse der Organisationsarchitektur in Werkzeugbaubetrieben

Durch die zugrunde liegende Ausrichtung der Merkmalausprägungen entsprechen die Ausprägungen der am linken und am rechten Rand positionierten Spalten bei der Bewertung der Organisationsarchitektur gesamtheitlich einer **einseitig stabilen** bzw. **einseitig variablen Ausrichtung**. Die Charakterisierung der Bewertungsdimensionen Strategie, Leistungsangebot und Ablauforganisation ergeben gesamtheitlich das Anforderungsprofil an die Organisationsarchitektur. Die Extrempositionen der Spalte am linken Rand spiegeln eine Anforderungssituation wider, für die eine einseitig stabile Ausrichtung der Organisation günstig erscheint. Entsprechend werden die Merkmalausprägungen am rechten Rand durch eine einseitig variable Ausrichtung begünstigt. Durch die beschriebene Anordnung lässt sich das Anforderungsprofil der Organisationsarchitektur dem Profil der Eigenschaften der Organisationsarchitektur gegenüberstellen.

Um eine höhere Handhabbarkeit der Bewertung und insbesondere diskrete Bewertungen zwischen den Extrempositionen zu gewährleisten, wird die in Abbildung 5-15 dargestellte **quantitative Bewertungssystematik** genutzt.

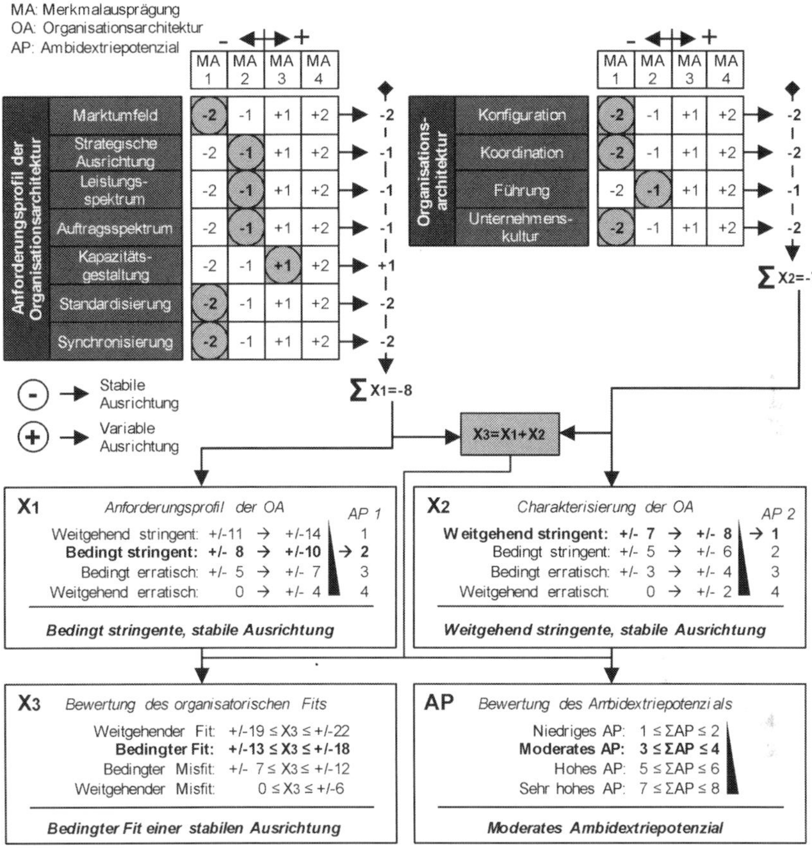

Abbildung 5-15: Bewertungssystematik zur Typisierung eines Werkzeugbaubetriebs (beispielhaft ausgefüllt)

Die Merkmalausprägungen, die einer stabilen Ausrichtung entsprechen, werden durch das zugrunde liegende Punktesystem mit -1 bis -2 Punkten bewertet, die Merkmalausprägungen einer variablen Ausrichtung mit +1 bzw. +2. Die qualitative Bewertung der Merkmalausprägungen wird durch dieses Schema quantifiziert. Durch die separate Betrachtung der Bewertung der Anforderungen an die Organisationsarchitektur einerseits und der Eigenschaften der Organisationsarchitektur andererseits werden durch die Summierung der jeweiligen Einzelbewertungen zwei Faktoren ermittelt. Diese Faktoren werden jeweils durch vier definierte Skalenbereiche in Bezug auf ihre Stringenz sowie ihr Ambidextriepotenzial bewertet. Basierend auf diesen Auswertungen wird zum einen der **organisatorische Fit** zwischen den Anforderungen an die Organisationsarchitektur und deren Gestaltung bewertet. Zum anderen wird das **Gesamtambidextriepotenzial** ermittelt.

Schritt 2: Ableitung eines spezifischen Ambidextrietyps

Die Identifikation von organisatorischem Misfit auf der einen Seite sowie Ambidextriepotenzial auf der anderen Seite stellt den Ausgangspunkt für die Implementierung der organisationalen Anpassung im Rahmen der vorliegenden Arbeit dar. Um eine ambidextrische Organisationsarchitektur unternehmensoptimal auszugestalten, besitzt die **Auswahl eines geeigneten Ambidextrietyps** eine entscheidende Bedeutung. Für die Auswahl wird das Angebotsprofil verschiedener Ambidextrietypen dem Bedarfsprofil der betrachteten Organisationsarchitektur gegenübergestellt. Die Profilierung greift auf die Zieldimensionen Zielausrichtung, Effizienz, Flexibilität, Wandlungsfähigkeit und Innovationsbereitschaft zurück, die in ihrer Ausprägung bewertet werden (s. Abbildung 5-16).

Die Bewertung der Ambidextrietypen hinsichtlich der Zieldimensionen sowie des Aufwands erfolgt auf Basis der Erfahrung des Autors der vorliegenden Arbeit. Die strukturelle Ambidextrie ist sehr gut geeignet, um die Zieldimensionen Zielausrichtung, Effizienz und Flexibilität zu adressieren. Im Vergleich zu den anderen Ambidextrietypen büßt die strukturelle Ambidextrie jedoch an Wandlungsfähigkeit ein. Die physisch vorhandenen Segmentgrenzen sind deutlich schwieriger anzupassen als die virtuellen der sequenziellen oder kontextuellen Ambidextrie. Die Innovationsbereitschaft ist als niedrig zu bewerten, da insbesondere der Austausch von Wissen über die Segmentgrenzen eine Herausforderung darstellt. Dieser wird durch die Ambidextrietypen der sequenziellen und der kontextuellen Ambidextrie unterstützt. Allerdings bedingt die rein virtuelle Separierung der Segmente weniger ausgeprägte Vorteile hinsichtlich der Zieldimensionen Effizienz und Flexibilität.

Jedem Angebotsprofil ist der spezifische Aufwand zur Anpassung der Dimensionen der Organisationsarchitektur zugeordnet. Variable Organisationstypen sind zwar sehr agil, verursachen aber vergleichsweise hohe Koordinationskosten. Die Umsetzung einer variablen Organisationsform hat somit einen Preis, der in einem komplexen Umfeld jedoch angemessen scheint. Alternative Formen führen in die Handlungsunfähigkeiten oder verursachen Folgekosten. Somit ist es unternehmensspezifisch und insbesondere umfeldspezifisch abzuwägen, wie stabil und agil eine Organisation sein muss.[519]

[519] Baltes/Freyth (2017), Veränderungsintelligenz, S. 115

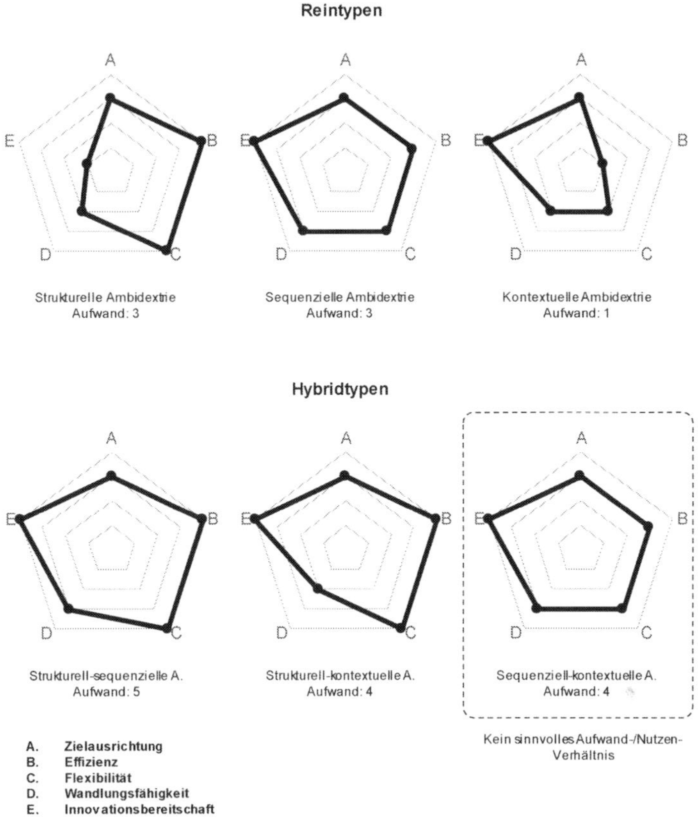

Abbildung 5-16: Angebotsprofile verschiedener Ambidextrietypen unter Berücksichtigung des Umsetzungsaufwands

Die Kombination der vorgestellten Reintypen ergibt die Hybridtypen der strukturell-sequenziellen sowie der strukturell-kontextuellen Ambidextrie. Der Hybridtyp der sequenziellen-kontextuellen Ambidextrie macht nur in der Theorie Sinn. Der Hauptgrund besteht darin, dass die Kombination aus zeitlichen Vorgaben und eigener Einschätzung der Mitarbeiter zum Wechseln zwischen den Aktivitätsmustern die Mitarbeiter überfordert. Somit wird dieser Ambidextrietyp im Folgenden nicht weiter betrachtet. Durch die Kombination können verschiedene Stärken der Reintypen kombiniert werden. Gleichzeitig steigt jedoch der Aufwand zur Umsetzung der Typen.

Auf Basis der in Kapitel 5.1.2 gewichteten SEP wird ein unternehmensspezifisches Bedarfsprofil abgeleitet. Die normierten Zeilensummen werden den Zieldimensionen Zielausrichtung, Effizienz, Flexibilität, Wandlungsfähigkeit und

Innovationsbereitschaft zugeordnet. Gemäß der Zuordnung werden die normierten Zeilensummen zusammengefasst, wobei der Mittelwert der SEP gebildet wird. Die Ergebnisse der quantitativen Zieldimensionen dienen als Diskussionsbasis für die Auswahl eines Ambidextrietyps. Die Auswahl des unternehmensoptimalen Ambidextrietyps erfolgt durch eine möglichst hohe Übereinstimmung des Angebotsprofils und des Bedarfsprofils einerseits sowie des Ambidextriepotenzials und des Anpassungsaufwands andererseits (s. Abbildung 5-17).

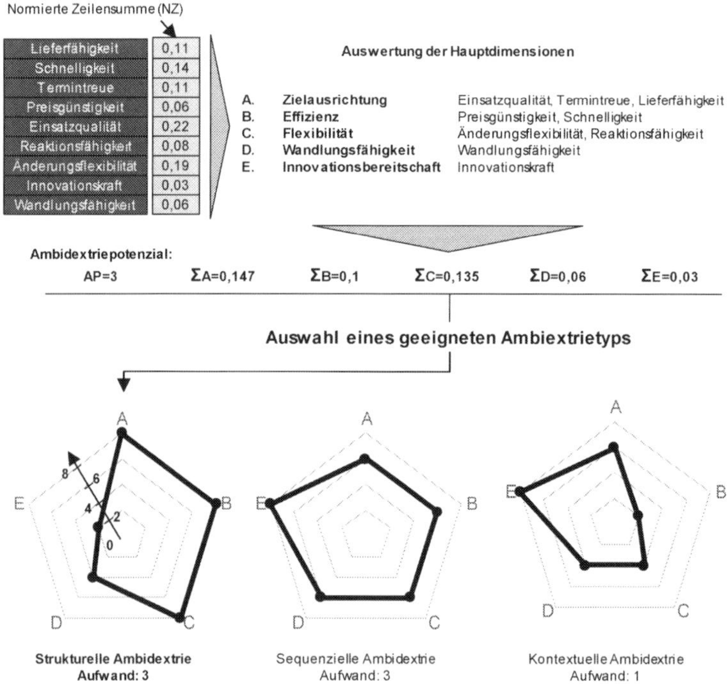

Abbildung 5-17: Auswahl eines geeigneten Ambidextrietyps

Ausgangspunkt der Gestaltungsphase der Methodik zur Gestaltung einer ambidextren Organisationsarchitektur im industriellen Werkzeugbau sind die **Gestaltungsziele**, die neben der Aufnahme der Restriktionen der Organisationsgestaltung das wesentliche Ergebnis der Analysephase darstellen. Sie werden erreicht, indem die Organisationsarchitektur als Wirkobjekt bzw. als Instrument der Verhaltenssteuerung in geeigneter Weise angepasst wird.

Das oberste Gestaltungsziel ist die Erlangung einer **unternehmensoptimalen** ambidextren Organisationsarchitektur. Die Sicherstellung einer unternehmensoptimalen Lösung wird durch die Durchführung der in Kapitel 5.1.3 beschriebenen Schritte erreicht. So wird auf Basis der vorausgehenden Analyse der organisatorische Fit auf der einen Seite sowie das Ambidextriepotenzial auf der anderen Seite bestimmt. Je niedriger der organisatorische Fit ausfällt, desto höher ist der Anpassungsbedarf der Organisationarchitektur. Je höher das Ambidextriepotenzial eines Unternehmens ausfällt, desto höher ist der Anpassungsaufwand, der für eine Anpassung der Organisationsarchitektur als sinnvoll erscheint. Die auf dieser Analyse aufbauende Auswahl eines Ambidextrietyps ist die Ausgangsbasis für die Gestaltungsphase der hier beschriebenen Methodik. Diese wird im Folgenden dargestellt.

5.2 Detaillierung der Gestaltungsphase der Methodik

Aufbauend auf der in der Analysephase erfolgten Spezifikation des anwendenden Werkzeugbaubetriebs erfolgt in der **Gestaltungsphase** die Anpassung der Organisationsarchitektur in vier Einzelschritten.

Im folgenden Teilkapitel 5.2.1 sollen zunächst die Gestaltungsprämissen einer ambidextren Organisationsarchitektur erläutert werden. Dabei handelt es sich um grundlegende Voraussetzungen, die für eine erfolgreiche Umgestaltung der Organisationsarchitektur im Kontext dieser Arbeit notwendig sind. Anschließend wird in Kapitel 5.2.2 die Modellierung der Organisation beschrieben, die die Grundlage für die folgende Anpassung der Organisationsarchitektur bietet. In den Kapiteln 5.2.3 und 5.2.4 werden die Gestaltung der ambidextrieförderlichen Konfiguration bzw. Koordination dargestellt, die zusammen die Organisationsstruktur bilden. Anschließend wird diese durch die Beschreibung der Gestaltung der ambidextrieförderlichen Anreizstruktur zur ambidextren Organisationsarchitektur vervollständigt. Abschließend wird die Integration der vorgestellten Gestaltungsdimensionen in eine Organisationsarchitektur beschrieben (Kapitel 5.2.5).

5.2.1 Gestaltungsprämissen einer ambidextren Organisationsarchitektur

Die simultane Umsetzung einer stabilen und einer variablen organisatorischen Ausrichtung erfordert eine systematische Anpassung der bestehenden Organisationsstrukturen mit dem **Zielbild der ambidextren Organisationsarchitektur**. Operativ wird das Zielbild im Folgenden angestrebt, indem die stabil auszurichtenden Organisationssysteme von einschränkenden Anforderungen hinsichtlich der organisationalen Variabilität durch die Separierung befreit werden. Darauf aufbauend kann die stabile Ausrichtung maximiert werden.

Ausgangspunkt der folgenden Gestaltungsschritte ist eine Organisation eines Werkzeugbaubetriebs, in dem die Prozessorientierung im Sinne des branchenspezifischen, handlungsleitenden **Paradigmas der Industrialisierung** nach KLOTZBACH[520] weitgehend durch ablauforganisatorische Anpassungen umgesetzt wurde. Somit liegt eine ausgeprägte **kundenbezogene Prozessorientierung** vor. Diese umfasst einen Zustand, in dem sämtliche Produkte, Prozesse und Schnittstellen prozessorientiert im Einklang mit dem Lean-Management-Prinzip abgestimmt sind.[521] Die Gestaltungsmaßnahmen der vorliegenden Methodik können somit als Erweiterung des Zielzustands „industrieller Werkzeugbau“[522] zur Erreichung einer ambidextren Systemeigenschaft verstanden werden. Zusätzlich wird von einer ebenfalls branchentypischen klassisch hierarchisch bzw. funktionalen Aufbauorganisation ausgegangen.[523]

Die Ausgestaltung einer **ambidextren Organisationsarchitektur im Werkzeugbau** wird im folgenden Kapitel dargestellt, wobei lediglich auf die Spezifika der Ambidextrieform eingegangen wird, sofern dies für eine erfolgreiche Umsetzung der Methodikschritte notwendig ist. Gemäß der Typeneinteilung im vorausgehenden Schritt B der Methodik werden neben der strukturellen, sequenziellen und kontextuellen Ambidextrie ebenfalls die Hybridtypen der strukturell-sequenziellen sowie der strukturell-kontextuellen Ambidextrie berücksichtigt.

5.2.2 Schritt C: Modellierung der Organisation

Eine ambidextre Organisation kombiniert Elemente einer auf Stabilität ausgerichteten Organisationsarchitektur mit Elementen einer variabel ausgerichteten Organisationsarchitektur. Damit sich diese Kombination als vorteilhaft in Bezug auf die Erfüllung der Umfeldanforderungen an das Unternehmen auswirkt, müssen Spannungsfelder systematisch adressiert werden. Die Spannungsfelder resultieren vor allem aus konträren, diametralen Gestaltungsmöglichkeiten. Zur Adressierung der Spannungsfelder ist eine problemrelevante Erfassung der bestehenden Organisation erforderlich, die über die Analyse in der Analysephase der Methodik hinausgeht. Diese gliedert sich in die aufbauorganisatorische Strukturmodellierung und die ablauforganisatorische Prozessmodellierung.

[520] Vgl. Klotzbach (2007), Industrieller Werkzeugbau
[521] Vgl. Wiegand (2018), Organisationsgestaltung, S. 6f.
[522] Vgl. Klotzbach (2007), Industrieller Werkzeugbau
[523] Dieser Ausgangspunkt entspricht den organisatorischen Eigenschaften der überwiegenden Mehrheit der Werkzeugbaubetriebe im deutschsprachigen Raum

5.2.2.1 Vorüberlegungen

Für eine sinnvolle Anpassung der Organisation ist eine Abbildung der Ausgangssituation erforderlich (vgl. Kapitel 4.3.3). Diese Abbildung schließt aus analytischen Gründen sowohl die Aufbau- als auch die Ablauforganisation sowie ihre jeweiligen Gliederungselemente ein (vgl. Kapitel 2.1.1).

Abbildung 5-18 stellt eine Kombination einer hierarchischen Gliederung der Aufbauorganisation sowie der zeitlich-logischen Gliederung der Ablauforganisation dar. Diese Kombination eignet sich zur problemrelevanten, ganzheitlichen Erfassung der Organisation und soll im Folgenden erläutert werden.[524]

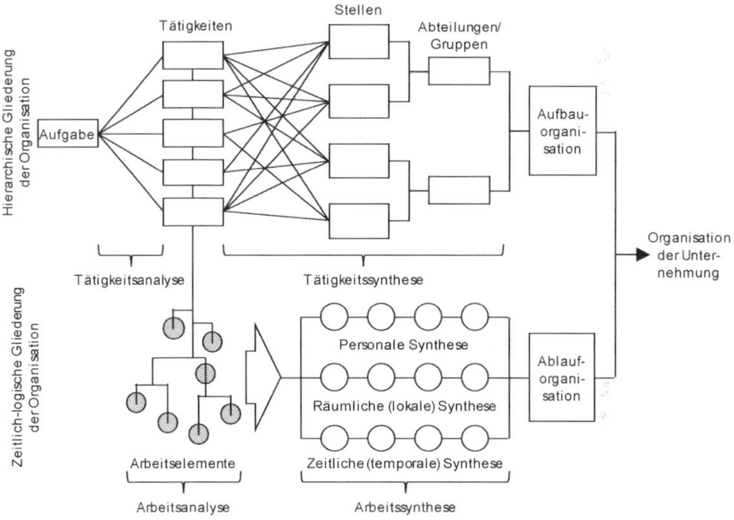

Abbildung 5-18: Gestaltungssystematik der Organisation[525]

Die Organisation besteht demnach aus unterschiedlichen Einheiten, die durch Verteilungs- und Arbeitsbeziehungen miteinander verbunden sind. In Abbildung 5-18 wird die Gestaltungssystematik der Organisation modellhaft dargestellt. Dabei wird eine hierarchische Gliederung der Organisation mit einer zeitlich-logischen Gliederung verbunden. Ausgangspunkt ist die Aufteilung von Aufgaben, die ein Unternehmen zur Befriedigung der Kundenbedürfnisse zu erledigen hat, in Tätigkeiten (Tätigkeitsanalyse). Diesen Tätigkeiten werden Stellen

[524] Vgl. Bleicher (1991), Organisation, S. 42ff.
[525] I. A. a. Bleicher (1991), Organisation, S. 49

zugeordnet, die die kleinsten leistungsbereiten Organisationseinheiten bilden. Durch eine Stellenbeschreibung erfolgt die explizite Eingliederung der Stelle mit den ihr zugewiesenen Aufgaben, Kompetenzen und Verantwortlichkeiten in der Organisationsstruktur. Aus der Gesamtaufgabe des Unternehmens resultiert für jede Stelle eine bestimmte Art- und Mengenteilung der Aufgaben, die von einem Personalwechsel unabhängig ist. Die Stellen sind in Abteilungen oder Gruppen gegliedert (Tätigkeitssynthese), die wiederum die **Aufbauorganisation** darstellen.[526]

Auf Basis der zu verrichtenden Tätigkeiten erfolgt die Analyse der Arbeitselemente, die zur Aufgabenerfüllung notwendig sind. Die konkrete Gestaltung der Ausführung der Arbeitselemente wird durch die personale, räumliche und zeitliche Synthese festgelegt (Arbeitssynthese). Hieraus ergibt sich die Ablauforganisation, der die operative Verankerung der Arbeitsinhalte in der Organisation obliegt. Aufbau- und Ablauforganisation bilden zusammen die Organisation des Unternehmens.[527]

5.2.2.2 Vorgehen zur Modellierung der Organisation

Aufbauend auf den im vorausgehenden Kapitel eingeführten Vorüberlegungen und Modellen sollen im Folgenden die Struktur- sowie die Prozessmodellierung zur problemadäquaten Erfassung der Organisation erfolgen. Die Aufbaustruktur wird dabei durch die Strukturmodellierung erfasst, während die Ablauforganisation durch die Prozessmodellierung dargestellt wird. Das Ziel der Untersuchung ist die **Zuordnung einzelner Organisationselemente zu einer organisatorischen Ausrichtung** sowie die **Identifizierung von Spannungsfeldern** hinsichtlich der simultanen Umsetzung der Ambidextriedimensionen Stabilität und Variabilität.

Schritt 1: Strukturmodellierung

Für die hierarchische Gliederung der Aufbauorganisation werden ausgehend von der Gesamtaufgabe des Werkzeugbaus die Teilaufgaben bis zu einer vierten Ordnung abgeleitet (s. Abbildung 5-19). Die Gesamtaufgabe des Werkzeugbaus entspricht nach dem dieser Arbeit zugrunde liegenden modernen Verständnis sowohl der Produktions- als auch der Innovationsbefähigung des Kunden des Werkzeugbaus.

---

[526] Vgl. Bleicher (1991), Organisation, S. 42ff.
[527] Vgl. Bleicher (1991), Organisation, S. 42ff.

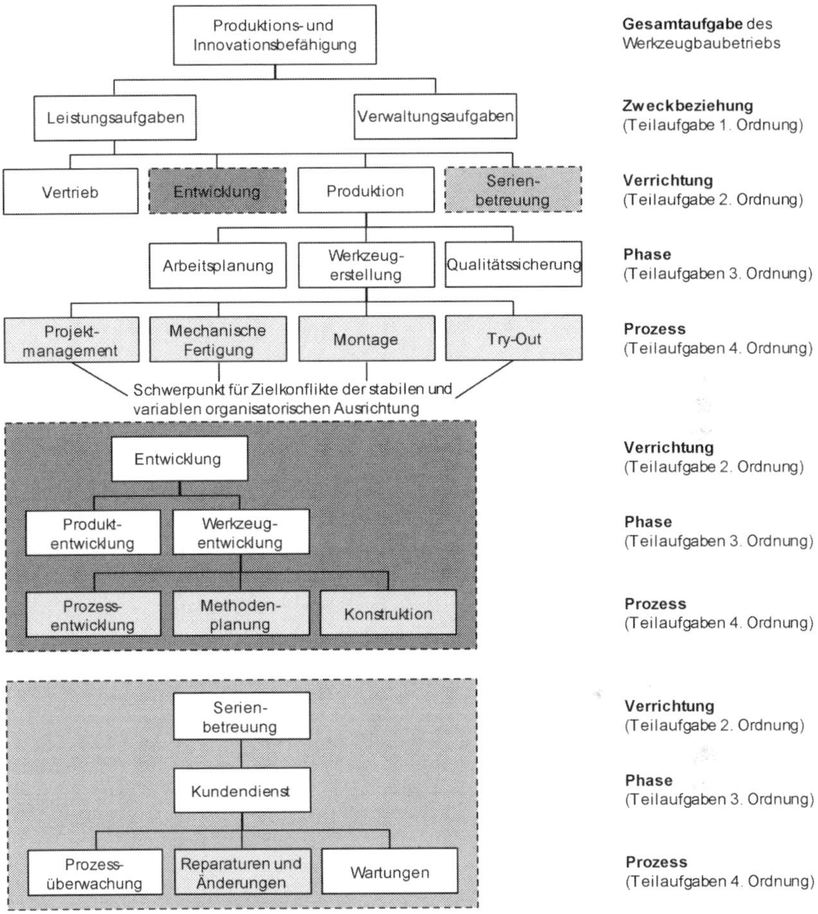

Abbildung 5-19: Beispielhafte Aufgabenanalyse mit kombinierten Gliederungsmerkmalen[528]

Auf der Ebene der Zweckbeziehung lassen sich allgemein die im Fokus dieser Arbeit liegenden Leistungsaufgaben von den Verwaltungsaufgaben unterscheiden. Auf den weiteren Ebenen bietet sich die ordnungsbezogene Aufgliederung der Verrichtungsarten Vertrieb, Entwicklung, Produktion und Serienbetreuung an. Diese werden jeweils zunächst auf Phasenebene und dann auf Prozessebene untergliedert (s. Abbildung 5-19).

[528] I. A. a. Bleicher (1991), Organisation, S. 31

Nach der Aufgliederung der Aufgabenanalyse über die vier Ebenen werden auf der Prozessebene (Teilaufgaben 4. Ordnung) die zu verrichtenden Aufgaben hinsicht potenzieller Zielkonflikte der stabilen und variablen organisatorischen Ausrichtung untersucht. Die **Schwerpunkte der Zielkonflikte** werden dabei identifiziert und hervorgehoben (s. Abbildung 5-19).

Aufbauend auf der Modellierung erfolgt anschließend die Untersuchung der Wechselbeziehungen zwischen den identifizierten Organisationseinheiten. Dabei handelt es sich um die Organisationseinheiten der Gliederungsebene Phase (Teilaufgaben 3. Ordnung), für die die Affinität[529] bewertet wird. Im Verständnis der vorliegenden Arbeit charakterisiert die Affinität die Intensität der Kommunikation und kann durch das in Abbildung 5-20 dargestellte **Kommunikationsdiagramm** dargestellt werden.

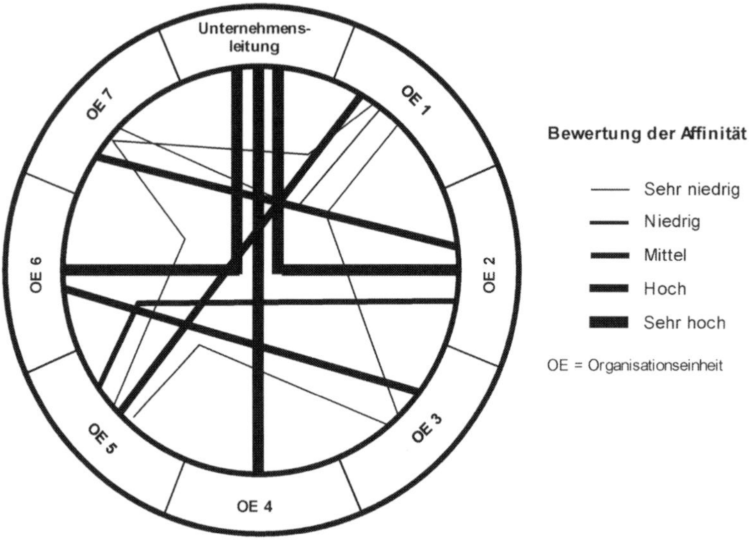

Abbildung 5-20: Beispiel eines Kommunikationsdiagramms

Schritt 2: Prozessmodellierung

Für die zeitlich-logische Gliederung der Ablauforganisation erfolgt in Schritt 2 die Modellierung der Prozesslandschaft. Zweck der Modellierung ist die transparente Beschreibung von Prozessen, um die in Schritt 1 identifizierten Schwerpunkte des Zielkonflikts zwischen der stabilen und variablen organi-

---

[529] *Affinität* wird nach Duden als „Wesensverwandtschaft, Ähnlichkeit und dadurch bedingte Anziehung" definiert; vgl. o. V. (2019), Duden

satorischen Ausrichtung systematisch analysieren und effizient gestalten zu können. Hierfür existieren verschiedene Modellierungssprachen.[530]

Für die Prozessmodellierung werden die **Kernprozesse** betrachtet. Bei den Kernprozessen handelt es sich um die Haupttätigkeiten der identifizierten Organisationseinheiten, deren Ablaufoptimierung angestrebt wird. Jeder Kernprozess wird mithilfe einer Prozessmodellierungssprache dargestellt. Eine Modellierungssprache, die sich in der Praxis bewährt hat, ist aixperanto, die hier beispielhaft angewendet wird (s. Abbildung 5-21).

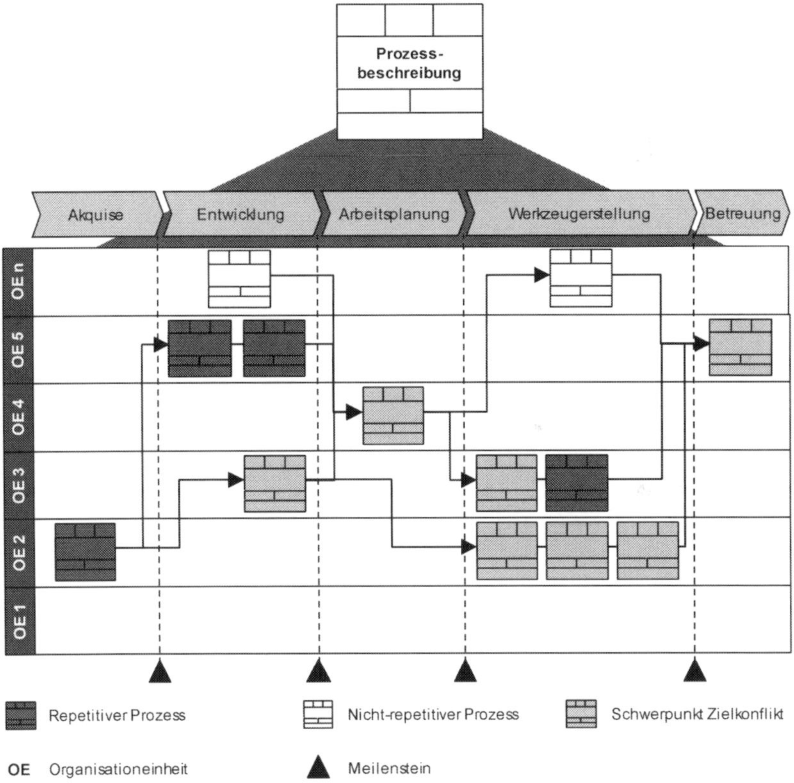

Abbildung 5-21: Modellierung der Kernprozesse des industrialisierten Werkzeugbaubetriebs

Wie in Abbildung 5-21 dargestellt, werden die einzelnen Organisationseinheiten in Zeilen eingeteilt. Anschließend werden alle wesentlichen Prozessschritte

[530] Vgl. Hensen (2017), Strategische Auslegung, S. 175

jeweils auf einer Prozesskarte beschrieben und anschließend der entsprechenden Organisationseinheit bzw. Zeile zugeordnet. In einem iterativen Prozess werden so für einen Gesamtprozess (bspw. Neuwerkzeugerstellung) alle notwendigen Prozesse abgebildet und in ihrer zeitlichen Abfolge angeordnet. Durch die Eintragung von Pfeilen kann die Abfolge dabei transparent dargestellt werden. Nachdem diese Dokumentation erfolgt ist, können die Prozessschritte in Phasen zusammengefasst und Meilensteine bestimmt werden. Anschließend werden die Prozesse in repetitive und nicht-repetitive Prozesse unterteilt. Repetitive Prozesse weisen einen einheitlichen, planbaren Ablauf auf und werden durch eine stabile Ausrichtung begünstigt. Nicht-repetitive Prozesse unterscheiden sich hingegen in ihrem konkreten Ablauf und erfordern eine gewisse Variabilität. Die Kombination der repetitiven und nicht-repetitiven Prozessschritte ist mit Zielkonflikten der stabilen und variablen organisatorischen Ausrichtung verbunden. In der abgebildeten Prozessmodellierung werden die Schwerpunkte der Zielkonflikte identifiziert und dokumentiert.

Für eine ganzheitliche Abbildung der Prozesslandschaft im problemrelevanten Kontext ist eine Detailbetrachtung der Werkzeugerstellung notwendig. Diese erfolgt typischerweise in Projekten, die simultan (meist versetzt) zueinander bearbeitet werden. Für die Identifizierung der Schwerpunkte des Zielkonflikts zwischen der stabilen und der variablen Ausrichtung ist die Simultanität der Projektbearbeitung bedeutend. Über die vorausgehend beschriebene Analyse der Kernprozesse hinaus geht es dabei darum, häufig auftretende Zielkonflikte zu identifizieren, die auf die simultane Abarbeitung verschiedener Projekte zurückgehen. Hierzu zählen bspw. Priorisierungskonflikte bei der Nutzung von Kapazitäten oder Standardisierungspotenzial, das bisher nicht erschlossen wurde. Für die repräsentative Zeitdauer von einem Jahr werden die Werkzeugprojekte in der dargestellten Form übereinander abgebildet und auf die beschriebenen Zielkonflikte untersucht.

Durch die beschriebenen Teilschritte des Hauptschritts Modellierung der Organisation erfolgt eine transparente Aufgliederung der Struktur- und Prozesslandschaft. Wesentliche Ergebnisse des Schritts sind zum einen identifizierte Schwerpunkte des Zielkonftlikts zwischen der stabilen und der variablen Ausrichtung. Zusätzlich wird die Affinität zwischen den wesentlichen Organisationseinheiten dargestellt.

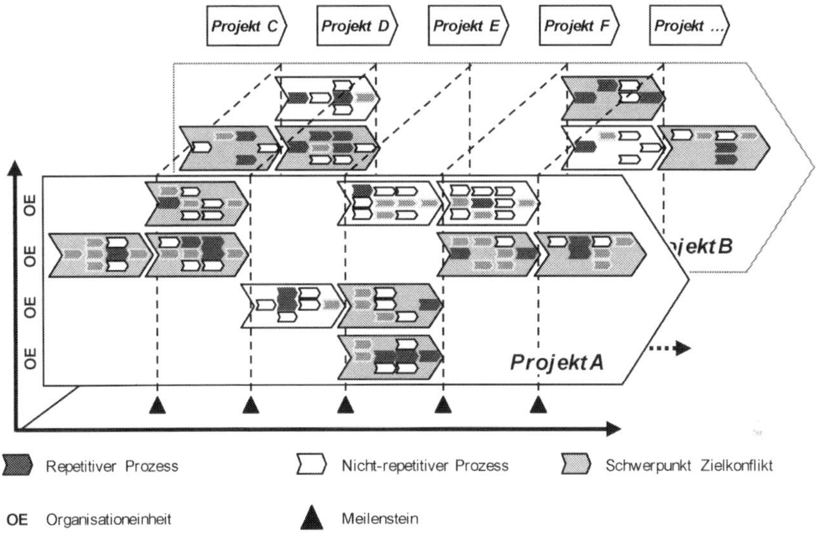

Abbildung 5-22: Modellierung der simultan ablaufenden Projekte des industrialisierten Werkzeugbaubetriebs

5.2.3 Schritt D: Gestaltung der ambidextrieförderlichen Konfiguration

Die Harmonisierung der simultanen Umsetzung der Ambidextriedimensionen innerhalb einer Organisation geht auf die strukturelle, zeitliche oder kontextuelle Separierung der Dimensionen zurück. Auf Basis der Ergebnisse des Schritts C und im Einklang mit der Analysephase sollen in Schritt D die Grenzen des Systems festgelegt werden, das insgesamt die simultane Umsetzung der Ambidextriedimensionen ermöglicht. Im Folgenden werden zunächst die Vorüberlegungen beschrieben, die zur Gestaltung einer ambidextrieförderlichen Konfiguration im Werkzeugbau notwendig sind. Anschließend erfolgt die Beschreibung eines konkreten Vorgehens zur Umsetzung der ambidextrieförderlichen Konfiguration im anwendenden Werkzeugbaubetrieb. Hierzu werden im ersten Teilschritt Varianten der Konfiguration abgeleitet. Im zweiten Teilschritt werden diese in Bezug auf ihre Umsetzbarkeit bewertet und die vielversprechendste Variante ausgewählt.

5.2.3.1 Vorüberlegungen

Organisatorisch wird das Vorgehen zur Anpassung einer bestehenden Konfiguration häufig als Segmentierung bezeichnet. Nach HÖGE ist Segmentierung „[...] als eine Form der **Gruppierung (Bündelung) von Unternehmensaktivitäten** zu verstehen, die sich gegenüber anderen Gruppierungsalternativen durch eine – aus Sicht der Gesamtunternehmung – relativ geringe Relationenkomplexität auszeichnet."[531] Im Verständnis der vorliegenden Arbeit ist dieses sinnstiftende Element der Segmentierung zu berücksichtigen. Das Hauptmotiv besteht jedoch darin, einen möglichst großen Teil der Organisationseinheiten homogen stabil bzw. homogen variabel auszurichten.[532] Auf diese Weise werden die **Möglichkeiten der Industrialisierungsbestrebung** deutlich erweitert und die Gesamtaufgabe der Organisation wird aus Kundensicht in verbesserter Weise erfüllt. Eine weitere Besonderheit der vorliegenden Arbeit ist, dass die durch die Segmentierung festgelegten **Segmentgrenzen** nicht nur struktureller Natur, sondern auch zeitlicher oder kontextueller Art sein können.

Die Separierung in unterschiedliche Segmente betrifft sowohl die direkt an der Wertschöpfung beteiligten sowie die indirekten, unterstützenden Unternehmensteile. Die resultierenden homogen ausgerichteten Segmente verfügen über eine gewisse Autonomie, wodurch vor allem Schnittstellen und damit der Kommunikationsbedarf innerhalb der Segmente reduziert werden können. Die Autonomie bezieht sich vor allem auf den Einsatz der Arbeitszeit der zugehörigen Mitarbeiter, die Beauftragung externer Dienstleister und die Gestaltung der Arbeitsabläufe. Dabei muss die Separierung durch die Segmentgrenze nicht physisch umgesetzt werden. Stattdessen kann auch eine virtuelle oder zeitliche Umsetzung der definierten Grenzen erfolgen.

Die Folgen der homogen ausgerichteten Segmente sind eine vereinfachte Koordination sowie eine bessere Spezialisierung auf die zu absolvierenden Tätigkeiten. Hierdurch können Kosten- und Produktivitätsvorteile eines stabilen Systems mit Variabilitätsvorteilen einer variabel ausgerichteten Organisationseinheit kombiniert werden. Somit kann der Zielkonflikt der Ambidextriedimensionen reduziert werden. Dies setzt die Sicherstellung einer geeigneten gesamtunternehmerischen **Integration** der Segmente voraus. Dies umfasst die aufwands- und fehlerarme Gestaltung von materiellen und informellen Austauschbeziehungen zwischen den Segmenten.

Bei der Aufteilung der Organisation in Segmente müssen verschiedene Wechselbeziehungen zwischen den Segmenten berücksichtigt werden.[533] Im Fokus steht die Minimierung von Separations- und Integrationskonflikten. **Separati-**

---

[531] Vgl. Höge (1995), Organisatorische Segmentierung, S. 143

[532] Vgl. Höge (1995), Organisatorische Segmentierung, S. 144ff. Abhängig von der Motivation, die der Segmentierung zugrunde liegt, kann zwischen der Marktsegmentierung, der Segmentierung nach strategischen Geschäftsfeldern, der divisionalen Organisation, der Konzern- und Holdingstrukturierung und der produktionsorientierten Segmentierung unterschieden werden. Die vorliegende Arbeit fokussiert die produktionsorientierte Segmentierung.

[533] Vgl. Feser (1999), Fertigungssegmentierung, S. 174

onskonflikte gehen vor allem auf die wechselseitigen Abhängigkeiten der Tätigkeitskategorien zurück, die wiederum auf eine wechselseitige Informationsabhängigkeit sowie auf eine hohe Ähnlichkeit der für die Tätigkeit notwendigen Kompetenz- und Kapazitätsprofile zurückgehen. Sofern derartige Separationskonflikte nicht entschärft werden können, wirken sie sich stark einschränkend auf die Separierung der Organisation in Segmente aus.

Integrationskonflikte resultieren vor allem aus unnötigem Abstimmungsbedarf oder unklaren Vorgaben hinsichtlich der Entscheidungs- und Weisungsbefugnisse einzelner Mitarbeiter. Eine ambidextrieförderliche Konfiguration muss dies adressieren, indem sowohl die Segmentgrenzen als auch die Auswirkungen ihrer Überschreitung eindeutig und transparent dargestellt werden. Letzteres ist insbesondere von Bedeutung, da eine hohe Reaktionsfähigkeit und eine situationsadäquate Kompetenznutzung eine gewisse Durchlässigkeit von Strukturgrenzen voraussetzen. Gleichzeitig ist die Etablierung eines stabilitätsfördernden Konfigurationselements von entscheidender Bedeutung für das Erreichen von systemischer Ambidextrie.

Eine ambidextrieförderliche Konfiguration zeichnet sich somit dadurch aus, dass sie Integrations- und Separationskonflikte minimiert und somit eine **harmonische Koexistenz** stabil und variabel ausgerichteter Segmente innerhalb eines Unternehmens ermöglicht. Auf dieser Grundlage wird ein Sollzustand für die Konfiguration abgeleitet, der mit der Kapazitäts- und Kompetenzbetrachtung die Umgestaltung der Konfiguration determiniert.

Die Hauptaufgabe bei der Anpassung der Konfiguration besteht darin, die begrenzenden Einschränkungen der Standardisierung durch die sinnvolle Auswahl von Systemgrenzen im Sinne der Segmentierung zu reduzieren.

Für Werkzeugbaubetriebe bietet sich die Separierung der Organisation in eine Kernorganisation, eine Primärorganisation und eine Sekundärorganisation an (s. Abbildung 5-23).

Die **Kernorganisation** enthält alle Funktionen, die in ihrer Arbeitsweise nur bedingt durch dynamische Einflüsse beeinflusst werden, bspw. die Unternehmensführung und den Bereich Personalwesen. Ein wichtiges Element der Kernorganisation ist das zentrale Auftragsmanagement, das als zentrale Instanz die Zuteilung von Arbeitsinhalten zu der Primär- und der Sekundärorganisation übernimmt.

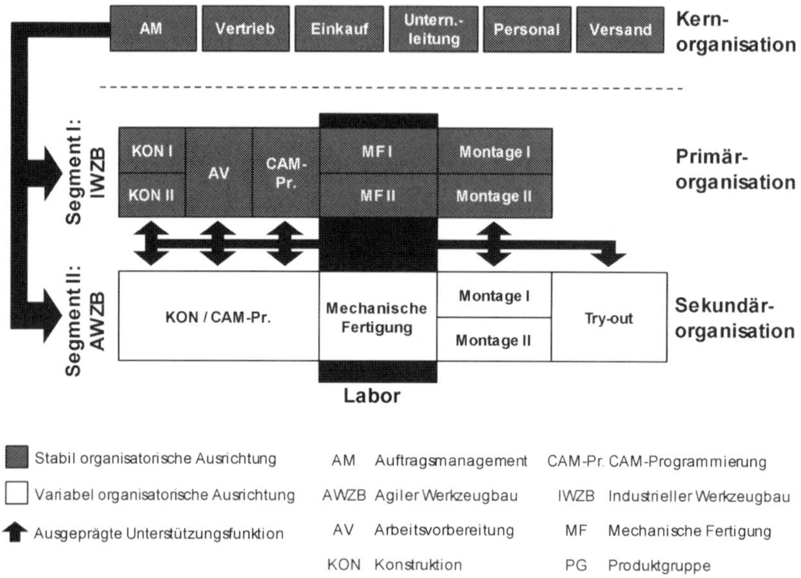

Abbildung 5-23: Symbolhafte Darstellung der Ableitung einer homogen ausgerichteten Organisationsstruktur

Die Gestaltung der Kernorganisation zielt vor allem darauf ab, einen durch Konstanz geprägten Orientierungspunkt für die Mitarbeiter darzustellen, um sie in Zeiten des diskontinuierlichen Wandels nicht zu überfordern. Die Kernorganisation ist der Primär- und der Sekundärorganisation übergeordnet. Ihr obliegen strategische Aufgaben, insbesondere die Gestaltung der Primär- und der Sekundärorganisation sowie operative Aufgaben, die durch die indirekten Bereiche ausgeführt werden.

Das Segment **Primärorganisation** wird optimal auf ein stabiles Aktivitätsmuster ausgerichtet. Es umfasst die Strukturen, Prozesse und Methoden der Organisation, deren Eindeutigkeit und Berücksichtigung durch formale Vorgaben oder Erwartungshaltungen sichergestellt wird. Das Ziel ist die Vermeidung der Individualisierung der Aufgabenerfüllung. Durch umfassende Standardisierungsbestrebungen insbesondere in der Prozessgestaltung und der Auslegung der unterstützenden Systeme werden hohe Wiederholhäufigkeiten einzelner Arbeitsinhalte sowie optimierte Schnittstellenprozesse angestrebt. Im wertschöpfenden Teil der Primärorganisation kann der Industrialisierungsprozess im Verständnis des Gestaltungsmodells von KLOTZBACH maximiert werden.[534] Die Einschränkungen des Industrialisierungsgrades durch Variabilitätsanforderungen werden durch die Separierung der Aktivitätsmuster weitgehend minimiert.

Das Segment **Sekundärorganisation** wird optimal auf ein variables Aktivitätsmuster ausgerichtet. Es bietet ein hohes Maß an Gestaltungsfreiheit in Bezug auf die Strukturen, Prozesse und Methoden, die projektabhängig gestaltet und genutzt werden. Die Sekundärorganisation ähnelt der netzwerkartigen Zusammenarbeit in Werkzeugbaubetrieben während der Gründungsphase. Das Ziel ist die optimale Unterstützung eines agilen Arbeitens mit einem hohen Maß an Individualismus und Kreativität, wodurch die Variabilität erhöht wird. Dabei wird in Projektteams mit flachen Hierarchien gearbeitet, die bedarfsgerecht und mit wenig Aufwand gebildet, verändert und aufgelöst werden können. Die Teams weisen eine hohe Heterogenität in Bezug auf die Disziplinen ihrer Teammitglieder auf. Der Informationsaustausch über Hierarchiestufen und Funktionssilos hinweg erfolgt aufwandsarm. Die Kommunikationspfade ergeben sich situationsadäquat durch die persönliche Beurteilung der Mitarbeiter und werden nicht durch Hierarchiestufen eingegrenzt. Innerhalb der Zusammenarbeit ergeben sich etwaige (Führungs-) Rollen entsprechend den von den Teammitgliedern aufgewiesenen Kompetenzen. Hierarchien oder die Unternehmenszugehörigkeit einzelner Mitarbeiter spielen bei der Zuteilung hingegen keine Rolle.

Durch die Separierung der Aktivitätsmuster in Primär- und Sekundärorganisation können die jeweiligen Vorteile einer homogenen Ausrichtung genutzt werden (vgl. Kapitel 2.2.3). Im Werkzeugbau bietet sich eine derartige Separierung vor allem für die Trennung der Auftragsabwicklung von Neuwerkzeugaufträgen und Änderungs- und Reparaturaufträgen an. Während die Auftragsabwicklung zur Herstellung eines Neuwerkzeugs meist mehrere Monate im Voraus eingesteuert wird, lassen sich Änderungs- und Reparaturaufträge typischerweise weder in ihrem Auftreten noch in ihrem Ablauf einplanen. Dies führt zu Effizienzverlusten durch häufiges Umrüsten der Bearbeitungsmaschinen und durch auf diese Weise nicht abrufbare Spezialisierungsvorteile. Auf die Nutzung derartiger Potenziale zielt die Separierung der konträren Auftragsarten ab.

Abhängig von dem anwendenden Unternehmen können die Primär- und die Sekundärorganisation jeweils um **mehrere Subsegmente** erweitert werden. Dies ist insbesondere für die Umsetzung von hybriden Ambidextrietypen sinnvoll. Ausgangspunkt ist die systematische Bewertung der organisationalen Ausrichtung in stabile oder variable Segmente. Beispielsweise kann bei der Gestaltung der Primärorganisation zwischen mehreren Werkzeugtypen unter-

[534] Vgl. Klotzbach (2007), Industrieller Werkzeugbau

schieden werden. Bei der Sekundärorganisation kann eine Separierung von kurzfristigen Reparaturaufträgen und Innovationsaufträgen sinnvoll sein. Zusätzlich ist in größeren Unternehmen eine Einrichtung einer Laborumgebung denkbar, die ausschließlich strategische Aufgabenstellungen bearbeitet und zusätzlich den Wissensaustausch über alle Funktionen der Segmente sicherstellt. Bei kleineren Unternehmen (weniger als 25 Mitarbeiter) kann es sinnvoll sein, die Kernorganisation und die Primärorganisation zusammenzuführen.

5.2.3.2 Vorgehen zur Gestaltung der Konfiguration

Aufbauend auf den im vorausgehenden Kapitel eingeführten Vorüberlegungen sollen im Folgenden Segmentvarianten abgeleitet und bewertend verglichen werden, bevor anschließend eine Variante ausgewählt wird. Das Ziel der Untersuchung ist die **unternehmensoptimale Gestaltung einer ambidextrieförderlichen Konfiguration** unter Beachtung aller spezifischen relevanten Restriktionen.

Schritt 1: Bildung von Segmentvarianten

Ausgangspunkt der Anpassung der Konfiguration des anwendenden Werkzeugbaubetriebs ist die Bildung von Segmenten gemäß ihrem jeweiligen Wertschöpfungsbeitrag. Zunächst werden alle nicht an der Wertschöpfung beteiligten indirekten Bereiche von der Gesamtorganisation separiert und der **Kernorganisation** zugeordnet. Hierzu zählen insbesondere die Bereiche Geschäftsführung, das Personalmanagement inklusive der Personalentwicklung und die Buchhaltung bzw. das Rechnungswesen. Die entstehende Kernorganisation entspricht einer starren hierarchischen Organisation, wie sie im Werkzeugbau üblich ist. Um den beschriebenen Orientierungspunkt im Sinne eines Fixpunktes für die Mitarbeiter darzustellen, sind starre, transparente Weisungs- und Entscheidungspfade erforderlich. Die Kernorganisation ist auf Dauerhaftigkeit ausgerichtet, weshalb Anpassungen nur vorgenommen werden, wenn sie unbedingt erforderlich sind und in jenem Fall sehr transparent vermittelt werden.

Im Anschluss an die Gestaltung der Kernorganisation stellt sich die Frage, wie mit den verbleibenden Organisationseinheiten verfahren wird. So ist zu klären, welche Substrukturen sinnvoll erscheinen und ob diese entweder der Primär- oder der Sekundärorganisation zugeordnet werden sollen. Dazu werden zunächst für die im vorausgehenden Methodenschritt C identifizierten Organisationseinheiten **Tätigkeitsprofile** gebildet. Die mit den Tätigkeiten verbundenen organisatorischen Anforderungen bilden das ausschlaggebende Element für die Bildung von Segmenten. Das Ziel ist eine Homogenisierung der Zielausrichtung aller Organisationseinheiten, um damit Zielkonflikte der Gesamtorganisation zu harmonisieren. Zu diesem Zweck werden Tätigkeitskategorien abgeleitet, die hinsichtlich der Eignung einer stabilen bzw. einer variablen organisatorischen Ausrichtung bewertet werden. Für diese Bewertung wird auf die zwei Ersatzdimensionen Planbarkeitsgrad und Ähnlichkeitsgrad zurückgegriffen. Der **Planbarkeitsgrad** wird in die Kategorien nicht planbar, kaum planbar, bedingt planbar und planbar unterteilt und charakterisiert die Planbarkeit des Auftretens sowie der Durchführung der Tätigkeit.

Der **Ähnlichkeitsgrad** weist die Kategorien hoch individuell, individuell, ähnlich und sehr ähnlich auf und beschreibt die Gleichheit der Arbeitsinhalte innerhalb einer Tätigkeitskategorie. Die Kombination der Bewertungsstufen der Ersatzdimensionen führt damit zu vier verschiedenen Abstufungen der organisatorischen Ausrichtung (s. Abbildung 5-24).

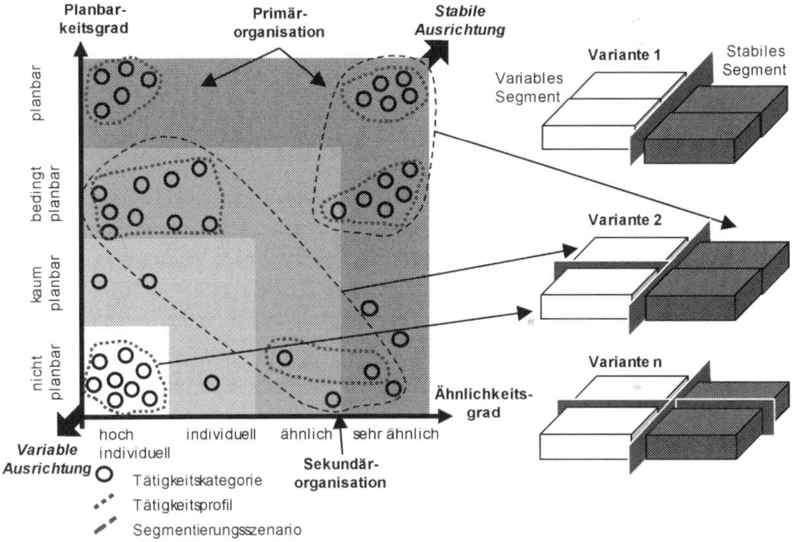

Abbildung 5-24: Analyse des Tätigkeitsprofils zur Ableitung von Segmentierungsszenarien

Als Resultat der Bewertung weist jede Organisationseinheit ein Tätigkeitsprofil auf. Innerhalb des Tätigkeitsprofils werden die Tätigkeitskategorien gemäß ihrer Bewertung derart geclustert, dass sie einer stabilen oder einer variabel ausgerichteten Organisationseinheit zugeordnet werden können. Bei einer sehr heterogenen Verteilung über die Bewertungsbereiche der stabilen und variablen Ausrichtung hinweg können auch mehr als zwei Bereiche für eine der Ausrichtungsarten resultieren. Auf Basis der tätigkeitsbasierten Segmentierung werden anschließend die sinnvoll erscheinenden **Konfigurationsvarianten** abgeleitet.

Schritt 2: Auswahl einer geeigneten Konfigurationsvariante

Die im vorausgehenden Schritt abgeleiteten Konfigurationsvarianten werden im folgenden Teilschritt jeweils bewertet. Auf dieser Bewertung wird eine geeignete Konfigurationsvariante ausgewählt. Dazu wird das in Abbildung 5-25 dargestellte Vorgehen angewendet, das im Folgenden beschrieben wird.

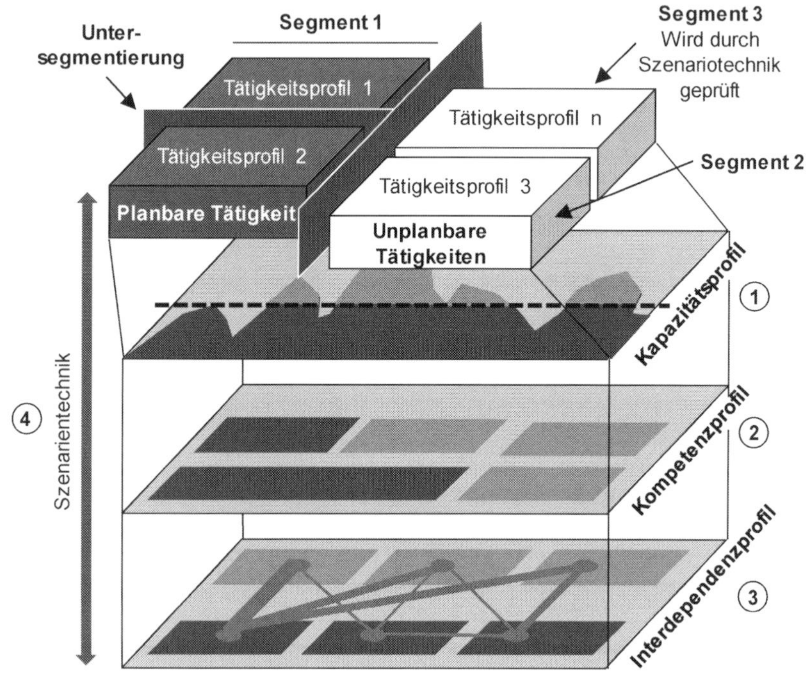

Abbildung 5-25: Vorgehen zur Bewertung der abgeleiteten Konfigurationsvarianten

Die Bewertung der einzelnen Konfigurationsvarianten erfolgt in vier Schritten. Im ersten Schritt wird das **Kapazitätsprofil** der Segmente untersucht, die separiert werden sollen. Zunächst werden die Ressourcen identifiziert, die auf die Segmente aufgeteilt werden müssen. Für diese Ressourcen werden für repräsentative Nutzungszeiträume von zwölf bis vierundzwanzig Monaten die voraussichtlichen Standzeiten ausgewertet. Für zusammenhängende Bereiche eines Funktionsbereichs wird auf Basis des abgeleiteten Kapazitätsprofils eine Ressourcenallokation vorgenommen. Ziel ist eine Aufteilung der Ressourcen, die eine hohe Auslastung des stabil auszurichtenden Bereichs der Primärorganisation und eine hohe Flexibilität und Verfügbarkeit der Ressourcen des Bereichs der Sekundärorganisation erlaubt. Dabei wird auf ein vierstufiges

Vorgehen zurückgegriffen, das am Werkzeugmaschinenlabor WZL der RWTH Aachen entwickelt wurde und sich in verschiedenen Projekten mit deutschen Werkzeugbaubetrieben bewährt hat.[535]

Zuerst wird das Auftragsspektrum im anwendenden Unternehmen in Bezug auf die unterschiedlichen Auftragsarten über einen **definierten, repräsentativen Zeitraum** analysiert. Dabei wird angestrebt, pro Technologie bzw. organisatorische Einheit die Anteile planbarer und unplanbarer Aufträge zu berechnen. Die analytische Separierung der Aufträge auf Tagesebene erfolgt, indem pro organisatorische Einheit die an diesem Tag auf Aufträge verbuchten Stunden in planbar und unplanbar geleistete Stunden aufgetrennt werden. Im Anschluss werden die planbaren und unplanbaren Stunden des Tages jeweils summiert und durch die Gesamtanzahl der geleisteten Tagesstunden dividiert. Für die Darstellung des zeitlichen Bezugs wird ein Liniendiagramm vorgeschlagen. Dabei werden die planbaren Stunden über der Zeitachse und die unplanbaren Stunden unter der Zeitachse mit Bezug zu derselben Zeitskala angeordnet.

Unabhängig von der Segmenteinteilung wird im zweiten Schritt die maximale Ressourcenkapazität berechnet. Zu diesem Zweck wird die Summe der Nettoarbeitszeit (Arbeitszeit minus Pausenzeiten) für die organisatorische Einheit berechnet. Anschließend wird die theoretisch mögliche Maschinenlaufzeit pro Tag mit einem Verfügbarkeitsfaktor berechnet und mit der Maschinenanzahl multipliziert. Hieraus resultiert die Kapazität der jeweiligen Technologie. Das beschriebene Vorgehen ist auf alle relevanten Bereiche anzuwenden.

Die ideale Aufteilung der zur Verfügung stehenden Ressourcen wird im dritten Schritt ermittelt. Mithilfe der Methode der kleinsten Quadrate werden die Ressourcen rechnerisch so auf die beiden Segmente aufgeteilt, dass die Anzahl der Ressourcen pro Segment minimal, die Auftragsdeckung der beiden Segmente maximal ist. Hierdurch ergeben sich die rechnerisch optimale Ressourcenanzahl pro Segment sowie eine Kapazitätsgrenze. Die Eintragung der Kapazitätsgrenze in das Liniendiagramm des Kapazitätsprofils stellt dar, wie oft die Auslastung die Kapazitätsgrenze überschreitet. In diesen Fällen konnten die Aufträge nicht im Gesamten bearbeitet werden.

Im vierten Schritt werden die rechnerisch ermittelten Ressourcenkapazitäten ganzzahlig auf die Segmente aufgeteilt. Die Erkenntnisse der Betrachtung der Kapazitätsprofile werden genutzt, um die von den Tätigkeitsprofilen abgeleiteten Konfigurationsvarianten anzupassen bzw. im Hinblick auf die Ressourcenzugehörigkeit zu konkretisieren.

---

[535] Für eine detaillierte Betrachtung des angewendeten Vorgehens sei auf HENSEN verwiesen; vgl. Hensen (2017), Strategische Auslegung, S. 186f.

Die Varianten werden anschließend hinsichtlich der zu erwartenden Separations- und Integrationskonflikte untersucht. Zu diesem Zweck wird das **Kompetenzprofil**[536] bestimmt. Abbildung 5-26 stellt eine beispielhafte Bewertung der Kompetenzprofile ausgewählter Tätigkeiten der Abteilungen Entwicklung und Mechanische Fertigung dar.

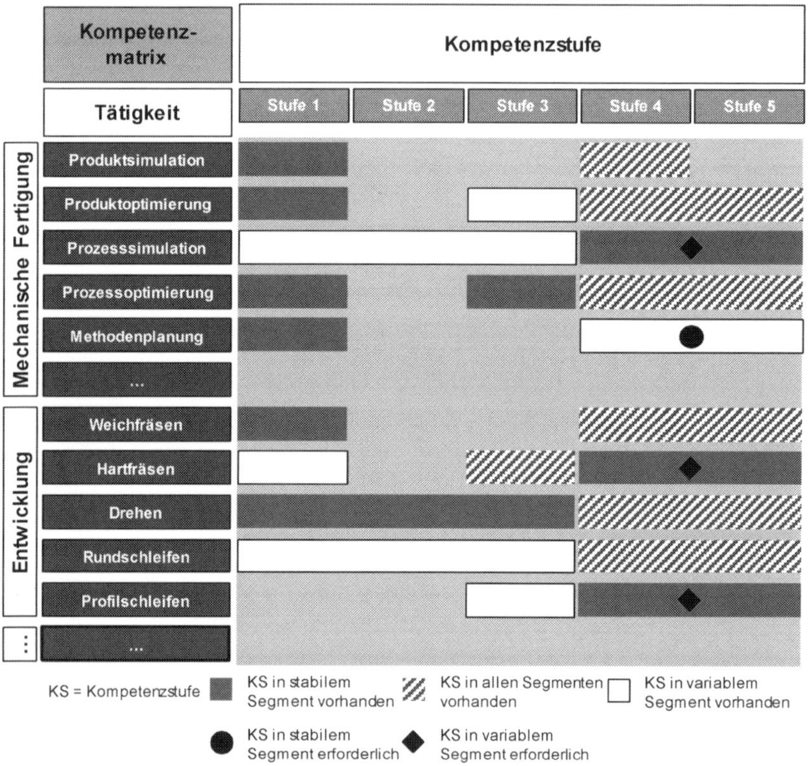

Abbildung 5-26: Beispielhafte Bewertung des Kompetenzprofils durch Aufstellen einer Kompetenzmatrix

Zur Bestimmung des Komptenzprofils werden die in den zu separierenden Segmenten vorhandenen Kompetenzen mithilfe einer Kompetenzmatrix, die zwischen fünf Kompetenzstufen unterscheidet, bewertet. Die Kompetenzstufen reichen von Grundlagenwissen (Stufe 1) bis zu Expertenwissen (Stufe 5). Durch die Matrix wird transparent aufgezeigt, welche Kompetenzstufe in welchem

[536] Als *Kompetenzprofil* soll in dieser Arbeit die Darstellung der für die entsprechende Tätigkeit relevanten Kompetenzen in ihrer jeweiligen Ausprägung verstanden werden.

Segment für die betrachtete Konfigurationsvariante vorzufinden wäre. Gleichzeitig werden die Kompetenzstufen identifiziert, die zwar erforderlich wären, jedoch nicht ausreichend vorhanden sind.

Im Anschluss an das Kompetenzprofil erfolgt die Bewertung des **Interdependenzprofils**. Ausgangspunkt ist das in Schritt C erstellte Kommunikationsdiagramm. Dieses wird durch die Bewertung der vorgestellten Interdependenzarten zwischen den zu separierenden Segmenten erweitert. Es entsteht ein variantenspezifisches Interdependenzprofil. Dieses dient der Bewertung der Konfigurationsvarianten (s. Abbildung 5-27).

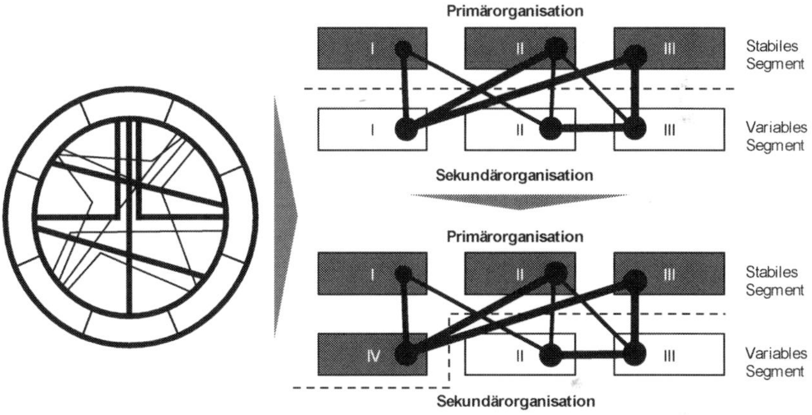

Abbildung 5-27: Beispielhafte Bewertung und Anpassung des Interdependenzprofils

Die vorgestellten Bewertungskategorien können mit gleicher Gewichtung berücksichtigt werden. In verschiedenen Fällen kann auf Basis der Analyseschritte eine Anpassung der Segmentgrenzen offensichtlich sein. Werden diese Anpassungen vorgenommen, sind die entsprechenden Auswirkungen in den übrigen Bewertungsdimensionen zu berücksichtigen (s. Abbildung 5-25). Das Szenario mit der besten Bewertung wird für die anschließende Anpassung der Organisationsarchitektur genutzt.

5.2.4 Schritt E: Anpassung des Gestaltungselements Koordination

Im Folgenden werden die Vorüberlegungen zur Gestaltung einer ambidextrieförderlichen Koordination dargestellt. Im Anschluss erfolgt die Beschreibung eines konkreten Vorgehens zur Umsetzung der ambidextrieförderlichen Koordination im anwendenden Werkzeugbaubetrieb.

5.2.4.1 Vorüberlegungen

Die Gestaltung der Koordination zielt darauf ab, operative Nachteile, die auf die Segmentierung und die Gestaltung der Konfiguration zurückgehen, auszugleichen. Den Organisationsmitgliedern kommt in diesem Zusammenhang eine Schlüsselrolle zu.[537] Für eine erfolgreiche Implementierung einer ambidextrieförderlichen Koordination müssen diese zu notwendigen Veränderungen ihrer Tätigkeiten befähigt werden. So muss eine ambidextrieförderliche Koordination insbesondere die Koexistenz der **fremdbestimmten** sowie der **eigenbestimmten Aufgabenerfüllung** innerhalb der Organisation bzw. innerhalb einzelner Organisationseinheiten fördern. Für die sequenzielle und die kontextuelle Ambidextrie muss der Mitarbeiter einerseits in eindeutig zueinander abgegrenzten Verantwortungsbereichen, mit engen Vorgaben und kaum Freiraum hinsichtlich der Aufgabenerfüllung arbeiten können. Andererseits muss er in der Lage sein, in grob abgegrenzten Aufgabenbereichen, die im Werkzeugbau häufig vorzufinden sind, mit umfassendem Freiraum die eigenen Aufgaben situationsadäquat zu erfüllen. Von den Mitarbeitern selbst wird dabei ein deutlich **eigenverantwortlicheres Arbeiten** verlangt.

Um die Arbeit der einzelnen Mitarbeiter auf die Ziele des anwendenden Werkzeugbaubetriebs auszurichten, sind transparente Orientierungspunkte und Regelungen notwendig. Nach THOMMEN ET AL. kann in diesem Zusammenhang zwischen allgemeinen und speziellen Regelungen unterschieden werden. **Allgemeine Regelungen** zielen darauf ab, die Aufgabenbewältigung zeitunabhängig festzulegen und eignen sich für häufig wiederkehrende Situationen. Dabei wird der Gestaltungs- und Entscheidungsraum des ausführenden Mitarbeiters eingeschränkt. Die **spezielle Regelung** räumt der ausführenden Instanz ausgeprägtere Freiheitsgrade ein, indem ein vorgehaltener Freiraum situationsadäquat genutzt werden kann.[538]

Werden zu wenige sich wiederholende Vorgänge allgemein geregelt, liegt eine Unterorganisation vor. Diese äußert sich durch eine niedrige Effizienz. Hingegen ist das Optimum überschritten, wenn ungleiche Arbeitsinhalte mit allgemeinen Regeln gelöst werden, obwohl ihre Charakteristika eine spezifische Regelung verlangt. Dies entspricht einer Überorganisation und führt zu fehlender Flexibilität. Beim Einsatz des Organisationsinstruments „Regelungen" wird in der konventionellen Organisationstheorie ein unternehmensspezifisches **organisatorisches Optimum** angestrebt.[539]

---

[537] Vgl. Werther/Bruckner (2018), Arbeit 4.0, S. 36
[538] Vgl. Thommen et al. (2017), Allgemeine Betriebswirtschaftslehre, S. 444
[539] Vgl. Thommen et al. (2017), Allgemeine Betriebswirtschaftslehre, S. 444f.

Das organisatorische Optimum einer ambidextren Organisation erfordert die Koexistenz allgemeiner und spezieller Regelungen. Sowohl die **Kern-** als auch die **Primärorganisation** werden stabil ausgerichtet und greifen vor allem auf allgemeine Regelungen zurück. Eine Überorganisation droht im Vergleich zu einer konventionellen Organisation nicht, da die Prozesse, die auf eine umfassende Variabilität angewiesen sind, weitgehend in der Sekundärorganisation bearbeitet werden. Die **Sekundärorganisation** wird variabel als organisches System mit optimalen Bedingungen für eine agile Zusammenarbeit ausgerichtet und greift vor allem auf spezielle Regelungen zurück. Die Gefahr einer Unterorganisation besteht nicht, da die Aktivitäten, die auf Stabilität angewiesen sind, weitgehend in der Primärorganisation bearbeitet werden.

5.2.4.2 Vorgehen zur Gestaltung der Koordination

Aufbauend auf den im vorausgehenden Kapitel eingeführten Vorüberlegungen wird das Vorgehen zur Gestaltung der Koordination beschrieben. Im ersten Teilschritt werden Mitarbeiterrollen definiert und zugeteilt, bevor die Gestaltung der Zusammenarbeit im zweiten Teilschritt beschrieben wird.

Schritt 1: Festlegung und Zuteilung von Rollen

Das Koordinationsinstrument Hierarchie wird unabhängig vom spezifischen Ambidextrietypen in einer ambidextren Organisation maßgeblich durch die Definition von **Erwartungsmustern** substituiert. Zu jedem Zeitpunkt und insbesondere beim Wechsel zwischen den Aktivitätsmustern muss dem Mitarbeiter das für ihn gültige Erwartungsmuster eindeutig ersichtlich sein. Zu diesem Zweck werden **Rollen** definiert und den Mitarbeitern zugeteilt. Ziel ist es, den Steuerungsaufwand der leitenden und ausführenden Stellen zu reduzieren und Entscheidungen situationsgerecht erfolgen zu lassen.

Dazu werden im Unternehmen die Rollen Projektpate, Projektleiter, Projektmitarbeiter, Fachexperte, Laborant und Ambidextrieagent eingeführt, die nachfolgend beschrieben werden.

Die Rolle **Projektpate** ist den Projektteams übergeordnet und übernimmt eine Steuerungs- und Controllingfunktion. Dem Projektpaten obliegt die Initiierung von Projekten, die er in der strukturellen Ambidextrie entweder zur Bearbeitung der Primär- oder der Sekundärorganisation zuordnet. Neben dem Projektleiter, den der Projektpate auswählt, ist er selbst auf passive Weise für den Projekterfolg gegenüber der Unternehmensleitung verantwortlich. Während des Projekts greift der Projektpate in beratender Funktion in die Projektbearbeitung ein. Der hiermit verbundene Mehraufwand wird durch den, für den Werkzeugbau typischen, hohen Abstraktionsgrad der (Werkzeug-)Projekte gerechtfertigt. In die Verantwortung des Projektpaten fällt die situationsadäquate Bereitstellung von Erfahrungswissen abgeschlossener Projekte sowie die Identifizierung und

Nutzung von Synergiepotenzialen bei aktuell simultan ablaufenden Projekten. Für die Besetzung der Rolle Projektpate bieten sich Meister bzw. Führungskräfte im Werkzeugbaubetrieb an, die umfassende Erfahrungen in dem Fachbereich aufweisen, dem das entsprechende Projekt zuzuordnen ist.

Dem **Projektleiter** obliegt die operative Verantwortung für den Projekterfolg. Er legt in Abstimmung mit dem Projektpaten die Meilensteine der Projektbearbeitung fest. Zusätzlich bestimmt er die Anforderungen hinsichtlich der Kapazitäten und Kompetenzen der Projektmitarbeiter. Dazu muss er sich ebenfalls mit Projektleitern der anderen Gewerke des Werkzeugbaus, bspw. Konstruktion, Arbeitsvorbereitung, mechanische Fertigung und Montage abstimmen. So sind für Werkzeugbauprojekte die Meilensteine sowie die Schnittstelle zwischen den Abteilungen festzulegen, um die Herstellung von Werkzeugkomponenten und deren nachfolgende Zusammenführung in der Montage zu koordinieren Der Projektleiter gliedert die Gesamtaufgabe in Verantwortlichkeitsumfänge und wählt geeignete Projektmitarbeiter aus. Als Projektleiter bieten sich erfahrene Projektmitarbeiter der durch das Projekt hauptsächlich betroffenen Abteilung im Werkzeugbau an.

Die **Projektmitarbeiter** übernehmen die inhaltliche Projektbearbeitung. Einerseits werden sie passiv kompetenz- und kapazitätsorientiert den Projekten zugeordnet bzw. vom Projektleiter ausgewählt. Andererseits können sie sich entsprechend ihren Interessen aktiv für eine Projektteilnahme bewerben. Dazu ist die Arbeitszeit des Projektmitarbeiters in Zeitkontingente unterteilt, die in Absprache mit dem Projektleiter für Projekte eingesetzt werden. Dabei spielen der Aufbau von Kompetenzen und die nachhaltige Mitarbeiterentwicklung eine entscheidende Rolle. Das für den Werkzeugbau typische hohe Kompetenzlevel über die Prozesskette hinweg wird zukünftig noch an Bedeutung gewinnen und sollte für eine erfolgreiche Zusammenarbeit in einem ambidextren Werkzeugbau auf Interdisziplinarität ausgerichtet werden. So sollte den Mitarbeitern die wesentlichen Grundlagen der verschiedenen Gewerke im Werkzeugbau vermittelt werden. Der Projektmitarbeiter ist in erster Linie für die ihm zugeordnete projektspezifische Rolle sowie die ihm zugeordneten Aufgaben verantwortlich. Zusätzlich ist es seine Aufgabe, projekt- und vor allem bereichsübergreifend entstehendes Fachwissen auszutauschen. Die Freiheitsgrade bei der Aufgabenbewältigung werden vom Projektleiter in Abstimmung mit dem Projektpaten bestimmt.

Die **Fachexperten** werden neben ihrem Tagesgeschäft temporär in beratender Funktion in die operative Aufgabenbewältigung einzelner Projekte einbezogen. Ihre Kompetenzen werden transparent dargestellt bzw. für laufende Projekte angeboten. Somit greifen mehrere Projektteams der Sekundärorganisation, aber auch Fachabteilungen der Primärorganisation auf die Fachexperten zurück. Bei etwaigen Kapazitätskonflikten entscheidet der Projektpate in Abstimmung mit den übrigen Projektpaten des Werkzeugbaubetriebs über die notwendige Priorisierung und damit den Einsatz des einzelnen Experten. Zusätzlich zur Unterstützung der operativen Prozesse sind die Fachexperten dafür verantwortlich, ihre Kompetenzen in dem ihnen zugeteilten spezifischen Themenbereich systematisch bspw. durch die Teilnahme an externen Weiterbildungsformaten oder Kongressen zu erweitern. Die Fachexperten sind Organisationsmitglieder, die über ausgeprägte Kompetenzen in spezifischen Themenbereichen verfügen.

Aufgabe des **Laboranten** ist die fachliche Unterstützung hinsichtlich fertigungstechnischer Belange über alle Funktionsbereiche hinweg. Wie die Fachexperten verfügen auch Laboranten über ausgeprägtes Expertenwissen. Im Fokus steht ihre kurzfristige Verfügbarkeit zur Unterstützung im Fall von dringenden Aufträgen. Im Unterschied zu den Fachexperten sind Laboranten nur in Ausnahmefällen im Tagesgeschäft eingebunden. Durch ihre Unterstützung sowohl der Primärorganisation als auch der Sekundärorganisation fördern sie den Wissenstransfer über die einzelnen Funktionen hinweg. Die Ausstattung mit einigen wenigen Bedarfsanlagen ist möglich, jedoch nicht zwingend erforderlich. Die Rekrutierung von Laboranten lohnt sich nur für große Werkzeugbaubetriebe mit einem hohen Ambidextriepotenzial.

Der **Ambidextrieagent** besetzt eine Stabsfunktion im Werkzeugbaubetrieb. Aufgabe des Ambidextrieagenten ist es, die Harmonisierung der diametralen Aktivitätsmuster innerhalb der ambidextrischen Organisationsarchitektur im Sinne einer neutral agierenden Instanz zu unterstützen. Dazu versucht er bewusst die typischen Zielkonflikte innerhalb der ambidextrischen Zusammenarbeit zu identifizieren und zu minimieren. Für die Besetzung der Rolle des Ambidextrieagenten bietet sich ein Mitarbeiter an, der die Grundprinzipien der organisationalen Ambidextrie verstanden hat und idealerweise über Erfahrungen hinsichtlich agiler Arbeitsmethoden verfügt.

Abhängig von der unternehmensspezifischen Situation kann es auch sinnvoll sein, die vorgestellten Rollen um weitere zu ergänzen. Dabei können bspw. langfristige Strategieschwerpunkte durch Interessenvertreter gefördert bzw. operationalisiert werden. Nach der Definition der Rollen stellt sich die Frage nach der **Zuteilung der Mitarbeiter zu den Rollen**. Diese erfolgt kompetenzbasiert und wird regelmäßig angepasst.

Die Kompetenzen der einzelnen Mitarbeiter werden nachvollziehbar und vergleichbar bewertet. Für eine ganzheitliche Bewertung bieten sich die vier Kompetenzstufen Fachkompetenz, Projektmanagementkompetenz, Sozialkompetenz und Ambidextriekompetenz an. Die **Fachkompetenz** bewertet die Kompetenzstufe des in der Bewertung betrachteten Fachbereichs. Die

Projektmanagementkompetenz bewertet die Fähigkeiten und Erfahrungen des Mitarbeiters hinsichtlich der Leitung von Projekten. Die **Sozialkompetenz** bewertet, inwieweit der zu bewertende Mitarbeiter in der Lage ist, die individuellen Berdürfnisse und Wünsche der anderen Mitarbeiter im Kontext der Zusammenarbeit zu erkennen und erfolgreich zu adressieren. Durch die **Ambidextriekompetenz** wird die Fähigkeit der Mitarbeiter bewertet, zwischen den Ambidextriedimensionen Stabilität und Variabilität zu wechseln und die Aktivitätsmuster umzusetzen. Die Kompetenzen werden in den vier Abstufungen grundlegend, erweitert, umfassend, und herausragend bewertet. Zunächst werden die Mitarbeiter dazu aufgefordert, sich selbst in den vorgestellten Kompetenzen mithilfe der Abstufungen zu bewerten. In individuellen Gesprächen mit ihren Vorgesetzen werden die Bewertungen anschließend diskutiert und ggf. angepasst.

Für eine transparente Darstellung werden die Kompetenzen in einer **Personalmatrix** dargestellt. Möglichkeiten zur Erhöhung der eigenen Bewertung können bspw. die Teilnahme an angebotenen Seminaren oder die Übernahme einer Projektleitung in einem bestimmten Themenbereich sein. Derartige Möglichkeiten müssen ebenfalls transparent dargestellt werden, um die Mitarbeiter zur individuellen Weiterentwicklung zu motivieren.

Dafür müssen die Mitarbeiterkompetenzen transparent in Kompetenzprofilen dargestellt werden. Diese enthalten Informationen über abgeschlossene Projekte, absolvierte Aus- und Weiterbildungsformate sowie Interessen.

Durch die Bewertung der Mitarbeiter der Fachbereiche wird das Kompetenzangebot definiert. Für eine sinnvolle Rollenzuordnung müssen nun die rollenspezifischen Kompetenzbedarfe festgelegt werden. Zu diesem Zweck wird auf die verwendete Bewertungssystematik mit den Bewertungsdimensionen und den Kompetenzstufen zurückgegriffen. Anhand der resultierenden Kompetenzprofile kann nun die Zuteilung der Mitarbeiter zu den einzelnen Rollen vorgenommen werden. Für einen flexiblen Mitarbeitereinsatz sollten gezielt redundante Kompetenzen der Mitarbeiter vorgesehen werden, die in der Sekundärorganisation arbeiten. Bspw. ist die branchentypische Spezialisierung auf einen Fertigungstyp auf einen weiteren Fertigungstypen zu erweitern.

Schritt 2: Gestaltung der Zusammenarbeit

Für eine ambidextrieförderliche Koordination werden notwendige **Entscheidungen hinsichtlich der operativen Aufgabenerfüllung** weitgehend von der Führungsebene auf die operative Ebene verlegt. Der wesentliche Vorteil besteht darin, dass die operativ in Projekten involvierten Mitarbeiter den Bedarf hinsichtlich der Nutzung von Mitarbeiterressourcen situationsgerecht und damit besser beurteilen können. Im Fokus steht also die bedarfsspezifische Individualisierung der Aufgabenbewältigung.[540] Dies betrifft auch die **Kapazitäts-** und **Kompetenzallokation**. Der Projektleiter leitet die kapazitiven und kompetenzbasierten Anforderungen ab und stellt diese den in der Personalmatrix dargestellten verfügbaren Kapazitäten und Kompetenzen gegenüber. Teammitglieder werden demnach aktiv für das Projekt rekrutiert. Zusätzlich wird jedes Projekt bereits in der Planungsphase unternehmensintern ausgeschrieben, sodass Mitarbeiter sich für die Teilnahme bei einem Projekt bewerben können.

Um Kapazitätsengpässen vorzubeugen, wird ein **Punktesystem** eingerichtet. Der Projektpate bestimmt in Abstimmung mit der Unternehmensleitung zu Projektbeginn den Punktestand, der für ein Projekt investiert wird. Der Einsatz aller Human- und Produktionsressourcen kostet Punkte. Die Kosten richten sich nach der Nutzungsdauer und der Knappheit der Ressource. Sie werden durch die Projektpaten gemeinschaftlich festgelegt, regelmäßig aktualisiert und transparent dargestellt. Der Projektleiter entscheidet, auf welche Ressourcen er zurückgreift und ist dafür verantwortlich, mit den ihm zugewiesenen Punkten das Projekt fertigzustellen. Der Projektmitarbeiter dokumentiert die Punkte, die er für ein Projekt aufgewendet hat.

Eine zentrale Bedeutung für die Koordination in einer ambidextren Organisation nehmen definierte **Freiheitsgrade** der Mitarbeiter ein, die unternehmensspezifisch definiert werden müssen. Die Zusammenarbeit sowohl in der Kern- als auch in der Primärorganisation erfolgt in einer festen Hierarchie, in der die zugehörigen Mitarbeiter eingebettet sind. Durch Vorgaben und unterstützende Systeme determinieren **eingeschränkte Freiheitsgrade** in der Primärorganisation den Lösungsraum bei der Auftragsabwicklung. Eine stabilisierende Organisationsgestaltung trägt damit zur Vermeidung von Unklarheiten, Missverständnissen und damit Fehlerpotenzial und Konflikten bei.

Die Aufgabenbewältigung in der Sekundärorganisation erfolgt durch Projektteams, die situationsgerecht und aufwandsarm gebildet, verändert und wieder aufgelöst werden können. In der Sekundärorganisation wird dabei durch **bewusst geschaffene Freiheitsgrade** in der Aufgabenbewältigung eine unternehmensoptimale Variabilität angestrebt. Das übergeordnete Ziel ist die Befähigung zur situationsadäquaten Prozessgestaltung innerhalb von Projekten.[541] Diese Eigenständigkeit zwingt zum unternehmerischen Denken und Handeln zur Sicherstellung des Gesamtoptimums des Unternehmens.[542] Das Team

---

[540] Vgl. Baltes/Freyth (2017), Veränderungsintelligenz, S. 116
[541] Vgl. Baltes/Freyth (2017), Veränderungsintelligenz, S. 116
[542] Vgl. Keuper et al. (2018), Digital Leadership, S. 252

selbst weist eine ausgeprägte Instabilität auf, woraus umfangreiche Variabilitätsvorteile resultieren, die jederzeit kurzfristige und flexible Änderungen der Konstellation zulassen. Diese Instabilität muss durch die Mitarbeiter akzeptiert und gefördert werden. In diesem Zusammenhang muss die Zusammensetzung des Teams zu jedem Zeitpunkt der Projektbearbeitung infrage gestellt werden. Neue Entwicklungen können dazu führen, dass neue Teammitglieder integriert oder alte ausgeschlossen werden. Der Projektleiter und der Projektpate bleiben über die gesamte Projektdauer in ihrer Rolle, wodurch sich eine stabile Struktur innerhalb des Projektteams in Form eines Bezugspunkts ergibt, die nach Abschluss des Projekts aufgelöst wird.

Eine ambidextrieförderliche Koordination muss gewährleisten, dass die definierten Freiheitsgrade dynamisch veränderbar sind und somit situationsspezifisch angepasst werden können. Zu diesem Zweck werden verschiedene **Arbeitsmodi** definiert. Die Modi sind den Mitarbeitern bekannt und sollen deren Verhalten korrigierend beeinflussen. Dazu wird eine temporäre Priorisierung einer bestimmten Zieldimension transparent dargestellt. Wird bspw. eine Häufung von Qualitätsproblemen identifiziert, die auf Fehler im Werkzeugerstellungsprozess zurückgehen, kann der aktuell gewählte „Modus Durchlaufzeit" durch den „Modus Qualität" abgelöst werden. Dies eignet sich für Fälle, in denen funktions- und segmentübergreifend derartige Verhaltenskorrekturen vorgenommen werden sollen. Hierdurch kann beeinflusst werden, auf welche Weise mit kurzfristig anfallenden Kapazitätsbedarfen in den einzelnen Segmenten, jedoch auch bei der Überschreitung der Grenze zwischen Primär- und Sekundärorganisation, umgegangen werden soll. In andere Fällen, in denen bspw. Qualitätsprobleme konkret einer einzelnen Arbeitsstation zuordenbar ist, eignet sich die Ausrichtung über Modi hingegen nicht.

Die Entscheidung, welche Aufgaben in der Primärorganisation und welche in der Sekundärorganisation bearbeitet werden, wird **in Abhängigkeit vom Ambidextrietyp** getroffen. Für die strukturelle Ambidextrie erfolgt die Entscheidung ausschließlich vor Beginn der Aufgabenbewältigung nach einer kurzen Aufgabenanalyse. Hierzu werden die der Konfiguration zugrunde liegenden Kriterien hinsichtlich des Ähnlichkeits- bzw. Planbarkeitsgrads der Aufträge des Werkzeugbaubetriebs aufgegriffen. Die Entscheidung wird vom Projektpaten getroffen, der im Bedarfsfall auf Fachexperten zurückgreift. Für Ambidextrietypen, die nicht rein strukturell sind, kann nach der initialen Zuteilung durch den Projektpaten des Unternehmens das Aktivitätsmuster verändert werden. Der Projektleiter entscheidet für sequenzielle Ambidextrietypen, für welche Phasen eines Projekts die Primärorganisation und für welche die Sekundärorganisation verwendet werden soll. In der kontextuellen Ambidextrie erfolgt die Auswahl der Aktivitätsmuster zusätzlich situationsabhängig durch den ausführenden Mitarbeiter.

Abhängig vom konkreten Tätigkeitsinhalt muss ein durch die ausführenden Mitarbeiter induzierter **Wechsel zwischen den Segmenten** zugelassen werden, damit eine situationsadäquate Projektabwicklung ermöglicht wird. Die Folge ist, dass stabile Aufträge, die in der Primärorganisation bearbeitet werden, für einzelne Prozessschritte im variabel ausgerichteten Segment des Werkzeugbaubetriebs durchgeführt werden. Genauso können variabel ausgerichtete Aufträge, deren Bearbeitung in der Sekundärorganisation erfolgt, phasenweise die Strukturen der Primärorganisation des Werkzeugbaubetriebs nutzen. Die Voraussetzung ist eine hohe Transparenz in der Auftragsabwicklung. Für einen möglichst störungsfreien Betrieb werden die Segmentwechsel auf ein Minimum reduziert. Um einen Wechsel zwischen den Strukturen und damit den Aktivitätsmustern zu ermöglichen, müssen die konkreten Voraussetzungen und Bestimmungen unternehmensspezifisch definiert werden. Dabei sind insbesondere in der Sekundärorganisation Meilensteine für Ein- und ein Ausschleusen kurzfristiger Aufträge zu integrieren. Ein Segmentwechsel ist im Werkzeugbau insbesondere in der Montage von hoher Bedeutung. Häufig werden in kurzfristigen Reparaturfällen gezielt die Mitarbeiter aufgesucht, die bei der Herstellung des Werkzeugs maßgeblich involviert waren, wodurch sich meist die Zeit zur Fehlerbehebung stark verkürzt.

Die vorausgehenden Bestimmungen hinsichtlich der Gestaltung der Zusammenarbeit sind in einem **Regelwerk** für den anwendenden Werkzeugbau zu verankern. Das Regelwerk enthält außerdem Prämissen hinsichtlich der zulässigen Prozessgestaltung. So unterscheidet sich die Auslegung der Produktionsressourcen grundlegend zwischen den Segmenten. In der Primärorganisation des Werkzeugbaubetriebs wird ein maximaler Standardisierungsgrad angestrebt und bspw. durch detaillierte Kernprozesse sowie miteinander verkettete Fertigungsanlagen umgesetzt. In der Sekundärorganisation liegt der Fokus vielmehr auf situationsgerecht auszulegenden Richtlinien. Einige wenige Standardprozesse können dabei im Sinne von Fixpunkten einer sonst flexiblen Auftragsabwicklung definiert werden. Im Vordergrund stehen variable Automatisierungen, bei denen manuelle mit automatisierten Prozessen situationsgerecht kombiniert werden können. Ein Beispiel sind manuelle Arbeitsplätze mit modernen Assistenzfunktionen oder digitale Workflows, bei denen Einzelprozesse übersprungen bzw. geändert werden können. Statt mit einer in Werkzeugbaubetrieben häufiger vorzufindenden Verkettung sollten die Anlagen in der Sekundärorganisation modular ausgelegt werden. Durch eine einheitliche Gestaltung der Arbeitsplätze sowie, nach Möglichkeit, der identischen Ausführung verschiedener Produktionsressourcen wird die Einsatzflexibilität der Mitarbeiter der Sekundärorganisation sichergestellt. So sollte bspw. sowohl für den Montagebereich der Primär- als auch der Sekundärorganisation des Werkzeugbaubetriebs auf einheitliche Modularbeitsplätze zurückgegriffen werden, die austauschbar sind. Dies reduziert insbesondere den Rüstaufwand der Mitarbeiter.

5.2.5 Schritt F: Gestaltung der Anreizstruktur

Die in den vorausgehenden Schritten D und E gestaltete Konfiguration bzw. Koordination ergeben zusammen die Organisationsstruktur des Unternehmens. Neben dem Koordinationsproblem ist zusätzlich das Motivationsproblem der Organisation zu lösen. Zu diesem Zweck wird im folgenden Schritt die Anreizstruktur gestaltet, die sich aus der Führung und der Unternehmenskultur zusammensetzt.

Im Folgenden werden zunächst die Voraussetzungen zur Gestaltung einer ambidextrieförderlichen Anreizstruktur im industriellen Werkzeugbau dargestellt. Anschließend erfolgt die Beschreibung eines konkreten Vorgehens zur Etablierung der ambidextrieförderlichen Führung sowie Unternehmenskultur im anwendenden Werkzeugbaubetrieb.

5.2.5.1 Vorüberlegungen

Die Führung umfasst im Verständnis dieser Arbeit sämtliche **Steuerungs-**, **Kontroll**- und **Anreizmechanismen** zur Ausrichtung der arbeitsteiligen Aufgabenbewältigung auf die Unternehmensziele.

Sie nimmt eine Schlüsselrolle sowohl für die Implementierung als auch für die Aufrechterhaltung von ambidextren Strukturen ein.[543] So determiniert die Führung insbesondere die Fähigkeit des Unternehmens zur **Anpassung**, **Integration** und **Rekonfiguration** von organisationalen Fähigkeiten im Kontext der Ambidextrie.[544] Aufgabe der Führung ist es dabei, ein ambidextrieförderliches Umfeld zu gestalten und damit die Koexistenz der diametralen Konzepte Stabilität und Variabilität organisatorisch zu gewährleisten.

Formale bzw. strukturelle Führungsinstrumente werden zur **Reduzierung von Entscheidungsraum** bzw. **Freiheitsgraden** von Mitarbeitern eingesetzt und wirken sich naturgemäß eher einschränkend bzw. stabilitätsfördernd aus. So ist ein Kernelement der Führung, Verantwortung und Entscheidungsgewalt auf verschiedene Führungsebenen zu verteilen, um die oberste Führung zu entlasten. Dies wirkt sich diametral auf die notwendige Transformation aus. Die erfolgreiche Einführung einer ambidextren Organisation setzt deshalb die Bereitschaft von Führungspersonen, Mitarbeitern und ggf. des Betriebsrats

[543] Vgl. Werther/Bruckner (2018), Arbeit 4.0, S. 102; vgl. O'Reilly/Tushman (2011), Organizational Ambidexterity, S. 5f.; vgl. Duwe (2018), Beidhändige Führung, S. 56
[544] Vgl. O'Reilly/Tushman (2011), Organizational Ambidexterity, S. 20

voraus. Zeiten der Veränderungen gehen oftmals mit einer breiten Verunsicherung einher, während etablierte Strukturen mit Sicherheit und Verlässlichkeit verbunden sind.[545] Eine Kernaufgabe der Führung besteht darum darin, für die **Bereitschaft** der **Mitarbeiter** und ggf. in größeren Unternehmen des **Betriebsrats** zu sorgen (s. Abbildung 5-28).

Durch zu erwartende Hemmnisse ist es von Bedeutung, dass die beschriebene Entwicklung einer ambidextren Organisationsarchitektur durch das Führungspersonal getrieben wird. Lediglich auf der Führungsebene können die radikalen, neuen Entscheidungen getroffen werden, die es benötigt, um die grundlegenden Anpassungen vorzunehmen. Eine ambidextre Organisation erfordert eine systematische Adressierung der Variabilität durch grundsätzlich neue Führungsansätze, die sich insbesondere durch das **Führungsverständnis** von bisherigen Ansätzen im Werkzeugbau unterscheidet.

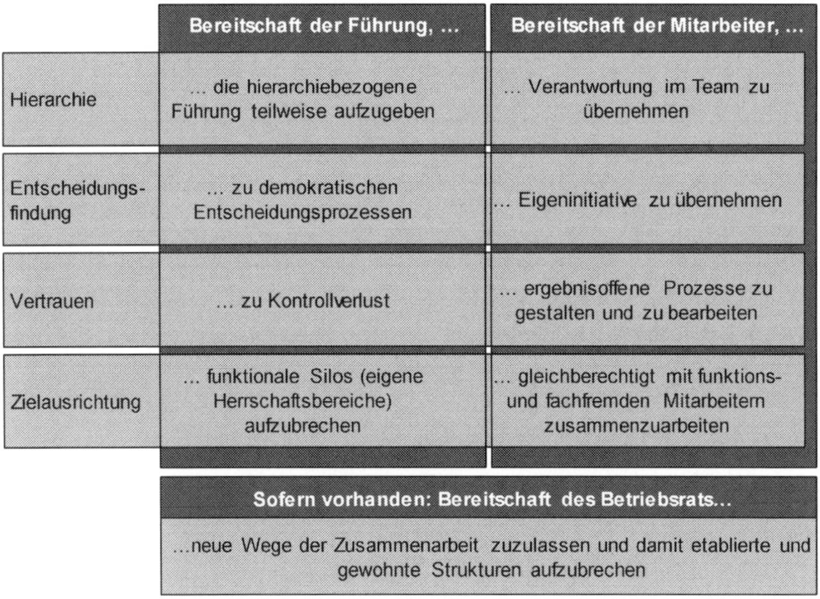

Abbildung 5-28: Notwendige Bereitschaften für die Etablierung einer ambidextrieförderlichen Führung

Bei der Anpassung der Führung sind die massiven **Veränderungen der Arbeitswelt** zu berücksichtigen. Klassische, starre Arbeitswelten werden zunehmend durch flexible, vernetzte und sich schnell wandelnde Welten ersetzt (vgl.

[545] Vgl. Hoffmann (2017), Organisationale Resilienz, S. 142f.

Kapitel 2.3.5). Letztere führen zu einem Bedürfnis an Führung, denen hierarchische Weisungslinien und rein top-down-orientierte Managementprinzipien nicht mehr gerecht werden können.[546]

Als Folge gestaltet sich die Führung einer ambidextren Organisation im Vergleich zu klassischen Organisationen anspruchsvoller.[547] So muss die Führung einerseits Situationen und Herausforderungen schaffen, in denen durch Freiräume Kreativität und Innovationsgedanken gefördert werden. Auf der anderen Seite sind Entscheidungsräume einzugrenzen, um von Effizienzvorteilen der Systemstabilität zu profitieren. Hierbei ist ein Spannungsfeld zwischen den zwei konträren Aktivitätsmustern unausweichlich. Es ist die Kernaufgabe der Führung, dieses **Spannungsfeld** bewusst auszuhalten bzw., sofern sinnvoll, zu reduzieren.

Führungspersonen, die der Sekundärorganisation zugeordnet sind, müssen vor allem dazu bereit sein, den „Schonraum"[548] zu verlassen, der durch ihre Position in der hierarchischen Struktur legitimiert wird und ihnen erlaubt, eigene Vorstellungen und Anweisungen durchzusetzen. Stattdessen werden Entscheidungen vermehrt **gleichberechtigt** mit den Mitarbeitern getroffen, denen zunehmend Verantwortung übertragen wird. Im Fokus steht dabei stets das Erreichen der Unternehmensziele und somit des Gesamtoptimums. Dies setzt voraus, dass die Mitarbeiter dazu bereit sind, aktiv am Entscheidungsfindungsprozess teilzuhaben und entsprechend Verantwortung und Eigeninitiative zu übernehmen.

Neben der Führung ist die Unternehmenskultur die zweite Komponente der Anreizstruktur. Die Unternehmenskultur spiegelt die abstrakte, individuelle Unternehmensidentität wider, die auf kollektiv geteilten Grundannahmen der Organisationsmitglieder beruht.

Werden etablierte Strukturen verändert, kann dies zu der Reduzierung von Sicherheit führen. Die ist wieder rum die Voraussetzung dafür, dass Organisationsmitglieder ihr Bewegungsfeld vergrößern und bereit sind, neue Ansätze auszuprobieren und eventuelle Misserfolge zu akzeptieren.[549] In diesem Zusammenhang kommt der Unternehmenskultur eine Schlüsselrolle zur erfolgreichen Umsetzung einer ambidextren Organisationsarchitektur zu. Während von der Unternehmenskultur grundsätzlich eine stabilisierende Wirkung ausgeht, eignet sie sich, um die Veränderungsbereitschaft innerhalb der Organisation zu

---

[546] Vgl. Hofmann (2018), Abreit 4.0, S. 13f.
[547] Vgl. Werther/Bruckner (2018), Arbeit 4.0, S. 28
[548] Vgl. Schawel/Billing (2018), Management Tools, S. 24
[549] Vgl. Hoffmann (2017), Organisationale Resilienz, S. 142

erhöhen. Dabei wird Sicherheit insbesondere durch die Förderung von **Vertrauen** adressiert.

In einer hochdynamischen Phase starker Veränderung insbesondere der Marktbedingungen sowie der Arbeitsweisen wird durch die Unternehmenskultur die Grundbetrachtung „**Wandel als Normalität**“ im Unternehmen etabliert.[550] Dabei befindet sich die Unternehmenskultur selbst in einem nicht determinierten, offenen Veränderungsprozess, der durch einen kontinuierlichen Strom von neuen Herausforderungen und Spannungen verursacht wird.[551]

Charakteristisches Merkmal der Unternehmenskultur im Werkzeugbau ist die Ausrichtung sowohl auf **Fehlervermeidung** als auch auf **Misstrauen**. Dies äußert sich durch diverse Kontrollmechanismen und Absicherungsmaßnahmen.[552]

Um die Wandlungsfähigkeit der Organisation zu erhöhen gilt es, Organisationsmitglieder auf eine Haltung **rastloser Veränderung** einzuschwören und einen natürlichen Druck in Richtung Kreativität und Neugier auszuüben.[553] Es gilt, bestehende Handlungsmuster zu hinterfragen, ggf. aufzulösen und durch neue zu ersetzen. Dies ist für die Organisationsmitglieder mit mehr Unsicherheit bzw. Aufwand verbunden. Zusätzlich verhalten sich diese Anforderungen diametral zum menschlichen Streben nach Konstanz und Sicherheit.

Vor diesem Hintergrund besitzt die Unternehmenskultur eine zentrale Bedeutung für die gleichzeitige Umsetzung von stabilen und variablen Aktivitätsmustern.[554] So muss eine von **Vertrauen** und **gegenseitigem Respekt** gekennzeichnete Arbeitsatmosphäre etabliert werden, in der die Ziele der Gesamtunternehmung bereichsspezifische oder individuelle Ziele in ihrer Bedeutung übertreffen.

Die Unternehmenskultur spiegelt sich in einer Fülle aus komplexen Mustern von Erwartungen, Ideen, Werten, Einstellungen und Verhalten wider, die durch die Organisationsmitglieder geteilt werden und sich über Jahre entwickeln.[555] Die Anpassung der Unternehmenskultur stellt somit eine große Herausforderung dar und kann nur in einem größeren zeitlichen Zusammenhang erfolgen.[556] Sie wird vor allem informal durch soziale Interaktionen gestaltet, weshalb sich die strukturelle Festigung als schwierig erweist.[557] Die Herausforderung besteht

---

[550] Vgl. Siebert (2006), Führungssysteme, S. 151f.
[551] Vgl. Schreyögg (2004), Unternehmenskultur, S. 31
[552] Vgl. Werther/Bruckner (2018), Arbeit 4.0, S. 105
[553] Vgl. Schreyögg (2004), Unternehmenskultur, S. 23ff.
[554] Vgl. Lin/McDonough III (2011), Leadership and Organizational Culture, S. 499
[555] Vgl. Lin/McDonough III (2011), Leadership and Organizational Culture, S. 499
[556] Vgl. Werther/Bruckner (2018), Arbeit 4.0, S. 201
[557] Vgl. Werther/Bruckner (2018), Arbeit 4.0, S. 201

zudem darin, **Hemmnisse** der Organisationsmitglieder zu überwinden. Hierzu zählen:

- Verteidigung von bestehenden Strukturen, Positionen und Arbeitsweisen
- Fehlende Bereitschaft, Ansätze mit hohem Neuheitsgrad zu verstehen bzw. auszuprobieren
- Gefühlter oder tatsächlicher Zeitmangel
- Einschränkende Sicherheitsanforderungen
- Fehlende Erfahrungen

Um diese Hemmnisse zu überwinden, ist ein **personenzentrierter Ansatz** erforderlich. So beinhaltet die Veränderung der Unternehmenskultur die Veränderung des Denkens und Handelns der Organisationsmitglieder im Sinne einer kommunikationszentrierten, sozialen Organisation. Der Mensch nimmt dabei mit seinen Wünschen, Bedürfnissen, Erwartungen und Vorstellungen eine zentrale Rolle ein. Insbesondere das agile Arbeiten mit variablen Aktivitätsmustern zeichnet sich durch das Konzept der weitgehenden Selbststeuerung von Einzelpersonen oder Teams aus. Hiermit geht ein Kontrollverlust der Führungsinstanz einher (s. Kapitel 5.2.5). In diesem Zusammenhang ist es Aufgabe der Unternehmenskultur, das individuelle Handeln auf die Unternehmensziele auszurichten und damit einen Teil des Kontrollverlustes zu kompensieren.

5.2.5.2 Vorgehen zur Gestaltung der Anreizstruktur

Aufbauend auf den im vorausgehenden Kapitel eingeführten Vorüberlegungen soll im Folgenden die Gestaltung der Anreizstruktur vorgenommen werden. Hierzu wird zunächst eine **ambidextrieförderliche Führung** gestaltet. Im nachfolgenden Schritt erfolgt die Bildung einer **ambidextrieförderlichen Unternehmenskultur**.

Schritt 1: Gestaltung einer ambidextrieförderlichen Führung

Die für den Werkzeugbau charakteristischen vordefinierten, starren Führungsstrukturen sind nicht geeignet, um eine ambidextrisch arbeitende Organisation umzusetzen. Unabhängig von der Ambidextrieart ist ein grundsätzlicher Wandel der **Führungsstruktur** im gesamten Unternehmen einzuleiten. Angestrebt wird die unternehmensoptimale Erlangung eines ambidextren Führungssystems, in dem der Entscheidungs- und Handlungsraum ausführender Mitarbeiter kontextbezogen angepasst wird.

Die Grundlage des ambidextren Führungssystems ist ein verändertes **Führungsverständnis**.[558] Ausgangspunkt der Festlegung des Führungsverständnisses ist die Erkenntnis, dass für heutige und zukünftige Herausforderungen in einem dynamischen Umfeld klassische Führungsinstrumente wie Zielvereinbarungen und Controlling keine adäquaten Lösungen mehr bieten. Die vorherrschende hierarchisch geprägte Entscheidungszentralisation muss durch eine von Vertrauen gekennzeichnete, **diskursive Entscheidungsfindung** mit flachen Strukturen ergänzt und teilweise ersetzt werden. Damit geht einher, dass gemeinsam getroffene Mitarbeiterentscheidungen von den Führungsebenen akzeptiert werden. In diesem Zusammenhang muss sich vor allem das Selbstverständnis der Führung ändern, da die Art und Weise, wie die Führungskräfte eines Unternehmens ihre Aufgaben und Rollen innerhalb der Organisation interpretieren, sich in hohem Maße auf die Führung auswirken.[559] So muss Führung losgelöst von einer zugewiesenen Funktion betrachtet und stattdessen als Ergebnis eines komplexen Prozesses der sozialen Interaktion verstanden werden.[560]

Dafür bietet sich ein **kommunikations- und mitarbeiterzentrierter Führungsansatz** an. Kernelement dieses Ansatzes ist ein hoch flexibles, bewegliches Rollenverständnis der Führung. Demnach werden Führungsrollen nicht starr vorgegeben, sondern bilden sich in kommunikativen Interaktionen von Personen kontinuierlich neu.[561]

Eine ambidextre Organisation kann nur implementiert werden, wenn verschiedene, sich zum Teil widersprechende Strukturelemente innerhalb der Organisationsarchitektur in einem Umfeld vereint werden. Um dieses Ziel zu erreichen, benötigt die Organisation Führungskräfte, die zum einen die Ansprüche und Erfordernisse unterschiedlicher Konzepte wahrnehmen und managen können und zum anderen die unterschiedlichen **Kulturströmungen**, **Abläufe** und **Vorgehensweisen** der **Strukturen fördern** und gleichzeitig durch ihr Handeln **stabilisieren**. Dabei müssen sie vor allem den Kontrollverlust akzeptieren, der auf die Selbststeuerung der ausführenden Mitarbeiter als Kernelement des variablen Aktivitätsmusters zurückgeht. Eine ambidextre Organisation muss den Wandel durch Regeln, Verhaltensrichtlinien und Instrumente langfristig verankern, da der Wechsel von Mitarbeitern ein alleiniges Vertrauen auf Führungskompetenzen von Individuen nicht zulässt.[562]

---

[558] Vgl. Werther/Bruckner (2018), Arbeit 4.0, S. 102f.
[559] Vgl. Werther/Bruckner (2018), Arbeit 4.0, S. 102
[560] Vgl. Duwe (2018), Beidhändige Führung, S. 56
[561] Vgl. Duwe (2018), Beidhändige Führung, S. 37
[562] Vgl. Siebert (2006), Führungssysteme, S. 330

Um den deutlichen Widerspruch zwischen der gelebten Führungspraxis und dem geforderten Führungsverständnis zu überwinden, werden Leitsätze zur Verhaltensänderung formuliert. Diese **Leitsätze der Führungskultur** lassen sich in die Dimensionen Vorbildfunktion, Demokratisierung, Orchestrierung, Kommunikation und Zukunftsgewandtheit gliedern und müssen unternehmensspezifisch für den anwendenden Werkzeugbaubetrieb ausgestaltet werden (s. Abbildung 5-29).

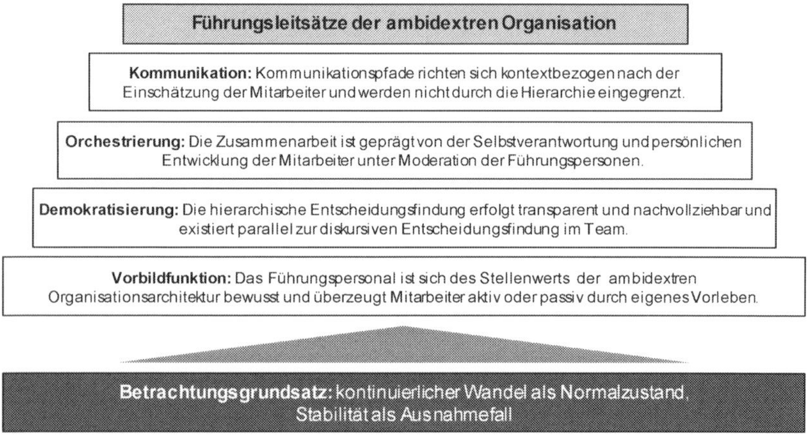

Abbildung 5-29: Leitsätze der Führungskultur zur Formalisierung eines ambidextren Führungsverständnisses

Das Führungsverhalten muss eine **Vorbildfunktion** wahrnehmen und durch Überzeugung zur Partizipation einladen. So ist das Kernelement der Führung die **Menschen-** bzw. **Werteorientierung**. Zusätzlich ist die **Teamorientierung** hervorzuheben, die sich in diplomatisch-konfliktlösendem und teamintegriertem Verhalten zeigt und die **Demokratisierung** und **Orchestrierung** im Unternehmen unterstützt.[563] Die **Kommunikation** erfolgt situationsadäquat, wobei eine klare Grenze zwischen der operativen Aufgabenbewältigung und der Führungsarbeit entfällt. Zusätzlich zur Veränderung des Führungsverständnisses wird ein **hybrides Führungssystem** eingeführt, das aus einer klassischen, transaktionalen Führungsstruktur besteht, die um eine transformationale Führungsstruktur erweitert wird (s. Abbildung 5-30).

Die **transaktionale Führungsstruktur** beruht auf der Annahme, dass menschliches Verhalten den Prinzipien des „homo oeconomicus“ und somit der Generierung von subjektiv optimalen Kosten-Nutzen-Beziehungen und daraus

[563] Vgl. Hoffmann (2017), Organisationale Resilienz, S. 39

resultierendem Opportunismus folgt. Eine Leistungssteigerung korreliert mit einer Steigerung der Gegenleistung. Das Führungspersonal nimmt eine anleitende bzw. sanktionierende Rolle ein (s. Abbildung 5-30).[564]

Die **transformationale Führung** stellt eine Erweiterung dieses Verständnisses um Führungsverhalten dar, das eine aktive Begleitung der Mitarbeiter im Sinne eines Coachings fokussiert. Dabei wird die nachhaltige Transformation von individuellen Werten, Zielen und Sinnhaftigkeit in ein **übergreifendes Wertesystem** vollzogen. Kritische Überlegungen, Innovation und Kreativität werden aktiv gefördert, um die Organisation weiterzuentwickeln. Die Mitarbeiter werden dazu aufgefordert, eigene Gedanken, Problemlösungen und Verbesserungsvorschläge einzubringen.[565]

Die Organisationsmitglieder arbeiten weitgehend eigenständig und müssen im richtigen Maß gefördert und angeleitet werden, aber auch Freiraum erhalten.[566] Auf diese Weise können rasch situationsadäquate Entscheidungen auf operativer Ebene getroffen werden. Dabei ist entscheidend, dass **Fehler** sowie **Fehlentscheidungen akzeptiert werden**.

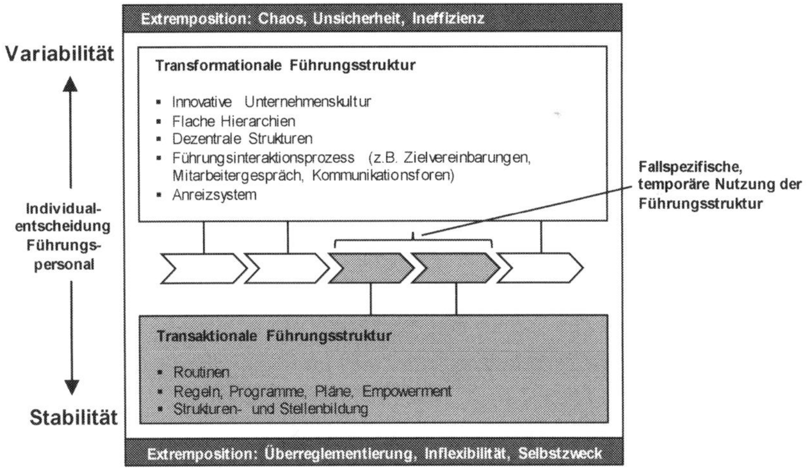

Abbildung 5-30: Nutzung des Führungssystems

Für eine ambidextre Führung ist ein **schlankes Führungssystem** erforderlich, wobei die Zusammenhänge der Führungsinstrumente sowie der angestrebten

[564] Vgl. Hoffmann (2017), Organisationale Resilienz, S. 39
[565] Vgl. Hoffmann (2017), Organisationale Resilienz, S. 39f.
[566] Vgl. Hofmann (2018), Abreit 4.0, S. 14f.

Auswirkungen transparent für die Mitarbeiter im Werkzeugbaubetrieb erkennbar sind.[567] Der Fokus der Führungsarbeit wird durch das etablierte kommunikative Verständnis auf die operative Ebene verlegt. Sofern aus Sicht des operativen Mitarbeiters die eigene Entscheidungskompetenz überschritten wird oder eine klassische Führung geeigneter erscheint, besteht die Möglichkeit, auf festgelegte **Entscheidungspunkte** zuzugreifen, die Teil der transaktionalen Führungsstruktur sind.

Die Definition einfacher Regeln, bspw. Schwellen des Überschreitens bestimmter Zeit- oder Budgetvorgaben, formalisiert diesen Vorgang. Um derartige Fälle sowie auftretende Probleme effektiv und konstruktiv zu adressieren, werden schnelle **Feedbackmechanismen** und **Eskalationspfade** definiert. Dabei wird auf gut verfügbare technologische Kommunikationsgeräte zurückgegriffen. In einer vorgegebenen Maske werden vordefinierte Informationskategorien ausgefüllt und der Empfänger sowie die zeitliche Dringlichkeit festgelegt.

Zur Gestaltung eines **Anreizsystems** legt das Führungspersonal fest, welche Art der Leistung gewürdigt oder bestraft werden soll.[568] Eine wichtige Rolle nimmt die intrinsische Motivation der Mitarbeiter ein und damit der Versuch, Aufgaben derart zu gestalten, dass sie verantwortungsvoll, herausfordernd und inspirierend sind und dem Mitarbeiter die Möglichkeit der persönlichen Entwicklung bieten. Bisherige status- und hierarchiegeprägte Karrieremodelle, wie sie im Werkzeugbau verbreitet sind, müssen ersetzt werden durch neuartige Entwicklungspfade, die auch Orientierung für die monetäre Honorierung der Arbeit bieten.

Schritt 2: Gestaltung einer ambidextrieförderlichen Unternehmenskultur

Die erfolgreiche Umsetzung der ambidextren Organisation setzt ein einheitliches Verständnis der Logik der Ambidextrie voraus sowie die selbstständige Integration des Konzepts in den eigenen Arbeitsalltag. Aus diesem Grund besteht der Ausgangspunkt der Anpassung der Unternehmenskultur darin, das notwendige, **anwendungsorientierte Verständnis** für das Konzept der Ambidextrie bei den Organisationsmitgliedern sicherzustellen. Zusätzlich muss ein Gefühl der Dringlichkeit vermittelt werden. Dies erfolgt in partizipativer Form und wird durch das Führungspersonal koordiniert. Abhängig vom individuellen Bedarf bieten sich verschiedene **Qualifizierungsmaßnahmen** an.[569]

Der Schwerpunkt liegt dabei auf der Förderung **sozialer Kompetenzen** sowie auf der **Reduzierung** von **Ängsten** und **Sorgen** sowie der Ermutigung, aus

---

[567] Vgl. Siebert (2006), Führungssysteme, S. 313
[568] Vgl. Siebert (2006), Führungssysteme, S. 314
[569] Vgl. Werther/Bruckner (2018), Arbeit 4.0, S. 198

gewohnten Denk- und Verhaltensmustern auszubrechen. Dies erfolgt durch die systematische Einführung und Befolgung der Leitsätze der ambidextrieförderlichen Unternehmenskultur (s. Abbildung 5-31). Hierdurch werden die Organisationsmitglieder befähigt, die in der Unternehmenskultur integrierte, ambidextre Ausrichtung der Organisation auf ihr eigenes Handeln zu übertragen. Dies wirkt sich insbesondere durch eine erhöhte Motivation und Selbststeuerung leistungssteigernd aus. Zusätzlich wird ein verbesserter Umgang mit den Konflikten im Spannungsfeld zwischen den Ambidextriedimensionen Stabilität und Variabilität gewährleistet.[570]

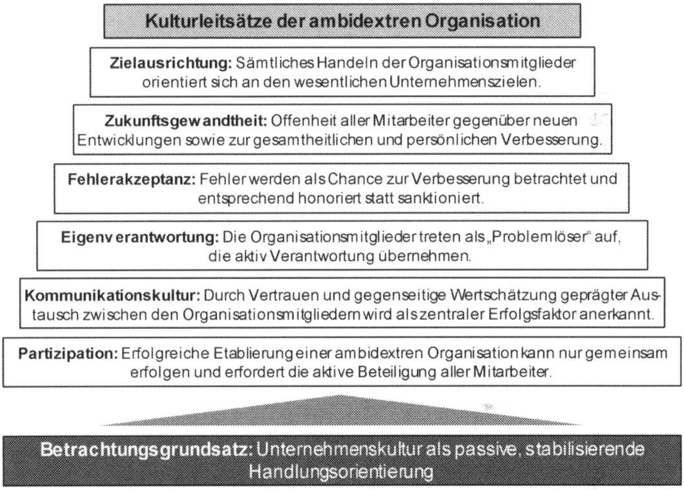

Abbildung 5-31: Leitsätze der ambidextren Unternehmenskultur im Werkzeugbau

Die Etablierung einer ambidextren Organisation geht mit einer umfassenden Verlagerung der Entscheidungsgewalt zugunsten der Mitarbeiter einher. Der Erfolg des Transformationsprozesses hängt dabei stark von der **Partizipation** der Organisationsmitglieder ab. Alle Mitarbeiter werden in gleicher Weise über den Veränderungsbedarf informiert, für das neue Konzept geschult und an der Planung und Durchführung der Veränderungen beteiligt. Die Mitarbeiter müssen dafür sensibilisiert werden, die Konsequenzen von Veränderungen auf den für sie relevanten Teil der Organisationsarchitektur abschätzen zu können und insbesondere Konfliktpotenzial zu identifizieren (leistungsbremsende Störungen).

[570] Vgl. Saaman (2012), Unternehmenskultur, S. 106

Eine respektvolle **Kommunikationskultur** ist für die Realisierung einer ambidextren Organisation von hoher Bedeutung. Durch sie wird eine Atmosphäre des Vertrauens geschaffen, die eine weitgehende Reduzierung des Aufwandes für formale Vereinbarungen ermöglicht. Hierzu ist die Etablierung eines konsequenten Konfliktmanagements erforderlich. Dieses beinhaltet notwendige Prozesse zur Vermeidung und Beilegung von Konflikten innerhalb des Unternehmens.

Um schnell auf Veränderungen und neue Anforderungen reagieren zu können, kann sich der einzelne Mitarbeiter nicht auf den einen oder die wenigen Verantwortlichen verlassen. Stattdessen ist eine hohe **Eigenverantwortung** notwendig[571], die durch ein ausgeprägtes Zuständigkeits- und Verantwortungsbewusstsein mittels definierter und kommunizierter Regeln, aber auch durch Freiheiten erreicht wird.

Auftretende Fehler, die bei der Entwicklung und Anwendung neuer Denkmuster und Verhaltensweisen sowie organisationalen Anpassungen unausweichlich sind, müssen als Chance zur Verbesserung betrachtet werden. Statt das Auftreten von Fehlern zu sanktionieren, müssen die Fehler für den Erkenntnisgewinn im Sinne der gesamtheitlichen Verbesserung genutzt werden. Zur erfolgreichen Umsetzung dieser **Fehlerakzeptanzkultur** auf Führungs- und Mitarbeiterebene sollten interne Trainings mit anschließender Festlegung und Etablierung von konkreten Kommunikationsregeln sinnvoll.

Nur durch permanente Weiterentwicklung und ständiges Hinterfragen bestehender Lösungen kann innovativ gearbeitet werden. Die Bereitschaft zu Veränderungen adressiert die in vielen Werkzeugbaubetrieben vorzufindende Veränderungsstarrheit und bildet den Ausgangpunkt der nachhaltigen **Zukunftsgewandtheit** des ambidextren Unternehmens. Im Fokus steht die stetige persönliche und organisationale Verbesserung.

Die Unternehmenskultur ist ganzheitlich auszulegen und an den **Unternehmenszielen** des anwendenden Werkzeugbaubetriebs auszurichten. Bedingt durch den Industrialisierungsprozess sind effizienzfördernde Werte fest in den meisten Unternehmenskulturen in Werkzeugbaubetrieben vorhanden. Ein Vorreiter war hierbei der Lean-Gedanke des Toyota Produktionssystems, mit dem die Vermeidung von Verschwendung, die kontinuierliche Verbesserung und die Standardisierung der bestehenden Abläufe in die Unternehmenskultur integriert wurde.[572] Im Vergleich dazu weisen die Werte, die die Variabilität begünstigen, eine stärkere Beziehungsorientierung, eine Risikoaffinität und

---

[571] Vgl. Saaman (2012), Unternehmenskultur, S. 77

[572] Vgl. Klotzbach (2007), Industrieller Werkzeugbau, S. 37

Experimentierfreudigkeit sowie Anpassungsbereitschaft auf. Diese Werte stehen nicht im Widerspruch zu den effizienzförderlichen Werten und lassen sich somit in einer homogenen Unternehmenskultur vereinen. Für die vorliegende Arbeit steht vor allem die Nutzung der Unternehmenskultur zur Unterstützung der Erhöhung der Variabilität im Vordergrund.

Die Unternehmenskultur wird auf die Unternehmensziele ausgerichtet, indem die relevanten Zielgrößen in die Kultur integriert werden. Hierfür müssen in einem zweiten Schritt die Unternehmensziele regelmäßig operationalisiert werden, indem Gestaltungs- und Handlungsziele auf Basis der untersuchten strategischen Ausrichtung abgeleitet und transparent dargestellt werden. Die **Gestaltungsziele** determinieren die organisatorischen Veränderungen an dem Führungssystem und betreffen damit in erster Linie das Führungspersonal. Die **Handlungsziele** richten sich an alle Organisationsmitglieder und dienen der zielorientierten Beeinflussung des operativen individuellen Handelns.

5.3 Integration der Methodikbausteine

Vorausgehend wurden in den Kapiteln 4 und 5 die einzelnen Methodikschritte zur Gestaltung einer ambidextren Organisationsarchitektur zunächst konzipiert und anschließend detailliert. Eine abschließende Darstellung der Zusammenhänge und Schnittstellen der Methodikschritte führt zu einer integrierten Methodik, die geschlossen und zielgerichtet angewendet werden kann.

Den ersten Teil der Methodik bildet die Analyse des anwendenden Werkzeugbaubetriebs. Dabei werden das Außenverhältnis und das Innenverhältnis untersucht, um die Voraussetzung für die Gestaltung einer unternehmensoptimalen ambidextren Organisationsarchitektur zu schaffen. Zu diesem Zweck werden Gestaltungsdimensionen abgeleitet, die eine gesamtheitliche Bewertung im Kontext der vorliegenden Arbeit erlauben.

In Schritt A wird zur **Analyse des Außenverhältnisses** die Veränderlichkeit des Marktumfelds erfasst. Anschließend werden die leistungsbezogenen und funktionalen SEP identifiziert und bewertet. Zur Charakterisierung des Leistungsangebots werden die Fokussierung des Leistungsspektrums und die Planbarkeit des Auftragsspektrums untersucht. Durch diese Teilschritte kann eine gesamtheitliche Charakterisierung des Außenverhältnisses des anwendenden Werkzeugbaubetriebs erfolgen. Im Anschluss erfolgt die **Analyse des Innenverhältnisses**. Zunächst wird die Ablauforganisation untersucht. Durch die unternehmensspezifische Charakterisierung der Kapazitätsgestaltung, der Standardisierung und der Synchronisierung wird der Teil des Ambidextrieangebots des anwendenden Werkzeugbaubetriebs erfasst, der sich durch die Ablauforganisation des Unternehmens ergibt. Anschließend wird der Status

Quo der Organisationsarchitektur aufgenommen. Durch eine Bewertung der Gestaltungsdimensionen Konfiguration, Koordination, Führung und Unternehmenskultur wird der aufbauorganisatorische Teil des Ambidextrieangebots untersucht. Durch diese Teilschritte kann eine gesamtheitliche Charakterisierung des Innenverhältnisses des anwendenden Werkzeugbaubetriebs ermittelt werden.

In Schritt B wird die **Bewertung von organisationalem Fit** des anwendenden Werkzeugbaubetriebs sowie die **Ableitung eines spezifischen Ambidextrietyps** vorgenommen. Auf Basis der vorausgehenden Methodikschritte wird der ermittelte Ambidextriebedarf dem erfassten Ambidextrieangebot gegenübergestellt und der organisationale Fit sowie das Ambidextriepotenzial bewertet. Auf Basis dieser Bewertung wird der Anpassungsbedarf der Organisationsarchitektur abgeleitet und ein Ambidextrietyp ausgewählt. Diese Teilschritte komplementieren die Analysephase der Methodik und bieten die Grundlage für die unternehmensoptimale Gestaltung einer ambidextren Organisationarchitektur in der folgenden Gestaltungsphase.

Ausgangspunkt der Gestaltungsphase ist die **Struktur**- sowie die **Prozessmodellierung** in Schritt C. Die Modellierung wird genutzt, um die problemrelevanten organisationalen Eigenschaften transparent darzustellen. In diesem Zusammenhang werden insbesondere die Schwerpunkte des Konflikts zwischen der stabilen und der variablen Ausrichtung identifiziert. Diese Schwerpunkte werden in den anschließenden Gestaltungsschritten gezielt adressiert. So werden im Folgenden die Gestaltungsdimensionen Konfiguration und Koordination angepasst. Durch die Konfiguration wird in Schritt D die **Rahmenstruktur für die Separierung der Aktivitätsmuster Stabilität und Variabilität** geschaffen. Hierzu erfolgt die Auswahl einer Konfiguration, die auf dem bewertenden Vergleich verschiedener Varianten basiert. Die durch die Konfiguration festgelegte Rahmenstruktur wird in Schritt E durch die Gestaltung der Koordinationsmechanismen operationell aktiviert. Zu diesem Zweck wird die **Definition und Zuordnung von Rollen** sowie die **Gestaltung der Zusammenarbeit** vorgenommen. Anschließend werden in Schritt F die Führungsmechanismen bzw. die Unternehmenskultur durch die Definition neuer Leitsätze und Verhaltensweisen angepasst.

Die einzelnen Gestaltungsdimensionen der ambidextren Organisationsarchitektur sind weder isoliert voneinander zu adressieren noch ohne ihre kontextuelle Verortung zu betrachten. Vielmehr ist es das **Zusammenwirken der Gestaltungsdimensionen**, das den Umgang der Organisation mit diametralen Zielsetzungen in einem dynamischen von steigendem Wettbewerbsdruck gekennzeichneten Marktumfeld bestimmt. Erst dieses Zusammenwirken kann als organisationale Ambidextrie begriffen werden.

6 Fallbeispiel

In Kapitel 5 wurde die entwickelte Methodik zur Gestaltung einer ambidextren Organisationsarchitektur im industriellen Werkzeugbau detailliert und anhand von sechs Methodikschritten beschrieben. Im vorliegenden Kapitel wird die Methodik anhand von einem Fallbeispiel angewendet. Zu diesem Zweck wird die Methodik bei einem für die deutsche Werkzeugbaubranche repräsentativen Werkzeugbaubetrieb angewendet. Damit wird der Forderung des Forschungsprozesses für angewandte Forschung nach ULRICH entsprochen, dass entwickelte Regeln und Modelle im Anwendungszusammenhang überprüft werden.[573]

6.1 Anwendung der Methodik in einem Fallbeispiel

6.1.1 Ausgangssituation

Der im Rahmen dieses Fallbeispiels betrachtete **externe Werkzeugbaubetrieb** ist ein weltweit etablierter Hersteller von hochkomplexen Spritzgießwerkzeugen mit ca. 200 Mitarbeitern und einem Standort in Deutschland. Die Kunden sind vor allem der Pharmaindustrie sowie den Bereichen Personal Care und Consumer Goods zuzuordnen.

Der Werkzeugbaubetrieb wurde ausgewählt, da er eine hohe Eignung für die Anwendung der Methodik aufweist. Zwar ist das Unternehmen im Vergleich zu anderen deutschen Werkzeugbaubetrieben groß. Diese Größe bietet jedoch den Vorteil, dass die gesamte Wertschöpfungskette innerhalb des Unternehmens abgebildet wird. Dadurch können die Anwendbarkeit sowie mögliche Auswirkungen der Anwendung der Methodik ganzheitlich untersucht werden. Zusätzlich bieten Werkzeugbaubetriebe mit externem Marktzugang weitaus mehr organisatorische Gestaltungsmöglichkeiten als interne Werkzeugbaubetriebe. Interne Werkzeugbaubetriebe sind häufig in einer größeren Abteilung des Mutterunternehmens eingebetten. Typischerweise werden organisatorische Anpassungen nur in Abstimmung mit den Organisationseinheiten in der Abtei-

573 Vgl. Ulrich/Hill (1976), Wissenschaftstheoretische Grundlagen, S. 305ff.

lung durchgeführt. Diese Abhängigkeit liegt in externen Werkzeugbaubetrieben nicht vor, weshalb organisatorische Anpassungen in der Regel leichter durchgeführt werden können.

Das Unternehmen zeichnet sich durch eine hohe Kundenintegration aus. Der Werkzeugerstellung vorgelagert wird der Kunde früh bei der Produktentwicklung unterstützt. Über die Auftragsabwicklung hinweg sind Änderungen noch zu einem späten Zeitpunkt möglich und werden umgesetzt. Der Werkzeugerstellung nachgelagert stellt das Unternehmen den reibungsfreien Werkzeugeinsatz in der Serienproduktion sicher und reagiert reaktionsschnell auf Reparaturanfragen. Kleinere Lose werden in der angelagerten Serienproduktion für den Kunden produziert.

In dem betrachteten Werkzeugbaubetrieb wurden zum Ausgangszeitpunkt große Potenziale hinsichtlich der Industrialisierungsbestrebungen vermutet. Dementsprechend sollte im Rahmen des Projekts der aktuelle **Stand der Industrialisierung** bewertet und **zukünftige Maßnahmen** abgeleitet werden. Zusätzlich sollte dabei eine ausreichende Variabilität sichergestellt werden.

6.1.2 Anwendung der Methodik

Im folgenden Unterkapitel wird die entwickelte Methodik auf das in Kapitel 6.1.1 vorgestellte Fallbeispiel angewendet. Zu diesem Zweck werden die einzelnen Methodikschritte durchlaufen und entsprechende Ergebnisse dokumentiert.

Profilierung des Außenverhältnisses

Zur Charakterisierung des spezifischen Marktumfelds werden die vorgeschlagenen Kernfragen des Five-Forces-Modells innerhalb eines Workshops mit der Unternehmensführung und der obersten Führungsebene ganzheitlich beantwortet. Als Ergebnis dieser Analyse wird im morphologischen Kasten zur Analyse der Gestaltungsdimension Marktumfeld die Abstufung **„eher turbulent“** ausgewählt. Dies geht vor allem darauf zurück, dass es sich bei den Hauptkunden des Werkzeugbaubetriebs um Unternehmen handelt, die sich strategisch als Innovationsführer positionieren. Folglich sind sie auf innovative Produkte angewiesen und verlangen vom betrachteten Werkzeugbaubetrieb stetig neue Lösungen mit hohem Innovationsgehalt.

Zur Bewertung der Gestaltungsdimension strategische Ausrichtung werden die spezifischen SEP analysiert. Mithilfe des paarweisen Vergleichs werden die SEP Lieferfähigkeit, Schnelligkeit, Termintreue, Preisgünstigkeit, Einsatzqualität, Reaktionsfähigkeit, Änderungsflexibilität, Innovationskraft und Wandlungsfähigkeit vergleichend bewertet. Gemäß dem in der Methodik beschriebenen Vorgehen wird die Summe der normierten Zeilensummen der stabilitätsbefähigenden SEP der Summe der variabilitätsbefähigenden SEP gegenübergestellt.

Die Summe der SEP beträgt 0,72 und ist damit dominant gegenüber der Summe der variabilitätsbefähigenden SEP (0,28). Entsprechend der vorgeschlagenen Skala ist die Gestaltungsdimension strategische Ausrichtung als **„eher stabilitätsorientiert"** zu bewerten.

Für die Bewertung der Gestaltungsdimension Leistungsspektrum wird die Fokussierung des betrachteten Werkzeugbaubetriebs analysiert. Es liegt eine gezielte Konzentration auf die Herstellung hochkomplexer Spritzgießwerkzeuge vor. Allerdings werden Kunden von unterschiedlichen Industrien beliefert. Eine gezielte Vernetzung mit anderen Werkzeugbaubetrieben liegt nur vereinzelt vor. Aus diesen Gründen ist das Leistungsspektrum des Unternehmens als **„fokussiert"** zu bewerten.

Für die Analyse der Gestaltungsdimension Auftragsspektrum wird der Kostenanteil von Änderungs- und Reparaturaufträgen bewertet. Dieser beträgt etwa 41%. Gemäß der vorgeschlagenen Abstufung wird das Auftragsspektrum damit als **„kaum planbar"** gewertet.

Die Bewertung des Außenverhältnisses ist in Abbildung 6-1 dargestellt.

Marktumfeld	kontinuierlich	eher kontinuierlich	eher turbulent	turbulent
Strategische Ausrichtung	stabilitätsorientiert	eher stabilitätsorientiert	eher variabilitätsorientiert	variabilitätsorientiert
Leistungs-spektrum	hoch fokussiert	fokussiert	kaum fokussiert	nicht fokussiert
Auftragsspektrum	weitgehend planbar	bedingt planbar	kaum planbar	nicht planbar

Abbildung 6-1: Bewertung des Außenverhältnisses im Fallbeispiel

Profilierung des Innenverhältnisses

Die Bewertung der Gestaltungsdimension Kapazitätsgestaltung umfasst den Zielkonflikt der Zieldimensionen Auslastung und Versorgungssicherheit. Dieser Zielkonflikt wird typischerweise im Unternehmen projektspezifisch entschieden, wobei die Zielgröße Auslastung meist der Zielgröße Versorgungssicherheit vorgezogen wird. Die Kapazitätsgestaltung ist als **„eher auslastungsorientiert"** zu bewerten.

Für die Charakterisierung der Gestaltungsdimension Standardisierung wird die Prozessstandardisierung untersucht. Es liegt eine moderate Varianz an Fertigungsprozessfolgen vor, die auf ein weiteres Standardisierungspotenzial schließen lassen. Gleichzeitig wurden bereits zahlreiche Initiativen zur Produkt- und Prozessstandardisierung gestartet bzw. abgeschlossen. Die Standardisierung ist insgesamt durch die Abstufung **„standardisiert"** zu charakterisieren.

Für die Bewertung der Gestaltungsdimension Synchronisierung besitzt die Planungs- und Steuerungssystematik im Unternehmen eine herausragende

Stellung. Im Werkzeugbaubetrieb sind wesentliche Planungs- und Steuerungssystematiken zwar implementiert, jedoch nicht durchgängig über die gesamte Auftragsabwicklung hinweg abgebildet. Insbesondere in der mechanischen Fertigung werden kurzfristige Änderungs- und Reparaturaufträge unsystematisch integriert und führen häufig zu ungeplanten Unterbrechungen. Zusätzlich besteht in der Bemusterung ein hoher Steuerungsaufwand durch enge Zeitpläne. Diese verhindern, dass ein idealer und standardisierter Bemusterungsprozess durchgeführt werden kann. Die Synchronisierung lässt sich insgesamt als **„kaum synchronisiert“** bewerten.

Die Gestaltungsdimension Konfiguration wird durch die Verteilung von Entscheidungs- und Weisungsbefugnissen beurteilt. Im Unternehmen strebt die Verteilung vor allem die Erschließung von Spezialisierungsvorteilen und Synergien an. Dies entspricht der Abstufung **„klassisch hierarchisch“**.

Zur Bewertung der Gestaltungsdimension Koordination wird zwischen einer fremdbestimmten und einer eigenbestimmten Aufgabenerfüllung differenziert. Bedingt durch die langjährigen Industrialisierungs- und damit Standardisierungsbestrebungen ist der Freiraum der Mitarbeiter zur Eigengestaltung der Aufgabenerfüllung stark eingeschränkt worden. Es liegen klare Verantwortungsbereiche vor und die operativen Mitarbeiter werden durch ein vorgegebenes Prozessschema angeleitet. Die Konfiguration lässt sich somit der Ausprägung **„fremdbestimmte Aufgabenerfüllung“** zuordnen.

Die Gestaltungsdimension Führung wird über die Charakterisierung der Art der Entscheidungsfindung bewertet. Das Unternehmen verfügt über die branchentypische, klassische Hierarchieprägung. Entscheidungen werden demnach vor allem von Vorgesetzten getroffen. Häufig wird der Versuch unternommen, die Mitarbeiter, die auch über ein geringes Maß an Mitsprache verfügen, von Ansätzen oder Ideen zu überzeugen. Insgesamt liegt eine als **„patriarchalisch, drängend“** zu beschreibende Führung vor.

Die Gestaltungdimension Unternehmenskultur wird anhand des vorgestellten Bewertungsschemas bewertet. Dabei wählt das Unternehmen für insgesamt elf Charakteristika zwischen vier Abstufungen aus, die zwischen zwei diametral zueinanderstehenden Extrempositionen aufgespannt werden. Bei gleicher Gewichtung der Charakteristika ergibt sich für den anwendenden Werkzeugbaubetrieb eine Ausprägung von 2,1. Somit lässt sich die Unternehmenskultur als **„eher vertrauensorientiert“** beschreiben.

Die Bewertung des Innenverhältnisses ist in Abbildung 6-2 dargestellt.

Kapazitätsgestaltung	auslastungsorientiert	eher auslastungsorientiert	eher verfügbarkeitsorientiert	verfügbarkeitsorientiert
Standardisierung	hoch standardisiert	standardisiert	kaum standardisiert	nicht standardisiert
Synchronisierung	hoch synchronisiert	synchronisiert	kaum synchronisiert	nicht synchronisiert
Konfiguration	monozentrisch, fremdorganisiert	klassisch hierarchisch	flache Hierarchien	polyzentrisch, selbstorganisiert
Koordination	fremdbestimmte Aufgabenerfüllung	eher fremdbestimmte Aufgabenerfüllung	eher eigenbestimmte Aufgabenerfüllung	eigenbestimmte Aufgabenerfüllung
Führung	despotisch, fordernd	patriarchalisch, drängend	partizipativ, motivierend	demokratisch, inspirierend
Unternehmenskultur	misstrauensorientiert	eher misstrauensorientiert	eher vertrauensorientiert	vertrauensorientiert

Abbildung 6-2: Bewertung des Innenverhältnisses im Fallbeispiel

Bewertung von Ambidextriepotenzial und organisatorischem Fit

Aufbauend auf der Bewertung der Ausgangssituation im vorausgehenden Methodikschritt wird der Bewertungsrahmen in Schritt B genutzt, um die Anforderungen an die Organisationsarchitektur dieser gegenüberzustellen. Auf dieser Grundlage erfolgt die quantitative Bewertung zur Typisierung des Werkzeugbaubetriebs, die in Kapitel 5.1.3 beschrieben wurde.

Die Anforderungen an die Organisationsarchitektur (X_1) lassen sich für das Unternehmen im Fallbeispiel als **„weitgehend erratisch"** beschreiben. Die Charakterisierung der Organisationsarchitektur (X_2) weist auf einen **„bedingt erratischen"** Zustand hin. Hieraus ergibt sich für die Bewertung des organisatorischen Fits (X_3) ein **„weitgehender Misfit"**. Für die Bewertung des Ambidextriepotenzials (AP) lässt sich ein **„sehr hohes Ambidextriepotenzial"** identifizieren.

Der identifizierte weitgehende Misfit deutet auf einen hohen Handlungsbedarf hinsichtlich der Anpassung der Organisationsarchitektur hin. Hierdurch werden aufwendige Anpassungsmaßnahmen gerechtfertigt. Das sehr hohe Ambidextriepotenzial zeigt, dass die in der Methodik angestrebte organisationale Ambidextrie sich stark für eine Umsetzung im Unternehmen eignet.

Ableitung eines spezifischen Ambidextrietyps

Aufbauend auf der Bewertung der SEP in Schritt A erfolgt die quantitative Bewertung der Hauptdimensionen. Dazu wird die in Kapitel 5.1.3 vorgestellte Zuordnung der SEP zu den Hauptdimensionen aufgegriffen. Auf Grundlage der Bewertung der Hauptdimensionen sowie des als sehr hoch bewerteten Ambidextriepotenzials wird der Ambidextrietyp **„strukturell-sequenzielle Ambidextrie"** ausgewählt.

Strukturmodellierung

Zur **Modellierung der Organisationsstruktur** erfolgt zunächst die Analyse der im Unternehmen zu erfüllenden Aufgaben. Das Unternehmen verfügte in der Vergangenheit über eine Segmentierung im Fertigungsbereich, wobei zwischen der Auftragsabwicklung von Neuwerkzeugen (stabile Ausrichtung) und Reparaturen (variable Ausrichtung) unterschieden wird. Die Zuteilung von Mitarbeitern und Maschinen erfolgte unsystematisch nach dem Prinzip „Probe/Irrtum". Dies Segmentierung führte jedoch nicht zum angestrebten Erfolg und wurde vor zwei Jahren wieder aufgelöst. Zwischen den Segmenten existierten viele Unklarheiten, Missverständnisse und Rivalitäten, die dazu führten, dass die jeweiligen Potenziale, die mit der homogenen organisatorischen Ausrichtung verbunden sind, nicht realisiert werden konnten.

Prozessmodellierung

Für die Prozessmodellierung werden die definierten Kernprozesse zur Herstellung zweier Werkzeugtypen analysiert. Dabei wird auf die Anwendung der Modellierungssprache aixperanto zurückgegriffen. In einem iterativen Verfahren werden mithilfe der am Prozess involvierten Mitarbeiter die Ist-Prozesse aufgenommen. Durch ein analoges Vorgehen werden zusätzlich zwei Neuwerkzeugprojekte sowie jeweils zwei Reparatur- und Änderungsprojekte transparent modelliert. Die resultierenden Dokumentationen des Ist-Zustandes der Prozesse bzw. Projekte bieten die Grundlage für die anschließende Bewertung. In der Bewertung werden repetitive Prozesse von nicht-repetitiven Prozessen unterschieden sowie Schwerpunkte des Zielkonflikts der Ambdiextriedimensionen Stabilität und Variabilität identifiziert. Tabelle 6-1 bietet eine Übersicht über die durch das Projektteam identifizierten Konfliktgründe.

Tabelle 6-1: Übersicht über identifizierte Konfliktgründe (Auszug)

▪ Unklare Zuständigkeiten bei Aufgaben mit hohem Neuigkeitsfaktor	▪ Häufiges Abweichen von vorgeschriebenen Prozessen
▪ Unklare Priorisierung bei Kapazitätsengpässen	▪ Kommunikation durch Zuruf
▪ Häufiges Umplanen durch kurzfristige „Feuerwehraufträge"	▪ Mitarbeiter überschätzen häufig die eigenen Kompetenzen
▪ Kein ausreichendes Wissensmanagement	▪ Einige Mitarbeiter fühlen sich unterfordert
▪ Mitarbeiterindividuelle Gestaltung der Aufgabenbewältigung	▪ Stark ausgeprägtes Silodenken zwischen den Abteilungen
▪ Häufige (vermeidbare) Missverständnisse	▪ Digitaler Workflow wird häufig aufwendig umgangen
▪ Häufige Meinungsverschiedenheiten über Prozessvorgehen	▪ Kommunikationspfad erfolgt ausschließlich über persönliche Beziehungen oder Hierarchie
▪ Fehlende Mitarbeitermotivation aufgrund von Aufgaben, die als unsinnig angesehen werden	▪ Engpassressourcen führen zu langen Projektverzögerungen
▪ Stark schwankende Auslastung der Ressourcen	▪ Hoher Anteil von vermeidbaren Aufgaben

Aus Geheimhaltungsgründen werden diese Konfliktgründe losgelöst von einzelnen Prozess- bzw. Projektschritten dargestellt, um keine Rückschlüsse auf ein konkretes Unternehmen zuzulassen.

Bildung von Konfigurationsvarianten

Bei der Bildung von Segmentvarianten werden zunächst in einem Workshop mit der Unternehmensführung und der ersten Führungsebene alle nicht an der Wertschöpfung beteiligten indirekten Bereiche von der Gesamtorganisation separiert und der Kernorganisation zugeordnet. Die **Kernorganisation** bildet die stabil ausgerichtete, hierarchische Organisation mit starren und transparenten Weisungs- und Entscheidungspfaden, die auf Langfristigkeit ausgelegt sind. Als neue Organisationseinheit wird der Kernorganisation der Bereich Auftragsmanagement zugeordnet. Die Hauptaufgabe des Auftragsmanagements besteht in der initialen Zuordnung der Aufträge zu den ausführenden Einheiten sowie in der planerischen Unterstützung dieser. Zusätzlich werden Konflikte zwischen den Organisationseinheiten geschlichtet und aktiv Konfliktpotenzial reduziert.

Im Anschluss werden für die in Methodikschritt C identifizierten Organisationseinheiten Tätigkeitsprofile abgeleitet und hinsichtlich ihres Planbarkeits- und Ähnlichkeitsgrads bewertet. Bei der Eintragung der bewerteten Tätigkeitsprofile in die vorgeschlagene Diagrammdarstellung sind Bereiche zu erkennen, die ähnliche Ausprägungen in Bezug auf die Bewertungsdimensionen Planbarkeit und Ähnlichkeit aufweisen. Die Organisationseinheiten, die die entsprechenden Tätigkeitsprofile ausführen, werden in Cluster zusammengeführt. Neben dem Planbarkeits- und Ähnlichkeitsgrad werden bei der Clusterung die identifizierten Konfliktschwerpunkte berücksichtigt. Ziel ist es, diese durch die **Separierung von Organisationseinheiten** zu reduzieren. Es erscheint sinnvoll, das Segment „Industrieller Werkzeugbau" stabil auszurichten und vom agil ausgerichteten „Agilen Werkzeugbau" zu separieren. Das Projektteam teilt die vorhandenen Funktionen den Segmenten zu. Dabei wird vorgeschlagen, die Funktionen Konstruktion, CAM-Programmierung, mechanische Fertigung und Montage auf die zwei Segmente aufzuteilen. Es wird beschlossen, zwei Konfigurationsvarianten zu betrachten, die sich lediglich dadurch unterscheiden, dass der Fertigungsbereich der Primärorganisation nach Werkzeugtyp unterteilt ist.

Auswahl einer Konfigurationsvariante

Für die Auswahl einer Konfigurationsvariante werden die zwei Varianten in einem Workshop detailliert. Bei der Betrachtung der Kapazitätsprofile werden Segmentierungsberechnungen durchgeführt. Dabei werden sowohl die Anzahl der Mitarbeiter als auch die Anzahl der Maschinen der einzelnen Funktionsbereiche bestimmt. Die Grundlage der Berechnung bilden vergangene Auftragswerte sowie Abschätzungen hinsichtlich der zukünftigen Veränderungen der

Leistungserstellung. Dabei rechnet das Projektteam mit einer weiteren Zunahme von Änderungsaufträgen, die spät im Werkzeugerstellungsprozess umgesetzt werden müssen. Nach der Erstellung des Kapazitätsprofils werden für die abgeleitete Ressourcenallokation das jeweilige Kompetenz- und Interdependenzprofil der zu trennenden Bereiche bewertet. Dabei werden Modifizierungen hinsichtlich der Aufteilung diskutiert und entweder verworfen oder in der betrachteten Variante übernommen. In einem iterativen Prozess entsteht auf diese Weise die Konfigurationsvariante, für die im Folgenden die Organisationsarchitektur ausgestaltet werden soll (s. Abbildung 6-3).

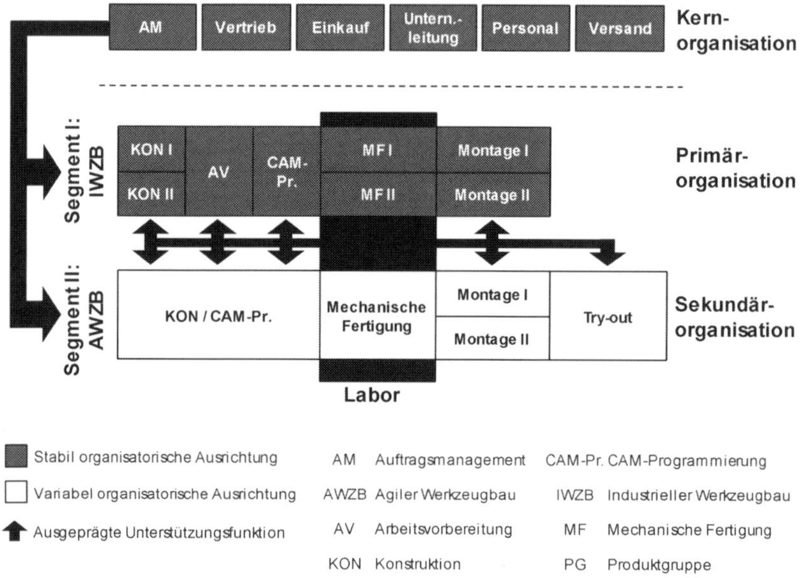

Abbildung 6-3: Ausgewählte Segmentvariante im Fallbeispiel

Für die Abteilungen Konstruktion (CAD) und Montage der Primärorganisation wird beschlossen, dass ein Teil der darin organisierten Ressourcen für den Wochentag Freitag komplett für die Sekundärorganisation zur Verfügung steht. Ein fehlender Wissensaustausch zwischen den Segmenten wird durch das Projektteam als die Kernursache des Scheiterns der früheren Segmentierung identifiziert. Aus diesem Grund wird beschlossen, den Bereich Labor in die Konfiguration aufzunehmen. Das Labor soll sowohl die Wissensentstehung als auch den Wissensaustausch in der gesamten Organisation systematisch unterstützen. Es dient der bedarfsgerechten, fachlichen Unterstützung der übrigen Organisationsbereiche durch interdisziplinäres Fachwissen über die gesamte Prozesskette des Werkzeugbaus.

Festlegung und Zuordnung von Rollen

Das Projektteam beschließt, alle der in Schritt D beschriebenen Rollen im Unternehmen zu verankern. Für die Zuordnung der Mitarbeiter zu den definierten Rollen wird die Personalmatrix aufgestellt. In Abstimmung zwischen den Mitarbeitern und ihren direkten Vorgesetzten werden die personenspezifischen Ausprägungen der Kompetenzen bestimmt und die Personalmatrix aufgestellt. Anschließend werden durch das Projektteam die Rollen entsprechend der vorgeschlagenen Verteilung verteilt.

Gestaltung der Zusammenarbeit

Auf Grundlage der aufgestellten Personalmatrix werden im Projektteam die Einsatzkosten jedes Mitarbeiters festgelegt. Im Fokus stehen die Mitarbeiter, die der Sekundärorganisation bzw. dem Labor zugeordnet wurden. Es wird gezielt nach zu erwartenden Engpässen gesucht, deren Nutzung entsprechend eine höhere Anzahl von Punkten erfordert. Das Projektteam erstellt ein Regelwerk, in dem die Definitionen der Rollen beschrieben sind. Weitere Kerninhalte sind Vorgaben zum Punktesystem der Projektbearbeitung bzgl. des Segmentwechsels sowie hinsichtlich der zulässigen Prozessgestaltung. Das Regelwerk wird den Mitarbeitern vorgestellt und erläutert. Die Inhalte des Regelwerks werden regelmäßig hinterfragt und erweitert bzw. angepasst.

Gestaltung einer ambidextrieförderlichen Führung

Um eine ambidextrieförderliche Führung im Unternehmen zu etablieren, werden sämtliche Mitarbeiter des Unternehmens, die über Führungsverantwortung verfügen, in interaktiven Schulungen geschult. Hierfür wird auf externe, spezialisierte Seminarleiter zurückgegriffen. Der Schwerpunkt liegt auf der Erläuterung der Transformation vom konventionellen Führungssystem hin zu einem kommunikations- und mitarbeiterzentrierten Führungsstil. In einem anschließenden Workshop werden gemeinsam die Führungsleitsätze der ambidextren Organisation unternehmensspezifisch festgelegt.

Für die Etablierung des neuen Führungssystems werden Entscheidungspunkte, Feedbackmechanismen und Eskalationspfade diskutiert und im Regelwerk festgehalten. Dabei wird auf konkrete Erfahrungen der letzten Jahre zurückgegriffen. Zusätzlich wird sichergestellt, dass zukünftige Erkenntnisse durch regelmäßige Anpassungen des Regelwerks berücksichtigt werden.

Gestaltung einer ambidextrieförderlichen Unternehmenskultur

Um ein einheitliches Verständnis der Ambidextrie zu gewährleisten und die Dringlichkeit der Einführung ambidextrer Strukturen zu kommunizieren, werden Schulungen im Unternehmen durchgeführt. Die Teilnahme aller Mitarbeiter ist dabei Pflicht. In den Schulungen werden zusätzlich praxisorientierte Szenarien mit den Mitarbeitern diskutiert. Die Szenarien zielen vor allem auf die Verinnerlichung des Umgangs mit Konflikten ab, die auf die Umsetzung der Ambidextrie zurückgehen. Anschließend werden in einem Workshopformat unter Moderation des Seminarleiters die unternehmensspezifischen Kulturleitsätze der ambidextren Organisation festgelegt. Die Mitarbeiter verpflichten sich dabei, die Leitsätze zu befolgen.

6.2 Fazit zur Anwendung

Am Beispiel des externen Werkzeugbaubetriebs konnte die erfolgreiche Anwendung der Methodik zur Gestaltung einer ambidextren Organisationsarchitektur im industriellen Werkzeugbau aufgezeigt werden.

Im Zuge des Fallbeispiels wurden alle sechs Schritte der Analyse- und Gestaltungsphase angewendet. Durch die Methodikschritte A und B wurde der Werkzeugbaubetrieb problemrelevant analysiert und bewertet. Dabei wurde ein **organisationaler Misfit** zwischen den Anforderungen an die Organisationsarchitektur und den Eigenschaften der Organisationsarchitektur identifiziert. Ein als hoch bewertetes Ambidextriepotenzial deutete auf die Eignung der Ambidextrie als organisationaler Ansatz hin. Im Methodikschritt C wurden sowohl die Organisationsstruktur als auch die wesentlichen Organisationsprozesse modelliert. Auf dieser Basis wurden in Schritt D Konfigurationsvarianten als Grundlage der Separierung der Ambidextriedimensionen abgeleitet. Anschließend erfolgte eine Bewertung der zwei als vielversprechend erachteten Konfigurationsvarianten und die Auswahl der als sinnvoller erachteten Variante. Im anschließenden Methodikschritt E wurden neue Mitarbeiterrollen definiert. Auf Basis einer erstellten Personenmatrix wurden die Mitarbeiter den definierten Rollen zugeordnet. Zusätzlich wurden die wesentlichen Regeln der Zusammenarbeit definiert und in einem Regelwerk verankert. Das Regelwerk wurde in Methodikschritt F durch Leitlinien der Führung sowie der Unternehmenskultur ergänzt, die zusammen mit dem Führungspersonal bzw. den Mitarbeitern definiert wurden.

Das Fallbeispiel hat gezeigt, dass die Methodik in der Praxis anwendbar ist. Die Methodikschritte sind in sich abgeschlossen und bauen dabei aufeinander auf. Eine klare Vorgehensweise ist ersichtlich und kann unternehmensspezifisch ausgeführt werden. Somit konnte die Anwendung im Werkzeugbau des Fallbeispiels erfolgreich nachgewiesen werden.

6.3 Kritische Reflexion

Die Methodik zur Gestaltung einer ambidextren Organisationsarchitektur im industriellen Werkzeugbau konnte anhand des Fallbeispiels eines externen deutschen Werkzeugbaubetriebs angewendet werden. Zum Zweck der kritischen Reflexion werden die Erkenntnisse der Anwendung dem in Kapitel 3.1.2 definierten Anforderungssystem gegenübergestellt.

Der Ansatz beschreibt detailliert, wie die Organisation eines industriellen Werkzeugbaubetriebs unternehmensindividuell angepasst werden kann. Innerhalb einer systematischen Vorgehensweise wird die Ausgestaltung der Gestaltungsdimensionen konkret beschrieben. Als Basis für die vorliegende Arbeit dient das praktische Erfahrungswissen des Autors. Insbesondere die erfolgreiche Durchführung einer hohen Anzahl von Industrieprojekten stellt die Definition von realitätsnahen Rahmenbedingungen sicher. Dies konnte insbesondere durch die Anwendung der Methodik im Rahmen des Fallbeispiels dargestellt werden. Folglich werden alle **allgemeinen Anforderungen** erfüllt.

Der Ansatz ist speziell darauf ausgerichtet, das unternehmensspezifische Optimum zwischen einer stabilen und einer variablen organisatorischen Ausrichtung zu erlangen. Einschränkende Störfaktoren, die auf den Zielkonflikt zwischen den Ambidextriedimensionen Stabilität und Variabilität zurückgehen, werden gezielt reduziert. Diese Störfaktoren konnten im Fallbeispiel durch die Strukturmodellierung und die Prozessmodellierung ganzheitlich erfasst werden. Durch die ganzheitliche Berücksichtigung aller relevanten organisatorischen Gestaltungsdimensionen liegt eine unternehmensoptimale ambidextre Organisationsarchitektur vor. Die **zielbezogenen Anforderungen** werden somit erfüllt.

Bei dem berücksichtigten Unternehmen handelt es sich um einen Werkzeugbaubetrieb mit externem Marktzugang und einer im Branchenvergleich mittleren Größe. Der Fokus der organisatorischen Anpassung liegt auf den wertschöpfenden Bereichen. Die organisatorische Gestaltung dieser Bereiche ist in gleichem Maße für interne Werkzeugbaubetriebe möglich. Abweichungen in Bezug auf die Mitarbeiteranzahl bzw. die Ausstattung mit Ressourcen werden in den einzelnen Methodikschritten aufgegriffen. Folglich werden alle **werkzeugbauspezifischen Anforderungen** erfüllt.

Der Schwerpunkt der Gestaltungsphase der Methodik liegt auf der Identifizierung und Separierung von Organisationseinheiten, die in Bezug auf die Ambidextriedimensionen Stabilität und Variabilität im Konflikt zueinander stehen. Die resultierende Organisationsstruktur wird durch die Anreizstruktur zur Organisationsarchitektur erweitert, wodurch die separierten Organisationseinheiten optimal integriert werden. Unabhängig vom Marktzugang und dem Leistungsspektrum des anwendenden Werkzeugbaubetriebs ist eine sinnvolle Anwendung gewährleistet. Relevante Spezifika in Bezug auf die Unternehmensbedingungen sowie insbesondere den Industrialisierungsgrad werden innerhalb der beschriebenen Methodikschritte berücksichtigt. Abweichungen in Bezug auf die vorhandene Organisationsstruktur der anwendenden Werkzeugbaubetriebe werden aufgegriffen. Dies erfolgt insbesondere durch die Ausrichtung der

Methodik auf die Auswahl einer geeigneten Konfigurationsvariante unter Berücksichtigung von Separierungs- und Integrationskonflikten. So zeigte die Anwendung, dass die bereits bestehende Segmentierung durch die Methodik berücksichtigt wurde. Die **organisationstheoretischen Anforderungen** werden somit erfüllt.

Die Anwendung hat gezeigt, dass die Methodik neben den allgemeinen und zielbezogenen Anforderungen auch die werkzeugbauspezifischen und organisationstheoretischen Anforderungen erfüllt.

7 Zusammenfassung und Ausblick

Der Werkzeugbau ist als **Bindeglied** innerhalb der industriellen Wertschöpfung zwischen der Produktentwicklung und der Serienfertigung ein zentraler Innovationstreiber und Produktionsbefähiger. Der **deutsche Werkzeugbau** steht gegenwärtig weltweit für innovative und leistungsfähige Erzeugnisse, sieht sich jedoch zunehmend mit großen Herausforderungen konfrontiert. Branchenübergreifend sind produzierende Unternehmen gezwungen, sich mit stark reduzierten Lebens- und Entwicklungszyklen ihrer Produkte bei gleichzeitig immer umfassenderen Kundenansprüchen auseinanderzusetzen. Dies führt zu einem Komplexitätsanstieg der Produkte sowie der für ihre Erstellung notwendigen Produktionsprozesse. Diese Entwicklung hat direkte Auswirkungen auf den Werkzeugbau, der durch die bereitgestellten Leistungen die Komplexitätsbeherrschung seiner Kunden befähigt. Insbesondere kommt es zu sinkenden Werkzeugbudgets, die in einem steigenden Kostendruck resultieren. In Kombination mit aufholenden internationalen Marktteilnehmern aus Niedriglohnländern führt dies zu der Situation, dass ein Konkurrieren über die Wettbewerbsfaktoren Preis und Qualität allein nicht mehr zu nachhaltiger Wettbewerbsfähigkeit führen kann.

Um auch zukünftig weltweit wettbewerbsfähig zu bleiben, müssen deutsche Werkzeugbaubetriebe **organisationale Ambidextrie** beherrschen: Einerseits müssen sie in der Lage sein, kundenindividuelle Bedürfnisse in kurzer Zeit mit leistungsfähigen Erzeugnissen zu marktfähigen Preisen befriedigen zu können. Andererseits wird ihnen die Fähigkeit abverlangt, reaktionsschnell auf kurzfristige Kundenanforderungen sowie auf Veränderungen in ihrem Marktumfeld angemessen reagieren zu können. Die beschriebenen Anforderungen lassen sich den zwei Ambidextriedimensionen Stabilität und Variabilität zuordnen. Diese stehen in einer diametralen Beziehung zueinander, weshalb ihre simultane Adressierung innerhalb eines Unternehmens eine große Herausforderung darstellt und neue Ansätze erfordert.

Die beschriebene Situation wird durch organisatorische Gestaltungsprozesse erschwert, die im Rahmen von Industrialisierungsbestrebungen der Wertschöpfung erfolgen. Die **Industrialisierung** ist seit einigen Jahren das handlungsleitende Paradigma von Werkzeugbaubetrieben am Hochlohnstandort Deutschland. Sie geht mit einer Überbewertung der Zieldimension Stabilität einher, die durch eine einseitige, stabilitätsorientierte Gestaltung der Ablauforganisation charakterisiert ist. Die stabilitätsorientierte Organisationsgestaltung führt zu Einschränkungen der Variabilität und steht somit der Forderung nach organisationaler Ambidextrie gegenüber. Zusätzlich werden aufbauorganisatorische Gestaltungsmaßnahmen weitgehend vernachlässigt und erfolgen meist reaktiv.

Zur **simultanen Umsetzung** von Stabilität und Variabilität in den Werkzeugbaubetrieben und damit zur nachhaltig erfolgreichen Differenzierung im Wettbewerb sind neue Ansätze der Organisationsgestaltung notwendig. Konkret bedarf es eines Ansatzes, mittels dessen Werkzeugbaubetriebe eine unternehmensoptimale ambidextre Organisationsarchitektur gestalten können. Bisherige Ansätze zur Organisationsgestaltung adressieren die organisationale Ambidextrie nur unzureichend. Zudem werden meist die aufbauorganisatorischen Anpassungen vernachlässigt und die spezifischen Rahmenbedingungen der Branche Werkzeugbau nicht hinreichend berücksichtigt. Als Zielsetzung der vorliegenden Dissertation wurde folglich die Entwicklung einer Methodik zur Gestaltung einer ambidextren Organisationsarchitektur im industriellen Werkzeugbau definiert.

Der Aufbau der entwickelten Methodik orientiert sich am abgeleiteten Ordnungsrahmen, in dessen Fokus die Gestaltungsdimensionen der Organisationsarchitektur **Konfiguration**, **Koordination**, **Führung** und **Unternehmenskultur** stehen. Ausgangspunkt der Methodik ist eine Analyse des Unternehmensumfelds, die eine unternehmensoptimale Organisationsgestaltung gewährleistet. Darauf aufbauend erfolgt eine Typisierung des anwendenden Werkzeugbaubetriebs. Auf Basis der Analysephase erfolgt eine typspezifische Gestaltung der Organisationarchitektur.

Die Analysephase umfasst als ersten Teil der Methodik die zwei Schritte Analyse der Ausgangssituation und Bewertung und Typisierung der Organisation. In Schritt A werden die relevanten Anforderungen aus dem Unternehmensumfeld erfasst, mit denen der Werkzeugbaubetrieb konfrontiert wird. Diese werden mit den innerbetrieblichen Charakteristika der Aufbau- und Ablauforganisation in einen Merkmalbaum kombiniert, der sämtliche Unternehmensspezifika umfasst, die für die Anpassung der Organisationsgestaltung notwendig sind. Der Merkmalbaum wird in Schritt B genutzt, um den **aufbauorganisatorischen Anpassungsbedarf** zur Erlangung einer ambidextren Organisationsarchitektur abzuleiten. Abschließend erfolgt eine Zuordnung des Werkzeugbaubetriebs zu einem vordefinierten Ambidextrietyp. Diese Typisierung bestimmt die Anpassung der Organisationsarchitektur, die innerhalb der Gestaltungsphase erfolgt. Ausgangspunkt ist in Schritt C die Modellierung der Organisation, die die relevanten Struktur- und Prozesselemente berücksichtigt. Anschließend erfolgt in Schritt D die Gestaltung der Konfiguration, die den strukturellen Rahmen der Separierung der Ambidextriedimensionen festlegt. In Schritt E werden die Mechanismen der Koordination entsprechend der angepassten Konfiguration umgestaltet. Abschließend wird in Schritt F die Anreizstruktur, bestehend aus Führung und Unternehmenskultur, derart angepasst, dass sie die abgeleitete Konfiguration und Koordination optimal unterstützt.

Im Rahmen der Validierung der Methodik zur Gestaltung einer ambidextren Organisationsarchitektur im industriellen Werkzeugbau wurde ein Fallbeispiel bei einem externen Werkzeugbaubetrieb dargestellt. Durch die Validierung konnte gezeigt werden, dass die Methodik neben allgemeinen und leistungsbezogenen auch die branchenbezogenen Anforderungen erfüllt und sich somit für den Praxiseinsatz eignet.

Mit der entwickelten Methodik wird dem Werkzeugbau ein Lösungsansatz zur Verfügung gestellt, der eine zielgerichtete, unternehmensoptimale Gestaltung der Aufbauorganisation ermöglicht. Als Folge kann der Werkzeugbaubetrieb Stabilität und Variabilität simultan im Sinne der organisationalen Ambidextrie adressieren. Hierdurch wird eine nachhaltige Wettbewerbsfähigkeit unterstützt.

Der wissenschaftliche Beitrag dieser Arbeit besteht in der **Entwicklung eines Lösungsansatzes** zur Gestaltung einer ambidextren Organisationsarchitektur. Ablauforganisatorische Anpassungen werden auf grundsätzliche Mechanismen der Koordination reduziert. In weitergehenden wissenschaftlichen Untersuchungen sollten daher Lösungsansätze zur Gestaltung der Ablauforganisation eines ambidextren Werkzeugbaus entwickelt werden. Dabei sollte systematisch erforscht werden, wie mittels moderner Arbeitszeit- und Entlohnungskonzepte einerseits sowie des umfassenden Einsatzes von digitalen Hilfsmitteln andererseits die organisationale Ambidextrie erhöht werden kann.

8 Literaturverzeichnis

Adam, D. (1990) Integration und Flexibilität
Integration und Flexibilität – Eine Herausforderung für die Allgemeine Betriebswirtschaftslehre : 51. Wissenschaftliche Jahrestagung des Verbandes der Hochschullehrer für Betriebswirtschaftslehre e.V. 1989 in Münster, Gabler, Wiesbaden, 1990.

Adler, P.; Goldoftas, B.; Levine, D. (1999) Flexibility versus efficiency
Flexibility versus efficiency – A case study of model changeovers in the Toyota production system. In: Organization Science, Nr. 10, 1999, S. 43-68.

Arnoscht, J. (2011) Komplexität von Baukastensystemen
Beherrschung von Komplexität bei der Gestaltung von Baukastensystemen, 1. Aufl.; Apprimus-Verl., Aachen, 2011.

Bachthaler, M. (2000) Systemtechnik
Entwicklung und Anwendung der Systemtechnik bei komplexen innovativen Vorhaben sowei bei Mensch-Maschine-Systemen - Eine Systemmethodik für das Technische Management, VDI-Verlag, Düsseldorf, 2000.

Baltes, G.; Freyth, A. (2017) Veränderungsintelligenz
Veränderungsintelligenz – Agiler, innovativer, unternehmerischer den Wandel unserer Zeit meistern, Springer Gabler, Wiesbaden, 2017.

Barnard, C. J. (1938) The functions of the executive
The functions of the executive, Harvard University Press, Cambridge, Mass., 1938.

Becker, J.; Kugeler, M.; Rosemann, M. (2013) Prozessorientierte Organisationsgestaltung
Prozessmanagement – Ein Leitfaden zur prozessorientierten Organisationsgestaltung, Springer, Berlin Heidelberg, 2013.

Becker, J.; Probandt, W.; Vering, O. (2014) Modellierung
Grundsätze ordnungsmäßiger Modellierung – Konzeption und Praxisbeispiel für ein effizientes Prozessmanagement, Springer, Secaucus, 2014.

Binder, V. A.; Kantowsky, J. (1996) Technologiepotenziale
Technologiepotentiale – Neuausrichtung der Gestaltungsfelder des strategischen Technologiemanagements, Deutscher Universitäts-Verl., Wiesbaden, 1996.

Bleicher, K. (1991) Organisation
Organisation – Strategien – Strukturen – Kulturen, Gabler, Wiesbaden, 1991.

Bleicher, K. (2017) Das Konzept Integriertes Management
Das Konzept Integriertes Management – Visionen – Missionen – Programme, Christian Abbeglen (Hg.), 9. Auflage; Campus Verlag, Frankfurt, New York, 2017.

Boos, W. (2008) Modulare Werkzeuge
Methodik zur Gestaltung und Bewertung von modularen Werkzeugen, Apprimus-Verl., Aachen, 2008.

Boos, W.; Kelzenberg, C.; de Lange, J.; Goertz, D.; Ebbecke, C. (2019) Fokussieren und Segmentieren
Erfolgreich Fokussieren und Segmentieren im Werkzeugbau, 1. Aufl.; Werkzeugmaschinenlabor WZL der RWTH Aachen, Aachen, 2019.

Boos, W.; Pitsch, M.; Salmen, M.; Begovic, A.; Kuhlmann, T. (2015) Planen im Werkzeugbau
Erfolgreich Planen im Werkzeugbau, 1. Aufl.; Werkzeugmaschinenlabor WZL der RWTH Aachen, Aachen, 2015.

Boos, W.; Salmen, M.; Stark, M.; Wiese, J.; Rittstieg, F.; Schultes, T.; Busch, M. (2018) Flexible Tooling Organization
Corporate Tooling – Flexible Tooling Organization, 1. Aufl.; Werkzeugmaschinenlabor WZL der RWTH Aachen, Aachen, 2018.

Boos, W.; Salmen, M.; Hensen, T.; Johannsen, L.; Kelzenberg, C.; Schippers, M. (2018) Tooling in Germany
Corporate Tooling – Flexible Tooling Organization, 1. Aufl.; Werkzeugmaschinenlabor WZL der RWTH Aachen, Aachen, 2016.

Brandenburg, F. (2002) Technologische Produktinnovationen
Methodik zur Planung technologischer Produktinnovationen, Shaker, Aachen, 2002.

Brehm, C. R. (2003) Organisatorische Flexibilität
Organisatorische Flexibilität der Unternehmung – Bausteine eines erfolgreichen Wandels, 1. Aufl.; Dt. Univ.-Verl., Wiesbaden, 2003.

Brickley, J. A.; Smith, C. W.; Zimmerman, J. L. (2016) Managerial economics and organizational architecture
Managerial economics and organizational architecture, Sixth edition; McGraw-Hill Education, New York, 2016.

Bruns, M. (1991) Systemtechnik
Systemtechnik, Springer Berlin Heidelberg, Berlin, Heidelberg, 1991.

Bullinger, H.-J.; Spath, D.; Warnecke, H.-J.; Westkämper, E. (2009) Handbuch Unternehmensorganisation
Handbuch Unternehmensorganisation, 3. Aufl.; Springer, Berlin, Heidelberg, 2009.

Burns, T.; Stalker, G. M. (1961) Management of innovation
The management of innovation, Travistock, London, 1961.

Burton, R. M.; Obel, B.; DeSanctis, G. (2011) Organizational Design
Organizational design – A step-by-step approach, 2nd ed., 5th print; Cambridge University Press, Cambridge, New York, 2011.

Chandler, A. D. (1962) Strategy and Structure
Strategy and structure – Chapters in the history of the industrial enterprise, Massachusetts Institute of Technology, London, 1962.

Dawes, J. (2008) Point Scales
Do data characteristics change according to the number of scale points used? An experiment using 5-point, 7-point and 10-point scales, World Advertising Research Centre, 2008.

Denzin, N.; Lincoln, Y. (1994) Qualitative research
Handbook of qualitative research, London, 1994.

Dohms, R. (2001) Wandlungsfähige Produktionsstrukturen
Methodik zur Bewertung und Gestaltung wandlungsfähiger, dezentraler Produktionsstrukturen, Shaker, Aachen, 2001.

Duncan, R. (1976) Designing dual structures
The ambidextrous organization – Designing dual structures for innovation. In: Kilman, R. H./Pondy, L. R./ et al. (Hrsg.): The management of organization design: Strategies and implementation, New York: North Holland, 1976, S. 167-188.

Duwe, J. (2018) Beidhändige Führung
Beidhändige Führung – Wie Sie als Führungskraft in großen Organisationen Innovationssprünge ermöglichen, Gabler, Berlin, 2018.

Ehrenhöfer, M. (2015) Corporate Software
Entscheidungsfindung im Enterprise 2.0 – Erkenntnisse über die Nutzung von Corporate Social Software bei der Entscheidungsfindung in Unternehmen, Books On Demand, 2015.

Eriksson, P.; Szentes, H. (2014) Organizational Ambidexterity
Organizational Ambidexterity in Construction Projects ICMIT 2014 - 2014 IEEE International Conference on Management of Innovation and Technology : 23-25 Sep 2014, Singapore, 2014.

Eversheim, W. (1996) Prozessorientierte Unternehmensorganisation
Prozeßorientierte Unternehmensorganisation – Konzepte und Methoden zur Gestaltung schlanker Organisationen, 2. Aufl.; Springer, Berlin, 1996.

Eversheim, W. (2012) Werkzeugbau mit Zukunft
Werkzeugbau mit Zukunft – Strategie und Technologie, Springer, Berlin, 2012.

Eversheim, W.; Klocke, F. (1998) Strategie und Technologie
Werkzeugbau mit Zukunft – Strategie und Technologie, Springer Berlin Heidelberg; Imprint; Springer, Berlin, Heidelberg, 1998.

Fahrenschon, G.; Kirchhoff, A. G.; Simmert, D. B. (2016) Deutscher Mittelstand
Mittelstand – Motor und Zukunft der deutschen Wirtschaft – Erfolgskonzepte für Management, Finanzierung und Organisation, Springer Fachmedien Wiesbaden, Wiesbaden, 2016.

Feser, B. (1999) Segmentierung
Fertigungssegmentierung – Strategiekonforme Organisationsgestaltung in Produktion und Logistik, Springer Fachmedien Wiesbaden, Wiesbaden, 1999.

Fieseler, C.; Hoffmann, C.; Meckel, M. (2016) Innovationskultur
Eine Kultur der Innovation – Die Bedeutung von Innovationsnetzwerken. In: Hoffmann, C. P./Lennerts, S./ et al. (Hrsg.): Business Innovation – Das St. Galler Modell, 1. Aufl.; Springer Fachmedien Wiesbaden, Wiesbaden, 2016, S. 313-340.

Fojcik, T. M. (2015) Ambidextrie und Unternehmenserfolg
Ambidextrie und Unternehmenserfolg bei einem diskontinuierlichen Wandel – Eine empirische Analyse unter besonderer Berücksichtigung der Anpassung und Veränderung von Organisationsarchitekturen im Zeitablauf, Springer-Gabler, Wiesbaden, Wiesbaden, 2015.

Frese, E. (1992) Organisation
Handwörterbuch der Organisation, 3. Aufl.; Gabler, Wiesbaden, 1992.

Frese, E.; Graumann, M.; Theuvsen, L. (2012) Organisation
Grundlagen der Organisation – Entscheidungsorientiertes Konzept der Organisationsgestaltung, 10. Aufl.; Gabler, Wiesbaden, 2012.

Frick, L. (2006) Geschäftsmodelle im Werkzeugbau
Erfolgreiche Geschäftsmodelle im Werkzeugbau, Shaker, Aachen, 2006.

Fricker, I. C. (2005) Strategische Stringenz
Strategische Stringenz im Werkzeug- und Formenbau, Shaker, Aachen, 2005.

Geist, M. (1981) Die Führung des Betriebes
Die Führung des Betriebes, 1981.

Gibson, C.; Birkinshaw, J. (2004) Organizational ambidexterity
The antecedents, consequences and mediating role of organizational ambidexterity. In: Academy of Management Journal, Nr. 47, 2004, S. 209-226.

Giehler, F. (2010) Planungsproduktivität
Erhöhung der Planungsproduktivität am Beispiel der Auftragsabwicklung im Werkzeugbau, 1. Aufl.; Apprimus-Verl., Aachen, 2010.

Glinz, M.; Müller-Lunschnat, G. (2002) Modellierung
Modellierung in 2002, Tutzing, 2002.

Gold, B. (2018) Ambidextrous organization
Silicon Valley start-ups and corporate innovation – Approaches to resolve the innovator's dilemma, Springer Gabler, Wiesbaden, 2018.

Große-Oetringhaus, W. F. (1974) Fertigungstypologie
Fertigungstypologie – Unter dem Gesichtspunkt der Ferigungsablaufplanung, Duncker & Humblot, Berlin, 1974.

Guba, E.; Lincoln, Y. (1994) Qualitative Research
Competing paradigms in qualitative research. In: Denzin, N. K./Lincoln, Y. S. (Hrsg.): Handbook of qualitative research, London, 1994.

Guffarth, D. (2017) Ambidextrie in Netzwerken
Ambidextrie in Netzwerken komplexer Produkte – Exploration und Exploitation in der Luftfahrtindustrie, Springer Gabler, Wiesbaden, 2017.

Gupta, A.; Smith, K.; Shalley, C. (2006) Exploration and Exploitation
The Interplay Between Exploration and Exploitation. In: Academy of Management Journal, Nr. 4, 49. Jg., 2006, S. 693-706.

Haberfellner, R.; Nagel, P.; Becker, M.; Bullinger, H.; Massow, H. von (2002) Systems engineering
Systems Engineering – Methodik und Praxis, 11. Aufl.; Industrielle Organisation, Zürich, 2002.

Haberfellner, R.; Weck, O. de (2012) Systems Engineering
Systems Engineering – Grundlagen und Anwendung, Orell Füssli, Zürich, 2012.

Hansmann, K.-W. (2006) Industrielles Management
Industrielles Management, 8. Aufl.; Oldenbourg, München [u.a.], 2006.

Hax, A., Majluf, N. (1981) Organizational Design
Organizational Design: A Survey and an Approach. In: Operations Management, Nr. 3, 29. Jg., 1981, S. 417-447.

Hensen, T. (2017) Strategische Auslegung
Strategische Auslegung industrieller Werkzeugbaubetriebe – Strategic business design of industrial tool shops, 1. Auflage; Apprimus Verlag, Aachen, 2017.

Hersey, P.; Blanchard, K. (1982) Management
Management of Organizational Behavior, 4. Auflage; Prentice-Hall, New Jersey, 1982.

Hill, W.; Fehlbaum, R.; Ulrich, P. (1994) Organisationslehre
Organisationslehre – Ziele, Instrumente und Bedingungen der Organisation sozialer Systeme, 5. Aufl.; Haupt; UTB /BRO, Bern [u.a.], Stuttgart, 1994.

Hoffmann, C.; Lennerts, S.; Schmitz, C.; Stölzle, W.; Uebernickel, F. (2016) Business Innovation
Business Innovation – Das St. Galler Modell, 1. Aufl.; Springer Fachmedien Wiesbaden, Wiesbaden, 2016.

Hoffmann, G. P. (2017) Organisationale Resilienz
Organisationale Resilienz – Kernressource moderner Organisationen, Springer Berlin Heidelberg, 2017.

Hofmann, J. (2018) Arbeit 4.0
Arbeit 4.0 – Digitalisierung, IT und Arbeit – IT als Treiber der digitalen Transformation, Springer Vieweg, Wiesbaden, 2018.

Höge, R. (1995) Organisatorische Segmentierung
Organisatorische Segmentierung, Dt. Univ.-Verl., Wiesbaden, 1995.

Jost, P.-J. (2000) Organisationstheorie
Ökonomische Organisationstheorie – Eine Einführung in die Grundlagen, Gabler Verlag, Wiesbaden, 2000.

Jost, P.-J. (2000) Organisation und Koordination
Organisation und Koordination – Eine ökonomische Einführung, Gabler, Wiesbaden, 2000.

Kelle, U.; Kluge, S. (2010) Qualitative Sozialforschung
Vom Einzelfall zum Typus – Fallvergleich und Fallkontrastierung in der qualitativen Sozialforschung, VS Verlag für Sozialwissenschaften, 2010.

Kett, I. (2010) Management Skills
Management Skills, Springer Fachmedien, Wiesbaden, 2010.

Keuper, F.; Schomann, M.; Sikora, L. I.; Wassef, R. (2018) Digital Leadership
Disruption und Transformation Management – Digital Leadership – Digitales Mindset – Digitale Strategie, Springer Gabler, Wiesbaden, 2018.

Kortzfleisch, G. von (1971) Wissenschaftsprogramm
Wissenschaftsprogramm und Ausbildungsziele der Betriebswirtschaftslehre: Bericht von der wissenschaftlichen Tagung des Verbandes der Hochschullehrer für Betriebswirtschaft in St. Gallen vom 2.-5. Juni 1971, Berlin, 1971.

Kieser, A. (1987) Handbuch der Führung
Handbuch der Führung, Schäffer-Poeschel, Stuttgart, 1987.

Kieser, A. (2006) Organisationstheorien
Organisationstheorien, 6. Aufl.; W. Kohlhammer, Stuttgart, 2006.

Kieser, A.; Ebers, M. (2014) Organisationstheorien
Organisationstheorien, Bookwire GmbH, 2014.

Kieser, A.; Kubicek, H. (1992) Organisation
Organisation, 3. Aufl.; Verlag Walter de Gruyter, Berlin, 1992.

Kieser, A.; Walgenbach, P. (2010) Organisation
Organisation, 6., Aufl.; Schäffer-Poeschel, Stuttgart, 2010.

Kieser, A.; Reber, G.; Wunderer, R. (1987)
Alfred Kieser, Gerhard Reber und Rolf Wunderer (Hg.): Handwörterbuch der Führung, Stuttgart, 1987.

Kilman, R.; Pondy, L.; Slevin, D. (1976) The management of organization design
The management of organization design: Strategies and implementation, New York: North Holland, 1976.

Klotzbach, C. (2007) Industrieller Werkzeugbau
Gestaltungsmodell für den industriellen Werkzeugbau, Shaker, Aachen, 2007.

Knoblich, H. (1969) Betriebswirtschaftliche Warentypologie
Betriebswirtschaftliche Warentypologie – Grundlagen und Anwendungen, VS Verlag für Sozialwissenschaften; Imprint, Wiesbaden, 1969.

Knyphausen-Aufseß, D. z. (1996) Strategische Unternehmenführung
Theorie der strategischen Unternehmensführung – State of the art und neue Perspektiven, Nachdr.; Gabler, Wiesbaden, 1996.

Köhler, R. (1977) Forschungskonzeption
Empirische und handlungstheoretische Forschungskonzeption in der Betriebswirtschaftslehre, Poeschel Verlag, Stuttgart, 1977.

Komorek, N. J. (2014) Kollaborative Wertschöpfung
Gestaltungsmodell für kollaborative Wertschöpfung im industriellen Werkzeugbau, 1. Aufl.; Apprimus Verlag, Aachen, 2014.

Kotter, J. P. (2014) Accelerate
Accelerate – Building strategic agility for a faster moving world, Harvard Business Review Press, Boston, Mass., 2014.

Koza, M.; Lewin, A. (1998) Strategic Alliances
The Co-Evolution of Strategic Alliances. In: Organization Science, Nr. 3, 9. Jg., 1998, S. 255-264.

Kozielski, S. A. (2013) Integratives Kennzahlensystem
Integratives Kennzahlensystem für den Werkzeugbau, Apprimus Wissenschaftsverlag, 2013.

Kraner, J. (2018) Ambidextrous Organizations
Innovation in High Reliability Ambidextrous Organizations – Analytical Solutions Toward Increasing Innovative Activity, Springer, Cham, 2018.

Krieg, W. (1971) Kybernetik
Kybernetische Grundlagen der Unternehmensgestaltung, 1971.

Kubicek, H. (1977) Heuristischer Bezugsrahmen
Heuristischer Bezugsrahmen und heuristisch angelegte Forschungsdesigns als Elemente einer Konstruktionsstrategie empirischer Forschung. In: Köhler, R. (Hrsg.): Empirische und handlungstheoretische Forschungskonzeption in der Betriebswirtschaftslehre, Poeschel Verlag, Stuttgart, 1977, S. 3-36.

Kuhlmann, K. K. (2011) Gestaltung von Geschäftsprozessen
Methodik zur Gestaltung von Geschäftsprozessen im industriellen Werkzeugbau, 1. Aufl.; Apprimus Wissenschaftsverlag, Aachen, 2011.

Kuhlmann, T. B. (2017) Corporate Tooling
Corporate tooling – Modularer Werkzeugbau als Befähiger internationaler Produktionsnetzwerke = Corporate tooling modular tool making as enabler of international production networks, 1. Aufl.; Apprimus Verlag, Aachen, 2017.

Kuhn, T. S. (2014) Revolutionen
Die Struktur wissenschaftlicher Revolutionen, 24. Aufl.; Suhrkamp, Frankfurt am Main, 2014.

Kühn, T. A. (2016) Lebenszyklusorientierte Leistungssysteme
Lebenszyklusorientierte Leistungssysteme im Werkzeugbau, 1. Aufl.; Apprimus Verlag, Aachen, Aachen, 2016.

Lange, H.; Manske, F. (2004) Unternehmenskultur
Kultur im Veränderungsprozess – Kultur als analytische Kategorie in der Arbeits- und Organisations-, der Innovations- und der Umweltforschung, 1. Aufl.; Nomos, Baden-Baden, 2004.

Laux, H.; Liermann, F. (2005) Organisation
Grundlagen der Organisation – Die Steuerung von Entscheidungen als Grundproblem der Betriebswirtschaftslehre, 6. Aufl.; Springer, Berlin, 2005.

Lavie, D.; Rosenkopf, L. (2006) Alliance Formation
Balancing Exploration and Exploitation in Alliance Formation. In: Academy of Management Journal, Nr. 4, 49. Jg., 2006, S. 797-818.

Lehner, F. (1995) Modelle und Modellierung
Modelle und Modellierung in der Wirtschaftsinformatik – Versuch einer Standortbestimmung. In: Wächter, H. (Hrsg.): Selbstverständnis betriebswirtschaftlicher Forschung und Lehre, Gabler Verlag, 1995, S. 5-86.

Lin, H.-E.; McDonough III, E. (2011) Leadership and Organizational Culture
Investigating the Role of Leadership and Organizational Culture in Fostering Innovation Ambidexterity, 2011, S. 497-509.

Löber, D. (2012) Strategie und Organisationsarchitektur
Private Banking in Deutschland – Strategie und Organisationsarchitektur, Springer Gabler, Wiesbaden, 2012.

Ludewig, J. (2002) Modelle im Software Engineering
Modelle im Software Engineering – eine Einführung und Kritik. In: Glinz, M./Müller-Lunschnat, G. (Hrsg.): Modellierung in 2002, Tutzing, 2002, S. 7-22.

Ludewig, J.; Lichter, H. (2013) Modelle im Software Engineering
Software Engineering – Grundlagen, Menschen, Prozesse, Techniken, 3. korrigierte Auflage; dpunkt.verlag, Heidelberg, 2013.

Luhmann, N. (2011) Organisation und Entscheidung
Organisation und Entscheidung, 3. Aufl.; VS, Verl. für Sozialwiss, Wiesbaden, 2011.

Mahringer, C.; Gabler, M.; Renzl, B. (2017) Agilität in wissensintensiven Organisationen
Agilität in wissensintensiven Organisationen – Von der Produkt- zur Dienstleistungsorientierung. In: IM+io, Nr. 1, 2017. Jg., 2017, S. 38-41.

Maier, J. (2015) Ambidextrous Organization
The Ambidextrous Organization, Palgrave Macmillan, Houndmills, 2015.

March, J. (1991) Organizational Learning
Exploration and Exploitation in Organizational Learning. In: Organization Science, Nr. 2, 1991. Jg., 1991, S. 71-87.

March, J. G.; Simon, A. H. (1958) Organizations
Organizations, Wiley, Taipei, 1958.

Marksberry, P. (2012) Toyota production system
The modern theory of the Toyota production system – A systems inquiry of the world's most emulated and profitable management system, Productivity Press, Boca Raton, 2012.

Meise, V. (2001) Prozessorientierte Organisationsgestaltung
Ordnungsrahmen zur prozessorientierten Organisationsgestaltung. Modelle für das Management komplexer Reorganisationsprojekte, Verlag Dr. Kovac GmbH, Hamburg, 2001.

Michl, T.; Gold, B.; Picot, A. (2012) Ambidextrous Corporate Venturing Management
The spin-along approach – Ambidextrous corporate venturing management. In: International Journal of Entrepreneurship and Small Business, Nr. 1, 15. Jg., 2012, S. 39.

Mintzberg, H. (1987) Strategy Concept
The Strategy Concept I – Five Ps for Strategy. In: California Management Review, Nr. 1, 30. Jg., 1987, S. 11-24.

Mintzberg, H. (2010) Structuring of Organizations
The structuring of organizations – A synthesis of the research, TPB, Johanneshov, 2010.

Mittelmann, A. (2011) Werkzeugkasten Wissensmanagement
Werkzeugkasten Wissensmanagement, Books On Demand, Norderstedt, 2011.

Neemann, C. W. (2007) Produktimitationen
Methodik zum Schutz gegen Produktimitationen, Shaker, Aachen, 2007.

Neuhausen, J. (2002) Modulare Produktionssysteme
Methodik zur Gestaltung modularer Produktionssysteme für Unternehmen der Serienproduktion, Shaker, Aachen, 2002.

Nitzsch, R. v. (2017) Entscheidungslehre
Entscheidungslehre – Wie Menschen entscheiden und wie sie entscheiden sollten, 9. Auflage; Verlag Mainz, Aachen, 2017.

O'Reilly, C.; Tushman, M. (2004) Ambidextrous Organization
The Ambidextrous Organisation. In: Harvard Business Review, Nr. 4, 82. Jg., 2004, S. 74-81.

O'Reilly, C.; Tushman, M. (2007) Ambidexterity as dynamic capabilities
Ambidexterity as dynamic capability: Resolving the innovatior's dilemma, Nr. 28, 2007, S. 185-206.

O'Reilly, C.; Tushman, M. (2013) Organizational Ambidexterity
Organizational Ambidexterity: Past, Present and Future, Research Paper 2130, Stanford Graduate School of Business, 2013.

Ōno, T. (2009) Toyota-Produktionssystem
Das Toyota-Produktionssystem, Campus-Verl., Frankfurt, M., New York, 2009.

O'Reilly, C.; Tushman, M. (2011) Organizational Ambidexterity
Organizational Ambidexterity in Action – How Managers Explore and Exploit. In: California Management Review, Nr. 4, 53. Jg., 2011, S. 5-22.

o. V. (1982) Duden
Duden – Deutsches Universalwörterbuch, Bibliographisches Institut, Mannheim, 1982.

o. V. (2014) ICMIT 2014
ICMIT2014 – 2014 IEEE International Conference on Management of Innovation and Technology: 23-25 Sep 2014, Singapore, 2014.

Park, S.; Chen, R.; Gallagher, S. (2002) Strategic Alliances
Firm resources as moderators of the relationsship between market growth and strategic alliances in semivonductor start-ups. In: Academy of Management Journal, Nr. 3, 45. Jg., 2002, S. 527-545.

Patzak, G. (1982) Systemtechnik
Systemtechnik, Planung komplexer innovativer Systeme - Grundlagen, Methoden, Techniken, Springer, Berlin, 1982.

Paulukuhn, L. (2005) Typologisierung von Entwicklungsprojekten
Typologisierung von Entwicklungsprojekten im Maschinenbau, Shaker, Aachen, 2005.

Petzold, J. Organisation im Werkzeugbau
Bewertung von Aufbau- und Ablaufstrukturen im Werkzeugbau – Organisation im modernen Werkzeugbau – Bewertung von Aufbau- und Ablaufstrukturen im Werkzeugbau, Tagungsband DIF - Neue und weiterentwickelte Organisationsformen für den Werkzeug- und Formenbaug 19.-20. Juni 2002, Würzburg: 2002.

Picot, A.; Dietl, H.; Franck, E. (1999) Organisation
Organisation – Eine ökonomische Perspektive, 2. überarb. und erw. Aufl.; Schäffer-Poeschel, Stuttgart, 1999.

Pitsch, M. (2014) Kompetenzfeldbasierte Vernetzung
Kompetenzfeldbasierte Vernetzung von Werkzeugbaustandorten, 1. Aufl.; Apprimus Verlag, Aachen, 2014.

Popper, K. (1972) Logik der Sozialwissenschaften
Die Logik der Sozialwissenschaften. In: Der Positivismusstreit in der deutschen Soziologie, 1972, S. 103-123.

Porter, M. E. (1985) Competitive advantage
Competitive advantage, Free Press, New York, 1985.

Porter, M. E. (1998) Competitive strategy
Competitive strategy – Techniques for analyzing industries and competitors, Free Press, New York, London, Toronto, 1998.

Pümpin, C. B.; Amann, W. (2005) Strategische Erfolgspositionen
SEP – Strategische Erfolgspositionen – Kernkompetenzen aufbauen und umsetzen, Haupt Verl., Bern, 2005.

Raisch, S.; Birkinshaw, J. (2008) Organizational Ambidexterity
Organizational Ambidexterity – Antecedents, Outcomes, and Morderators, Nr. 3, 2008. Jg., 2008, S. 375-409.

Rittstieg, M. (2012) Prozesssynchronisierung
Methodik zur Prozesssynchronisierung in der Auftragsabwicklung des industriellen Werkzeugbaus, 1. Aufl.; Apprimus-Verl., Aachen, 2012.

Rohrbeck, R.; Hölzle, K.; Gemünden, H. (2009) Open Innovation Ecosystem
Opening up for competitive advantage – How Deutsche Telekom creates an open innovation ecosystem. In: R&D Management, Nr. 4, 39. Jg., 2009, S. 420-430.

Saaman, W. (2012) Unternehmenskultur
Leistung aus Kultur – Wie aus Arbeit-Nehmern Bestleister werden, Gabler Verlag, Wiesbaden, 2012.

Salmen, M. (2016) Digital vernetzter Shopfloor
Gestaltungsmodell für den digital vernetzten Shopfloor im Werkzeugbau, 1. Auflage; Apprimus Verlag, Aachen, 2016.

Schanz, G. (1987) Grundfragen der Führungsforschung
Grundfragen der Führungsforschung, Alfred Kieser, Gerhard Reber und Rolf Wunderer (Hg.): Handwörterbuch der Führung. Stuttgart: Poeschel, 1987, S. 2039-2058.

Schanz, G.; Reber, G.; Wunderer, R. (1987) Grundfragen der Führungsforschung
Wissenschaftstheoretische Grundfragen der Führungsforschung. In: Kieser, A. (Hrsg.): Handbuch der Führung, Schäffer-Poeschel, Stuttgart, 1987, S. 2039-2043.

Schawel, C.; Billing, F. (2018) Management Tools
Top 100 Management Tools – Das wichtigste Buch eines Managers : von ABC-Analyse bis Zielvereinbarung, 6. Auflage; Springer Gabler, Wiesbaden, 2018.

Schein, E. H. (2010) Organizational Culture and Leadership
Organizational Culture and Leadership, John Wiley & Sons, 2010.

Schierenbeck, H.; Wöhle, C. B. (2016) Betriebswirtschaftslehre
Grundzüge der Betriebswirtschaftslehre, De Gruyter, 2016.

Schleyer, C. (2006) Kooperationsmanagement
Erfolgreiches Kooperationsmanagement im Werkzeugbau, Shaker, Aachen, 2006.

Schreyögg, G. (2004) Unternehmenskultur
Unternehmenskultur zwischen Stabilität und Wandel. In: Lange, H./Manske, F. (Hrsg.): Kultur im Veränderungsprozess – Kultur als analytische Kategorie in der Arbeits- und Organisations-, der Innovations- und der Umweltforschung, 1. Aufl.; Nomos, Baden-Baden, 2004

Schreyögg, G.; Conrad, P. (2010) Organisation und Strategie
Organisation und Strategie, Gabler, Wiesbaden, 2010.

Schreyögg, G.; Geiger, D. (2016) Organisation
Organisation – Grundlagen moderner Organisationsgestaltung: mit Fallstudien, 6. Aufl.; Springer Fachmedien Wiesbaden, Wiesbaden, 2016.

Schuh, G. (2010) Operative Exzellenz
Operative Exzellenz im Werkzeug- und Formenbau, 1. Aufl.; Apprimus-Verl., Aachen, 2010.

Schuh, G. (2011) Strategie und Management
Strategie und Management produzierender Unternehmen, 2. Aufl.; Springer, Berlin, 2011.

Schulte-Zurhausen, M. (2014) Organisation
Organisation, 6th ed.; Franz Vahlen, München, 2014.

Seiter, M. (2016) Industrielle Dienstleistungen
Industrielle Dienstleistungen – Wie produzierende Unternehmen ihr Dienstleistungsgeschäft aufbauen und steuern, 2. Aufl.; Springer Gabler, Wiesbaden, 2016.

Seufert, S.; Schuchmann, D.; Meier, C.; Fandel-Meyer, T. (2016) Lern- und Innovationsfähigkeit
Steigerung der Lern- und Innovationsfähigkeit von Unternehmen und Organisationen. In: Hoffmann, C. P./Lennerts, S./ et al. (Hrsg.): Business Innovation – Das St. Galler Modell, 1. Aufl.; Springer Fachmedien Wiesbaden, Wiesbaden, 2016, S. 283-312.

Siebert, J. (2006) Führungssysteme
Führungssysteme zwischen Stabilität und Wandel – Ein systematischer Ansatz zum Management der Führung, Dt. Univ.-Verl., Wiesbaden, 2006.

Siegler, O. (1999) Dynamische Organisation
Die dynamische Organisation – Grundlagen – Gestalt – Grenzen, Deutscher Universitäts Verlag; Gabler; Vieweg, Wiesbaden, 1999.

Spennemann, F. (2001) Gestaltung von Organisationsstrukturen
Gestaltung von Organisationsstrukturen im Werkzeugbau, Shaker, Aachen, 2001.

Stachowiak, H. (1973) Allgemeine Modelltheorie
Allgemeine Modelltheorie, Springer Wien, Wien, 1973.

Stephan, M.; Kerber, W. (2010) Ambidextrie
Ambidextrie: Der unternehmerische Drahtseilakt zwischen Ressourcen-exploration und -exploitation, 1. Aufl.; Rainer Hampp Verlag, Mering, 2010.

Teubner, R. A. (1999) Organisationsgestaltung
Organisations- und Informationssystemgestaltung – Theoretische Grundlagen und integrierte Methoden, Dt. Univ.-Verl., Wiesbaden, 1999.

Thommen, J.-P.; Achleitner, A.-K.; Gilbert, D. U.; Hachmeister, D.; Kaiser, G. (2017) Allgemeine Betriebswirtschaftslehre
Allgemeine Betriebswirtschaftslehre – Umfassende Einführung aus managementorientierter Sicht, 8. Aufl.; Springer Gabler, Wiesbaden, 2017.

Thompson, J. D. (2007) Organizations in action
Organizations in action – Social science bases of administrative theory, 7th print. of the 2003 ed.; Transaction, New Brunswick, NJ, 2007.

Tomczak, T. (1992) Forschungsmethoden in der Marketingwissenschaft
Forschungsmethoden in der Marketingwissenschaft – Ein Plädoyer für den qualitativen Forschungsansatz, C. H. Beck in Gemeinschaft mit dem Verlag Franz Vahlen, München,1992.

Tushman, M.; O'Reilly, C. (1996) Ambidextrous organizations
Ambidextrous organizations: Managing evolutionary and revolutionary change. In: California Management Review, Nr. 38, 1996, S. 8-30.

Ulrich, H. (1968) Unternehmung
Die Unternehmung als produktives soziales System, Haupt, Bern, 1968.

Ulrich, H. (1971) Systemorientierter Ansatz
Der systemorientierte Ansatz in der Betriebswirtschaftslehre. In: G. v. Kortzfleisch (Hrsg.): Wissenschaftsprogramm und Ausbildungsziele der Betriebswirtschaftslehre, Berlin, 1971.

Ulrich, H. (1978) Unternehmenspolitik
Unternehmungspolitik, Bern, Stuttgart, P. Haupt, 1978.

Ulrich, H. (1981) Betriebswirtschaftslehre
Die Betriebswirtschaftslehre als anwendungsorientierte Sozialwissenschaft. In: Geist, M. N. (Hrsg.): Die Führung des Betriebes, 1981, S. 1-25.

Ulrich, H. (1984) Management
Management, P. Haupt, Bern, 1984.

Ulrich, P.; Hill, W. (1976) Wissenschaftstheoretische Grundlagen
Wissenschaftstheoretische Grundlagen der Betriebswirtschaftslehre. In: Wirtschaftswissenschaftliches Studium, Nr. 8, 5. Jg., 1976, S. 345-350.

Vahs, D. (2007) Organisation
Organisation – Einführung in die Organisationstheorie und -praxis, 6. Aufl.; Schäffer-Poeschel, Stuttgart, 2007.

VDI (1978) VDI-Richtlinie 2815
VDI-Richtlinie 2815: Begriffe für die Produktionsplanung und -steuerung, ausgemusterte und nicht ersetze Richtlinie, dennoch weiterhin benutzt und anerkannt., VDI, Düsseldorf, 1978.

VDMA (2018) Wirtschaftspolitische Position
Versäumtes aufholen, Neues schaffen – Gemeinsame wirtschafspolitische Position des deutschen Maschinen- und Anlagenbaus 2018, Frankfurt am Main, 2018.

Venkatraman, N. (1989) Concept of Fit
The Concept of Fit in Strategy Research – Toward Verbal and Statistical Correspondence. In: The Academy of Management Review, Nr. 3, 14. Jg., 1989, S. 423.

Wächter, H. (1995) Betriebswirtschaftliche Forschung und Lehre
Selbstverständnis betriebswirtschaftlicher Forschung und Lehre, Gabler Verlag, 1995.

Werther, S.; Bruckner, L. (2018) Arbeit 4.0
Arbeit 4.0 aktiv gestalten – Die Zukunft der Arbeit zwischen Agilität, People Analytics und Digitalisierung, Springer Berlin Heidelberg, 2018.

Westkämper, E. (2006) Organisation
Einführung in die Organisation der Produktion, Springer, Berlin, Heidelberg, New York, 2006.

Wiegand, B. (2018) Organisationsgestaltung
Der Weg aus der Digitalisierungsfalle – Mit Lean Management erfolgreich in die Industrie 4.0, 1. Aufl.; 2018; Springer Fachmedien Wiesbaden, Wiesbaden, 2018.

Wittlage, H. (1996) Organisationsgestaltung mittelständischer Unternehmen
Organisationsgestaltung mittelständischer Unternehmen, Springer Fachmedien Wiesbaden, Wiesbaden, 1996.

Wöhe, G. (1986) Betriebswirtschaftslehre
Einführung in die allgemeine Betriebswirtschaftslehre, 16. Aufl.; Vahlen, München, 1986.

Wollersheim, J. (2010) Ambidextrieförderung
Exploration und Exploitation als zwei Seiten derselben Medaille. In: Stephan, M./Kerber, W. (Hrsg.): Ambidextrie: Der unternehmerische Drahtseilakt zwischen Ressourcenexploration und -exploitation, 1. Aufl.; Rainer Hampp Verlag, Mering, 2010, S. 3-26.

Wunderlich, M. (1998) Qualitätsorientierte Organisationsstrukturen
Qualitätsorientierte Organisationsstrukturen, Shaker, Aachen, 1998.

WZL/IPT (2019) Datenbank zum Werkzeugbau
Gemeinsame Datenbank zum Werkzeugbau des Werkzeugmaschinenlabors WZL der RWTH Aachen University und Fraunhofer-Instituts für Produktionstechnologie, 2019.

Zohm, F. (2013) Diskontinuitäten
Management von Diskontinuitäten – Das Beispiel der Mechatronik in der Automobilzulieferindustrie, Dt. Univ.-Verl., Wiesbaden, 2013.

Zwicky, F. (1966) Morphologie
Entdecken, Erfinden, Forschen im morphologischen Weltbild, 1. Aufl. (Reprint); Verlag Baeschlin, Glarus, 1966.

In der Reihe **Ergebnisse aus der Produktionstechnik** zuletzt erschienen:

Schares, Richard:
Laserstrahl-Fügevorbehandlung von CFK-Bauteilen in Formwerkzeugen von Spritzgießanlagen
ISBN: 978-3-86359-852-5
Erscheinungsdatum: 18.05.2020

Rittstieg, Felix:
Ambidextre Organisationsarchitekturen im industriellen Werkzeugbau
ISBN: 978-3-86359-855-6
Erscheinungsdatum: 18.05.2020

Teli, Mahesh Pradip:
Development of Wire- and Powder-based Laser Metal Deposition Process for Locally Modified Mechanical Properties of X37CrMoV5-1 Tool Steel
ISBN: 978-3-86359-848-8
Erscheinungsdatum: 04.05.2020

Vollmer, Thomas:
Transparency-Driven Vertical Data Connection of Production Systems for Resources Monitoring in Manufacturing
ISBN: 978-3-86359-851-8
Erscheinungsdatum: 27.04.2020

Vits, Frederik:
Tribologie beim Schleifen von polykristallinem Diamant
ISBN: 978-3-86359-838-9
Erscheinungsdatum: 14.04.2020

Schröder, Stephan:
Integration von Lieferanten in agile Entwicklungsprozesse technischer Systeme
ISBN: 978-3-86359-845-7
Erscheinungsdatum: 31.03.2020

Schultes, Thilo Konrad:
Gestaltungsmodell zur digitalen Vernetzung von Werkzeugbaubetrieben mit Lieferanten
ISBN: 978-3-86359-835-8
Erscheinungsdatum: 19.03.2020

Dannapfel, Matthias:
Ein systemisches Management-Modell für die Fabrikplanung
ISBN: 978-3-86359-770-2
Erscheinungsdatum: 13.03.2020

Hildebrand, Maria:
Übertragungsverhalten von Planetenrollengewindetrieben unterschiedlicher Gewindegangzahl der Spindel und der Mutter
ISBN: 978-3-86359-822-8
Erscheinungsdatum: 02.03.2020

Behnen, Daniel:
Planungsbasierte Generierung von Abläufen für Maschinensteuerungen
ISBN: 978-3-86359-825-9
Erscheinungsdatum: 02.03.2020

Dukwen, Julia:
Verschleiß der Umformwerkzeuge beim Präzisionsblankpressen von Quarzglas
ISBN: 978-3-86359-812-9
Erscheinungsdatum: 21.02.2020

Pothen, Mario:
Modellbasierte, adaptive Prozessregelung für das Laserstrahlstrukturieren
ISBN: 978-3-86359-808-2
Erscheinungsdatum: 27.01.2020

Pötters, Patrick:
Bewertung von Prozessoptimierungsmethoden auf dem Shopfloor einer Serienmontage
ISBN: 978-3-86359-807-5
Erscheinungsdatum: 27.01.2020

Falker, Jens:
Analyse des Betriebsverhaltens von Hochgeschwindigkeits-Wälzlagern unter radialen Lasten
ISBN: 978-3-86359-799-3
Erscheinungsdatum: 17.01.2020

Scheffler, Florian:
Zerspankräfte beim kontinuierlichen Wälzschleifen von Stirnradverzahnungen
ISBN: 978-3-86359-788-7
Erscheinungsdatum: 17.01.2020

Meiers, Bernd:
Piezobasierte Werkzeugtechnologie zur replikativen Herstellung abbildender Mikrooptiken aus Kunststoff
ISBN: 978-3-86359-803-7
Erscheinungsdatum: 14.01.2020

Groggert, Sebastian:
Steigerung der Prozessqualität des kundenindividuellen Auftragsabwicklungsprozesses durch Data Analytics
ISBN: 978-3-86359-789-4
Erscheinungsdatum: 20.12.2019

Lau, Felix:
Modell zur typenbasierten Gestaltung von firmeninternen Inkubatoren
ISBN: 978-3-86359-794-8
Erscheinungsdatum: 11.12.2019

Krömer, Markus:
Entstehung von Spanaufschweißungen beim Trockenwälzfräsen
ISBN: 978-3-86359-787-0
Erscheinungsdatum: 03.12.2019

Hassis, Alexander:
Untersuchung und Verbesserung des Kontaktverhaltens von Kegelrollenlagern bei hohen Drehzahlen
ISBN: 978-3-86359-775-7
Erscheinungsdatum: 22.11.2019

Wellmann, Frederik:
Datengetriebene, kontextadaptive Produktivitätssteigerung von NC-Zerspanprozessen
ISBN: 978-3-86359-781-8
Erscheinungsdatum: 15.11.2019

Ophey, Matthias:
Modellierung des Schleifschneckenprofilverschleißes beim kontinuierlichen Wälzschleifen
ISBN: 978-3-86359-777-1
Erscheinungsdatum: 08.11.2019

von Cube, Philipp:
Model to Monetarily Aggregate Risks of Procurement to Support Decision Makers of Manufacturing Enterprises
ISBN: 978-3-86359-717-7
Erscheinungsdatum: 05.11.2019

Witthohn, Carsten:
Konfiguration globaler Produktionsnetzwerke im Spannungsfeld von Kosten- und Risikominimierung
ISBN: 978-3-86359-767-2
Erscheinungsdatum: 30.10.2019

Edition Wissenschaft
Apprimus

FSC
www.fsc.org
MIX
Papier | Fördert
gute Waldnutzung
FSC® C083411

Kolibri 360 GmbH
Ferdinand-Jühlke-Straße 7
99095 Erfurt, Deutschland
produktsicherheit@kolibri360.de